# Abtragmechanismen beim drahtfunkenerosiven Bearbeiten elektrisch leitfähiger Keramiken im kohlenwasserstoffbasierten Dielektrikum

# Removal Mechanisms During Wire Electrical Discharge Machining of Electrically Conductive Ceramics in Hydrocarbon-based Dielectrics

Von der Fakultät für Maschinenwesen
der Rheinisch-Westfälischen Technischen Hochschule Aachen
zur Erlangung des akademischen Grades eines
Doktors der Ingenieurwissenschaften
genehmigte Dissertation

vorgelegt von

Marcel Christoph Olivier

**Berichter/in:**

Univ.-Prof. Dr.-Ing. Thomas Bergs
Univ.-Prof. Dr.-Ing. Dr.-Ing. E. h. Dr. h. c. Dr. h. c. Fritz Klocke

Tag der mündlichen Prüfung: 11. Dezember 2023

ERGEBNISSE AUS DER PRODUKTIONSTECHNIK

**Marcel Olivier**

# Abtragmechanismen beim drahtfunkenerosiven Bearbeiten elektrisch leitfähiger Keramiken im kohlenwasserstoffbasierten Dielektrikum

**Herausgeber:**
Prof. Dr.-Ing. T. Bergs
Prof. Dr.-Ing. Dipl.-Wirt. Ing. G. Schuh
Prof. Dr.-Ing. C. Brecher
Prof. Dr.-Ing. R. H. Schmitt

Band 4/2024

WZL | RWTH AACHEN UNIVERSITY

Fraunhofer IPT

**Bibliografische Information der Deutschen Nationalbibliothek**
Die Deutsche Nationalbibliothek verzeichnet diese Publikation in der Deutschen Nationalbibliografie; detaillierte bibliografische Daten sind im Internet über https://portal.dnb.de abrufbar.

Marcel Olivier:

Abtragmechanismen beim drahtfunkenerosiven Bearbeiten elektrisch leitfähiger Keramiken im kohlenwasserstoffbasierten Dielektrikum

1. Auflage, 2024

Gedruckt auf holz- und säurefreiem Papier, 100% chlorfrei gebleicht.


Wissenschaftsverlag des Instituts für Industriekommunikation und Fachmedien an der RWTH Aachen
Steinbachstr. 25, 52074 Aachen
Internet: www.apprimus-verlag.de, E-Mail: info@apprimus-verlag.de



Druck: CPI Druckdienstleistungen GmbH, Ferdinand-Jühlke-Straße 7 I 99095 Erfurt

ISBN 978-3-98555-200-9

D 82 (Diss. RWTH Aachen University, 2023)

# Vorwort

*Preamble*

Die vorliegende Arbeit entstand während meiner Tätigkeit als wissenschaftlicher Mitarbeiter am Werkzeugmaschinenlabor WZL der Rheinisch-Westfälischen Technischen Hochschule Aachen.

Herrn Univ.-Prof. Dr.-Ing. Thomas Bergs, Inhaber des Lehrstuhls für Technologie der Fertigungsverfahren, danke ich für die ausgezeichnete Zusammenarbeit, stetige Diskussionsbereitschaft und die wohlwollende Förderung der Arbeit. Herrn Univ.-Prof. Dr.-Ing. Dr.-Ing. E. h. Dr. h. c. Dr. h. c. Fritz Klocke, ehemaliger Inhaber des Lehrstuhls für Technologie der Fertigungsverfahren, danke ich ebenfalls für die fachliche und persönliche Führung und Unterstützung in meinen ersten Jahren am WZL. Ich möchte mich herzlichst für die Übernahme des Koreferats, für die eingehende Durchsicht des Manuskripts sowie für die bereichernden Gespräche und Anmerkungen zu meiner Dissertation bedanken. Die fachliche und persönliche Unterstützung beider hat ein motivierendes Arbeitsumfeld geschaffen, in dem ich stets sehr gerne gearbeitet habe.

Ebenfalls möchte ich mich bei Frau Univ.-Prof. Dr.-Ing. Kirsten Bobzin, Inhaberin des Lehrstuhls für Oberflächentechnik im Maschinenbau, für die Übernahme des Prüfungsvorsitzes herzlichst bedanken. Außerdem danke ich Herrn Univ.-Prof. Dr.-Ing. Peter Jeschke, Inhaber des Lehrstuhls für Strahlantriebe und Turbomaschinen, für die Übernahme des Prüfungsbeisitzes.

Für die konstruktiven Diskussionen innerhalb des von dem Bundesministerium für Wirtschaft und Klimaschutz (BMWK) geförderten Projektes „ZIM-Hoch²“ gilt mein herzlicher Dank allen beteiligten Personen. Besonderen Dank möchte ich hier Herrn Dr. Ulrich Degenhardt aussprechen. Darüber hinaus danke ich allen Partnern aus dem Industriearbeitskreis „Elektroerosive Bearbeitung“ für die vielen Anregungen, die zur Erstellung dieser Dissertation beigetragen haben. Für die intensive Zusammenarbeit in dem von der Deutschen Forschungsgemeinschaft (DFG) geförderten Projekt „Werkstoffbasierte Grundlagenuntersuchungen zur Erweiterung des Verständnisses der Erodierbarkeit von elektrisch leitfähigen Keramiken mit oxidischer Matrix“ bedanke ich mich recht herzlich bei Herrn apl. Prof. Dr. rer. nat. Frank Kern, Frau Dr.-Ing. Andrea Gommeringer und Herrn Dr.-Ing. Philipp Ninz vom IFKB der Universität Stuttgart.

Im Besonderen bin ich Herrn Timm Petersen und Herrn Dr.-Ing. Andreas Klink für die intensive Durchsicht meines Manuskriptes zu Dank verpflichtet. Gleiches gilt für die Herren Raphael Heß, der meine simulativen Arbeiten mit seiner Expertise unterstützte, und Lukas Welschof, der mit mir einige experimentelle Fragestellungen kritisch hinterfragt hat. Weiterhin danke ich für viele wertvolle Diskussionen dem Oberingenieur Dr.-Ing. Tim Herrig sowie allen aktiven und ehemaligen Kollegen aus der Abteilung Abtragende Fertigungsverfahren Dr.-Ing. Simon Harst, Dr.-Ing. Lars Hensgen, Dr.-Ing. Maximilian Holsten, Dr.-Ing. Mehnoush Mohammadnejad, Dr.-Ing. Sebastian Schneider, Dr.-Ing. Dr. rer. nat. Markus Zeis, Lukas Heidemanns, Ugur Küpper, Timm Petersen,

Bob Rommes, Gregor Smeets, Daniel Schulze Brock, Florian Sous, Elio Tchoupe Sambou und Jan Wittenburg.

Für die Unterstützung bei allen experimentellen und praktischen Arbeiten möchte ich mich bei Herrn Aron Salm und Herrn Marcel Bauer bedanken. Daneben bedanke ich mich bei den Kollegen vom Werkstoffanalyselabor des WZLs für die werkstoffliche Untersuchung der Keramikproben.

Die Anfertigung des Manuskripts wäre in dieser Art und Weise ohne die Arbeit meiner studentischen Hilfskräfte sowie den Einsatz der Bachelor- und Masterarbeiter nicht möglich gewesen. Daher möchte ich mich bei den Herren Yazan Bajah, Moritz Fischbach, Alexander Fischer, Clemens Lehde, Thomas Martens, Tom Schneider, Ole Stohrer und Felix Vogt für die tatkräftige Unterstützung bedanken.

Meiner Familie spreche ich meinen Dank für den Zusammenhalt aus, der während der schweren Krankheit unserer Mutter sehr wichtig für mich war. Insbesondere möchte ich meinen Eltern dafür danken, dass sie mir die Ausbildung und meinen beruflichen Werdegang erst möglich gemacht haben. Meiner Mutter, die diese Worte leider nicht mehr lesen kann, danke ich für die an mich vererbte unnachgiebige und hartnäckige Art, die zur Erstellung dieses Manuskripts notwendig war.

Bei meiner neu hinzugewonnenen Familie möchte ich mich für die durchgängige Unterstützung in vielerlei Hinsicht bedanken. Neben den vielen Möglichkeiten dem Alltag zu entfliehen, um neue Ideen zu sammeln, möchte ich auch für die unzähligen Gesten danken, die mir sehr viel bedeutet haben.

Der größte Dank gilt jedoch meiner Frau Carla, die maßgeblich dazu beigetragen hat, dass ich sowohl mein Studium als auch meine Promotion erfolgreich abschließen konnte. Sie hat mich nicht nur liebevoll motiviert und unentwegt unterstützt, sondern auch auf einen nicht unerheblichen Teil gemeinsamer Zeit verzichtet. Für diesen Rückhalt bin ich sehr dankbar.

Düsseldorf, im Dezember 2023 Marcel Olivier

**für Carla**

# Kurzfassung

Durch das thermo-physikalische Wirkprinzip der Drahtfunkenerosion ist der Materialabtrag kraftfrei, wodurch die Fertigung von filigranen Strukturen in hochfesten Werkstoffen ermöglicht wird. Der thermische Eintrag infolge der elektrischen Entladungen verändert die Oberflächenintegrität des Werkstücks, was auch die Bauteilfunktionalität beeinträchtigt. Für metallische Werkstoffe sind diese Zusammenhänge umfangreich analysiert. Auch ist der Einfluss des Werkstoffs auf die Prozessproduktivität und -stabilität weitestgehend erforscht. Bei keramischen Werkstoffen, die aufgrund ihrer herausragenden mechanischen und thermischen Eigenschaften in diversen Bereichen Anwendung finden, ist lediglich bekannt, dass im wasserbasierten Dielektrikum unterschiedliche Abtragmechanismen in Abhängigkeit von der Keramiksorte existieren. Für die Bearbeitung im kohlenwasserstoffbasierten (CH-basierten) Dielektrikum ist bis dato nicht untersucht worden, welche Abtragmechanismen bei Keramiken vorliegen und wie der Einfluss sowohl auf die resultierende Oberflächenintegrität als auch auf die Prozessproduktivität und -stabilität ist. Zusätzlich existieren keine Erosionstechnologien, die eine Bearbeitung von verschiedenen Keramiken zulassen.

Die vorliegende Arbeit widmet sich dieser Problemstellung, indem die zentrale Forschungshypothese aufgestellt wurde, dass die Klassifizierung elektrisch leitfähiger Keramiken auf Basis der dominierenden Abtragmechanismen eine wirtschaftliche Auslegung des Drahtfunkenerosionsprozesses im CH-basierten Dielektrikum ermöglicht. Dazu wurden drei verschiedene Keramiken in einer umfangreichen Parameterstudie bearbeitet und die resultierende Oberflächenintegrität analysiert. Für ein tieferes Verständnis über die Abtragmechanismen wurden zusätzlich Einzelentladungsversuche durchgeführt. Darüber hinaus wurden Abtragpartikel aus dem kontinuierlichen Prozess entnommen, um eine Partikelgrößenverteilung zu erstellen, die mit den ermittelten Produktivitäts- und Stabilitätswerten korreliert wurde. In Biegefestigkeitsuntersuchungen wurde der Einfluss sowohl unterschiedlicher Energieniveaus als auch keramikspezifischer Nachschnittbearbeitungen auf die Festigkeit untersucht. Zum einen dienten die generierten Erkenntnisse zur Entwicklung eines Simulationsmodells, mit dem die Randzonenschädigung abgeschätzt werden soll. Zum anderen wurden die Ergebnisse zur Klassifizierung der drahtfunkenerosiven Bearbeitbarkeit elektrisch leitfähiger Keramiken auf Basis der dominierenden Abtragmechanismen verwendet. Diese Klassifizierung kann unter anderem zur Auswahl einer Basistechnologie für eine automatisierte Optimierungssoftware genutzt werden, die im Rahmen dieser Arbeit unter Verwendung eines evolutionären Algorithmus entwickelt wurde.

# Abstract

Due to the thermo-physical principle of wire electrical discharge machining, the material removal is force-free, which enables the production of filigree structures in high-strength materials. The thermal input caused by the electrical discharges alters the surface integrity of the workpiece, which also affects the component functionality. These interactions have been extensively analyzed for metallic materials. The influence of the material on process productivity and stability is also understood. For ceramic materials, which are used in various fields due to their outstanding mechanical and thermal properties, the only known fact is that different removal mechanisms exist in water-based dielectric depending on the ceramic type. So far, for machining in hydrocarbon-based (CH-based) dielectrics, it is not known which removal mechanisms are present in ceramics and which influence they have on the resulting surface integrity as well as on the process conditions. In addition, there are no erosion technologies that enable the machining of different ceramics.

The present work addresses this problem by establishing the central research hypothesis that the classification of electrically conductive ceramics based on the dominant erosion mechanisms enables an economical design of the wire electrical discharge machining process in CH-based dielectrics. For this purpose, three different ceramics were processed in an extensive parameter study and the resulting surface integrity was analyzed. For a more profound understanding of the removal mechanisms, additional single discharge experiments were carried out. Furthermore, removal particles were extracted from the continuous process to create a particle size distribution, which was correlated with the determined productivity and stability values. Bending strength studies were performed to investigate the influence of both different energy levels and ceramic-specific trim cutting on the strength. On the one hand, the knowledge generated was used to develop a simulation model that will estimate the rim zone damage. Secondly, the results were used to classify the wire electrical discharge machinability of electrically conductive ceramics based on the dominant removal mechanisms. This classification can be used, for instance, to select a basic technology for an automated optimization software, which was developed within the scope of this work using an evolutionary algorithm.

# Inhaltsverzeichnis

*Content*

# Formelzeichen und Abkürzungsverzeichnis

*Formula Symbols and Abbreviations*

### Großbuchstaben

| | | |
|---|---|---|
| $A_A$ | µm² | Kraterquerschnittsfläche |
| $A_W$ | m/min | Drahtablaufgeschwindigkeit |
| $C_0$ | µm | Anfangsradius Plasmakanal |
| $C_1$ | µm | Endradius Plasmakanal |
| $C_m$ | $J^2/(m^4s)$ | Erosions-Widerstand-Index |
| E | MPa | Elastizitätsmodul |
| E | keV | Energie |
| $F_N$ | N | Prüfkraft Normalrichtung |
| $F_{res}$ | N | Resultierende Bindungskraft |
| $F_V$ | - | Versagensindex |
| $F_{WS}$ | - | Energieverteilungsfaktor Werkstück |
| $G_0$ | - | Zu erwartendes Optimum |
| H | % | Häufigkeit |
| HV | GPa | Härte nach Vickers |
| I | A | Strom |
| I | - | Entladestromstufe |
| $K_{IC}$ | MPa√m | Risszähigkeit |
| N | % | Entladungsanteil |
| $N_{min}$ | - | Mindestgröße Population |
| P | - | Entladefrequenzstufe |
| R | - | Korrelationskoeffizient |
| $R^2$ | - | Bestimmtheitsmaß |
| Ra | µm | Arithmetischer Mittenrauwert |
| $R_P$ | µm | Radius Plasmakanal |
| Rt | µm | Rautiefe |
| $S_{IST}$ | - | Ist-Wert Vorschubgeschwindigkeitsregelung |
| $S_{Soll}$ | - | Referenzwert Vorschubgeschwindigkeitsregelung |

| | | |
|---|---|---|
| $T_B$ | K | Siedetemperatur |
| $T_D$ | K | Zersetzungstemperatur |
| $T_D$ | K | Temperatur Dielektrikum |
| $T_I$ | K | Temperatur Isotherme |
| $T_M$ | K | Schmelztemperatur |
| $T_P$ | K | Plasmatemperatur |
| U | V | Spannung |
| V | m³ | Volumen |
| $V_0$ | m³ | Referenzvolumen |
| $V_A$ | ml | Aufnahmevolumen |
| $V_{ISO}$ | ml | Volumen Isopropanol |
| $V_W$ | mm²/min | Schnittrate |
| $W(\sigma)$ | | Versagenswahrscheinlichkeit |
| $W_D$ | mJ | Energieverlust in das Dielektrikum |
| $W_e$ | mJ | Entladeenergie |
| $W_g$ | - | Energielevel Bandlücke |
| $W_L$ | - | Energielevel Leitungsband |
| $W_V$ | - | Energielevel Valenzband |
| $W_{VA}$ | mJ | Energieverlust durch Abtragpartikel |
| $W_{VK}$ | mJ | Energieverlust durch Wärmeleitung |
| $W_{VR}$ | mJ | Energieverlust durch Strahlung |
| $W_{VS}$ | mJ | Energieverlust durch Schmelzen und Zersetzen |
| $W_{VZ}$ | mJ | Energieverlust durch Zersetzungsvorgang |
| $W_{WS}$ | mJ | Energie in das Werkstück |
| $W_{WZ}$ | mJ | Energie in das Werkzeug |
| $X_A$ | - | Elektronegativität Element A |
| $X_B$ | - | Elektronegativität Element B |
| $X_{Distanz}$ | µm | Distanz zwischen Einzelentladungen |
| $Y_{Offset}$ | µm | Abstand Draht zur Kontur |

**Kleinbuchstaben**

| | | |
|---|---|---|
| a | µm | Materialabtrag |

| | | |
|---|---|---|
| $a$ | - | Gewichtungsfaktor |
| $b_K$ | - | Klassenbreite Histogramm |
| $c_p$ | J/(kg·K) | Spezifische Wärmekapazität |
| $d_B$ | mm | Dicke Biegebalken |
| $d_D$ | mm | Drahtdurchmesser |
| $d_P$ | µm | Partikeldurchmesser |
| $d_P$ | mm | Plattendicke |
| $d_{Riss}$ | µm | Risslänge |
| $d_{RZ}$ | µm | Randzonendicke |
| $d_{WS}$ | µm | Dicke wiedererstarrte Schmelzschicht |
| $f_e$ | Hz | Entladefrequenz |
| $f_p$ | Hz | Impulsfrequenz |
| $h_m$ | kJ/kg | Schmelzenthalpie |
| $h_{Standard}$ | kJ/kg | Standardbildungsenthalpie |
| $h_V$ | kJ/kg | Verdampfungsenthalpie |
| $i$ | - | Populationsgröße |
| $i_e$ | A | Entladestrom |
| $l$ | - | Nebenquantenzahl |
| $m$ | - | Magnetische Quantenzahl |
| $m$ | - | Weibullmodul |
| $m$ | - | Anzahl Netzelemente |
| $n$ | - | Hauptquantenzahl |
| $p_{CMA}$ | - | Populationsgröße Kinder |
| $p_P$ | bar | Plasmadruck |
| $\dot{q}$ | W/m² | Wärmestromdichte |
| $\dot{q}''_{konv,D}$ | W/m² | Wärmestromdichte in das Dielektrikum |
| $q_{net,avg}$ | - | Durchschnittl. Netzqualität |
| $\dot{q}''_{virtuell}$ | W/m² | Virtuelle Wärmestromdichte |
| $\dot{q}''_{WS}$ | W/m² | Wärmestromdichte in das Werkstück |
| $r$ | Å | Atomabstand |
| $r$ | - | Verhältnis Netzelemente |
| $r_W$ | µm | Wärmeausbreitungsradius |

| | | |
|---|---|---|
| s | - | Spinquantenzahl |
| s | µm | Eindringtiefe |
| $s_D$ | mm | Spüldüsenabstand |
| t | s | Zeit |
| $t_0$ | µs | Pausendauer |
| $t_d$ | µs | Zündverzögerungszeit |
| $t_{d,ref}$ | µs | Referenzzündverzögerungszeit |
| $t_e$ | µs | Entladedauer |
| $t_i$ | µs | Impulsdauer |
| $t_{max}$ | - | Maximale Iterationen |
| $t_p$ | µs | Periodendauer |
| $u_e$ | V | Entladespannung |
| $u_{e,ref}$ | V | Referenzentladespannung |
| $u_i$ | V | Leerlaufspannung |
| $v_f$ | mm/min | Drahtvorschubgeschwindigkeit |
| $v_{Netz,n}$ | m/s | Netzgeschwindigkeit |
| $v_s$ | mm/min | Schnittgeschwindigkeit |
| $x_0$ | - | Basislösung |
| $z_{max}$ | µm | Maximale Kratertiefe |
| $z_W$ | µm | Wärmeeindringtiefe |

**Griechische Buchstaben**

| | | |
|---|---|---|
| $(\partial d/\partial \vec{x})_{max}$ | - | Wachstumsrate |
| µ | - | Querkontraktionszahl |
| µ | - | Populationsgröße Eltern |
| a | 1/K | Längenausdehnungskoeffizient |
| $a_{virtuell}$ | $W/(m^2 \cdot K)$ | Virtueller Wärmeübergangskoeffizient |
| $\delta_D$ | ° | Vorschubwinkel |
| $\Delta d_{fern}$ | µm | Punkteabstand fern von der Entladestelle |
| $\Delta d_{nah}$ | µm | Punkteabstand nah an der Entladestelle |

| | | |
|---|---|---|
| $\delta_{RA}$ | ° | Richtungsabhängigkeit Schmelze |
| $\Delta T_{Krit}$ | K | Kritische Thermoschocktemperatur |
| δ-WC | - | Hexagonale Struktur von Wolframkarbid |
| $\varepsilon_r$ | - | Dielektrizitätskonstante |
| $\gamma$ | ° | Anfahrwinkel |
| $\gamma$-$WC_{1-x}$ | - | Kubische Struktur von Wolframkarbid |
| $\kappa$ | S/m | Elektrische Leitfähigkeit |
| $\lambda$ | $W \cdot m^{-1} \cdot K^{-1}$ | Wärmeleitfähigkeit |
| $\rho$ | $kg/m^3$ | Dichte |
| $\varphi_{Gauß}$ | - | Normalverteilungsfunktion nach Gauß |
| $\sigma$ | MPa | Normalspannung |
| $\sigma$ | - | Schrittweite |
| $\sigma$ | - | Standardabweichung |
| $\sigma_0$ | MPa | Referenzspannung |
| $\sigma_0$ | - | Initiale Schrittweite |
| $\sigma_B$ | MPa | Biegefestigkeit |
| $\sigma_D$ | MPa | Druckfestigkeit |
| $\tau$ | MPa | Schubspannung |
| $\upsilon$ | - | Poissonzahl |

**Abkürzungen**

| | | |
|---|---|---|
| Al | - | Aluminium |
| $Al_2O_3$ | - | Aluminiumoxid |
| $B_4C$ | - | Borkarbid |
| BBO | - | Biogeography-based Optimization |
| C | - | Kohlenstoff |
| CaO | - | Caliumoxid |
| CH | - | Kohlenwasserstoff |
| Cl | - | Chlor |
| CMA | - | Kovarianzmatrixadaption (Covariance Matrix Adaption) |
| CMA-ES | - | Evolutionäre Strategie mit Kovarianzmatrixadaption |

| | | |
|---|---|---|
| CMC | - | Ceramic Matrix Composite |
| CSV | - | Comma-Seperated Values |
| Cu | - | Kupfer |
| CuZn37 | - | Messing |
| DoE | - | Statistische Versuchsplanung (Design of Experiments) |
| EA | - | Evolutionärer Algorithmus |
| EBSD | - | Elektronenrückstreubeugung (Electron Backscatter Diffraction) |
| EDM | - | Funkenerosion (Electrical Discharge Machining) |
| EDX | - | Energiedispersive Röntgenanalyse (Energy Dispersive X-ray) |
| FEM | - | Finite Elemente Methode |
| FSZ | - | Vollständig stabilisiertes Zirkonoxid (Fully Stabilized Zirconia) |
| $H_2$ | - | Wasserstoff |
| $H_2O$ | - | Wasser |
| HS | - | Hauptschnitt |
| IBA | - | Ionischer Bindungsanteil |
| KBA | - | Kovalenter Bindungsanteil |
| MEG | - | Maschineneinstellgröße |
| MgO | - | Magnesiumoxid |
| $N_2$ | - | Stickstoff |
| Na | - | Natrium |
| NbC | - | Niobkarbid |
| NC | - | Numerical Control |
| $NH_3$ | - | Ammoniak |
| NS | - | Nachschnitt |
| PAF | - | Partieller Abplatzungsfaktor |
| PKD | - | Polykristalliner Diamant |
| PM | - | Pulvermetallurgisch |
| PSO | - | Partikelschwarmoptimierung |

| | | |
|---|---|---|
| PSZ | - | Teilweise stabilisiertes Zirkonoxid (Partially Stabilized Zirkonia) |
| PVD | - | Physical Vapour Deposition |
| PVF | - | Partieller Verdampfungsfaktor |
| PZF | - | Partieller Zersetzungsfaktor |
| REM | - | Rasterelektronenmikroskop |
| SEDM | - | Senkerosion (Sinking Electrical Discharge Machining) |
| Si | - | Silizium |
| $Si_3N_4$ | - | Siliziumnitrid |
| $Si_3N_4$-TiN | - | Titannitrid-infiltriertes Siliziumnitrid |
| SiC | - | Siliziumkarbid |
| SiC-$TiB_2$ | - | Titandiborid-infiltriertes Siliziumkarbid |
| $SiO_2$ | - | Siliziumoxid |
| SiSiC | - | Silizium-infiltriertes Siliziumkarbid |
| $TiB_2$ | - | Titandiborid |
| TiC | - | Titankarbid |
| TiN | - | Titannitrid |
| $TiO_2$ | - | Titanoxid |
| TZP | - | Polykristallines tetragonales Zirkonoxid (Tetragonal Zirconia Polycrystal) |
| WBZ | - | Wärmebeeinflusste Zone |
| WC | - | Wolframkarbid |
| WEDM | - | Drahterosion (Wire Electrical Discharge Machining) |
| WS | - | Weiße Schicht |
| $Y_2O_3$ | - | Yttriumoxid |
| Zn | - | Zink |
| $ZrO_2$ | - | Zirkonoxid |
| $ZrO_2$-WC | - | Wolframkarbid-infiltriertes Zirkonoxid |
| ZTA | - | Zirkonoxidverstärktes Aluminiumoxid (Zirconia Toughened Alumina) |

# 1 Einleitung

*Introduction*

Technischen Keramiken kommen aufgrund ihrer essentiellen Funktionalität und vielfältigen Leistungsfähigkeit Schlüsselrollen in vielen hochspezialisierten Bereichen wie der Chemieindustrie, der Medizintechnik, der Raumfahrt oder dem Werkzeugbau zu. Der hohe Bedarf an diesen Werkstoffen zeigt sich unter anderem durch den von 2019 bis 2021 um 18,9 % gestiegenen Umsatz der deutschen Keramikindustrie im Bereich der technischen Keramiken [STAT22]. Die hohe Festigkeit, Härte und Abriebfestigkeit in Kombination mit geringer Dichte, chemischer Beständigkeit und thermischer Stabilität bilden die vorteilhaften Eigenschaften, die in diesen Anwendungsgebieten gefordert sind. Diese Eigenschaftskombinationen ermöglichen unter anderem ein hervorragendes tribologisches Verhalten in korrosiven Medien, weshalb Keramiken beispielsweise als Hülsen oder Zahnräder in chemischen Pumpen sowie als Gleitlager oder Schneidwerkzeuge eingesetzt werden. Darüber hinaus finden Keramiken als Gehäusestrukturen für optische Messsysteme Anwendung, da diese Bauteile sowohl eine hohe Steifigkeit als auch eine geringe thermische Ausdehnung bei gleichzeitig geringer Dichte aufweisen müssen. Trotz dieser hohen Vielfältigkeit können die Keramiken nicht in allen Anwendungsgebieten, in denen diese vorteilhaften Eigenschaften gefordert sind, verwendet werden. Die limitierte Einsetzbarkeit ist weitestgehend auf die hohe Härte und das spröde Bruchverhalten zurückzuführen, weshalb überwiegend nur Fertigungsverfahren mit geometrisch unbestimmter Schneide wie das Schleifen, Läppen oder Polieren genutzt werden können. Zur Fertigung komplexer Geometrien muss die Prozesskette derart gestaltet werden, dass ein Grünling vor dem Sinterprozess zerspanend bearbeitet wird. Durch Schwindungsvorgänge während des Sinterprozesses kann es am Endbauteil zu Formfehlern und somit zum Ausschuss kommen. Bedingt durch die Fertigungseinschränkungen können die Potenziale der Keramiken nicht vollumfänglich ausgeschöpft werden.

Die hohe Härte und das spröde Bruchverhalten der Keramiken erfordern zur präzisen Fertigung komplexer Geometrien ein Verfahren wie die Drahtfunkenerosion. Das kontaktlose und kraftfreie Wirkprinzip der Funkenerosion, das sich durch die thermische Einwirkung von elektrischen Entladungen ergibt, ist unabhängig von den mechanischen Werkstoffeigenschaften. Deshalb ist die Fertigung von filigranen Strukturen mit hohen Aspektverhältnissen in hochfesten Werkstoffen wie Hartmetallen oder Keramiken möglich. Dennoch bedarf das Prinzip einer elektrischen Mindestleitfähigkeit, die bei den meisten Keramiken nicht gegeben ist. In den letzten Jahrzehnten wurde an der Entwicklung neuartiger Kompositkeramiken geforscht, die mindestens eine weitere Phase mit einer elektrischen Leitfähigkeit enthalten. Durch die homogene Verteilung einer leitfähigen Dispersion, auch Dotieren genannt, bildet sich im Werkstoff ein Perkolationsnetzwerk aus, das eine elektrische Leitfähigkeit des gesamten Bauteils und eine damit einhergehende Erodierbarkeit ermöglicht.

Moderne Drahterosionsmaschinen verfügen über eine Vielzahl an implementierten Standarderosionstechnologien für unterschiedliche metallische Werkstoffklassen, da die thermischen und elektrischen Eigenschaften eines Werkstoffs Auswirkungen auf den Prozess haben. Bislang existieren jedoch keine Standardtechnologien zur Bearbeitung von Keramiken, was unter anderem auf das breite Spektrum an Keramiken mit unterschiedlichen thermischen und elektrischen Eigenschaften zurückzuführen ist. Des Weiteren liegen bei Keramiken, neben dem von metallischen Werkstoffen bekannten Abtragmechanismus Schmelzen und Verdampfen, noch weitere Abtragmechanismen vor. Bisherige Forschungsarbeiten widmeten sich hauptsächlich der Identifikation der Abtragmechanismen, wobei sich ein starker Einfluss des Sauerstoffs im wasserbasierten Dielektrikum auf die resultierende Oberflächenintegrität in Form von Korrosion ergeben hat. Generell bestehen weder Untersuchungen hinsichtlich der Auswirkung dieser Abtragmechanismen auf charakteristische Zielgrößen des Drahterosionsprozesses noch liegen Erkenntnisse vor, wie eine Erosionstechnologie zur optimalen Bearbeitung einer spezifischen Keramik angepasst werden muss. Darüber hinaus wurden keine drahtfunkenerosiven Untersuchungen unter Verwendung eines kohlenwasserstoffbasierten (CH-basierten) Dielektrikums durchgeführt, was aufgrund des fehlenden Sauerstoffs vielversprechende Ergebnisse liefern kann.

Da die thermische Energie der Funkenentladung die Oberflächenintegrität verändert und diese wiederum eine Auswirkung auf die mechanischen Eigenschaften hat, werden Nachschnitte mit geringer Entladeenergie zur Reduktion dieser Veränderungen genutzt. Für keramische Werkstoffe ist der Einfluss von niederenergetischen Nachschnitten auf die Verbesserung der Oberflächenintegrität und die resultierenden mechanischen Eigenschaften bisher wissenschaftlich nicht erforscht. Aufgrund der fehlenden Untersuchungen ist ein werkstoff- und anwendungsgerechter Einsatz der Drahtfunkenerosion zur Bearbeitung von Keramiken mit unterschiedlichen Abtragmechanismen aktuell nicht möglich. Daher soll in dieser Arbeit die drahtfunkenerosive Bearbeitung von elektrisch leitfähigen Keramiken im CH-basierten Dielektrikum detailliert analysiert werden.

Zunächst werden in Abhängigkeit von den elektrischen Prozessparametern die dominierenden Abtragmechanismen von drei unterschiedlichen Keramiken im CH-basierten Dielektrikum identifiziert sowie deren Einfluss auf die Prozessproduktivität und -stabilität ermittelt. Danach wird die erzielbare Verbesserung der Oberflächenintegrität durch die Verwendung von Nachschnitten analysiert, um darauffolgend die Auswirkung unterschiedlicher Oberflächenintegritäten auf die Biegefestigkeit zu untersuchen. Zusätzlich wird ein erster Ansatz für eine FEM-Simulation vorgestellt, mit dem thermisch induzierte Spannungen berechnet werden, um die Randzonenschädigung abschätzen zu können. Durch diese Analysen kann eine Klassifikation der Bearbeitbarkeit elektrisch leitfähiger Keramiken im CH-basierten Dielektrikum auf Basis der dominierenden Abtragmechanismen ermöglicht werden. Zum einen befähigt diese Klassifikation die Maschinenhersteller zur Implementierung keramikspezifischer Erosionstechnologien. Zum anderen dient sie zur Auswahl einer initialen Technologie, die mithilfe einer selbstentwickelten Optimierungssoftware so angepasst wird, dass eine Steigerung der Prozessproduktivität erreicht werden kann.

# Introduction

Due to their essential functionality and versatile performance, technical ceramics play key roles in many highly specialized sectors such as the chemical industry, medical technology, aerospace and toolmaking. The high demand for these materials is reflected, for instance, by the 18.9% increase in sales of technical ceramics in the German ceramics industry from 2019 to 2021 [STAT22]. The high strength, hardness and abrasion resistance in combination with low density, chemical resistance and thermal stability provide the advantageous properties required in these application areas. These property combinations enable, among other things, excellent tribological behavior in corrosive media, which is why ceramics are used, for example, as sleeves or gear wheels in chemical pumps and as plain bearings or cutting tools. In addition, ceramics are used as housing structures for optical measuring systems, since these components must have both high stiffness and low thermal expansion combined with low density. Despite this high versatility, ceramics cannot be used in all applications where these advantageous properties are required. The limited applicability is largely due to the high hardness and brittle fracture behavior, for which reason only manufacturing processes with geometrically undefined cutting edges, such as grinding, lapping or polishing, can be used. For the production of complex geometries, the process chain must be designed in such a way that a green compact is machined before the sintering process. Shrinkage occurs during the sintering process, which can lead to shape defects in the final component and thus to rejects. Due to the manufacturing restrictions, the potential of the ceramics cannot be fully exploited.

The high hardness and brittle fracture behavior of ceramics require a process such as wire electrical discharge machining (EDM) for the precise production of complex geometries. The non-contact and force-free working principle of EDM, which results from the thermal action of electrical discharges, is independent of the mechanical material properties. Therefore, the production of filigree structures with high aspect ratios in high-strength materials such as hard metals or ceramics is possible. Nevertheless, the principle requires a minimum electrical conductivity, which is not present in most ceramics. In recent decades, research has been conducted into the development of new types of composite ceramics that contain at least one additional phase with electrical conductivity. Through the homogeneous distribution of a conductive dispersion, also known as doping, a percolation network is formed in the material, which enables electrical conductivity of the entire component and the associated erodibility.

Modern wire EDM machines have a variety of implemented standard EDM technologies for different metallic material classes, since the thermal and electrical properties of a material have an impact on the process. To date, there are no standard technologies for machining ceramics, which is partly due to the wide range of ceramics with different thermal and electrical properties. In addition to the melting and vaporization mechanisms familiar from metallic materials, ceramics also have further removal mechanisms. Previous research has been mainly devoted to the identification of the removal mechanisms, showing a strong influence of oxygen in the water-based dielectric on the resulting surface integrity in the form of corrosion. In general, there are no investigations regarding the impact of these removal mechanisms on characteristic target parameters of the wire EDM process, nor is there any knowledge on how to adapt an erosion technology for optimal machining of a specific ceramic. Furthermore, no wire erosion tests have been performed using a hydrocarbon-based (CH-based) dielectric, which may provide promising results due to the lack of oxygen.

Since the thermal energy of the electrical discharges changes the surface integrity, which in turn has an effect on the mechanical properties, low energy trim cuts are used to reduce these changes. For ceramic materials, the influence of low energy trim cuts on the improvement of surface integrity and the resulting mechanical properties has not been scientifically investigated so far. Due to the lack of investigations, a material- and application-oriented use of wire EDM for the machining of ceramics with different removal mechanisms is currently not possible. Therefore, the wire EDM of electrically conductive ceramics in CH-based dielectric will be analyzed in detail in this work.

First, the dominant removal mechanisms of three different ceramics in CH-based dielectrics are identified as a function of the electrical process parameters and their influence on the process conditions is determined. Afterwards, the achievable improvement of the surface integrity by using trim cuts is analyzed in order to subsequently investigate the effect of different surface integrities on the bending strength. In addition, a first approach for a FEM simulation is presented to calculate thermally induced stresses in order to estimate rim zone damage. These analyses enable a classification of the machinability of electrically conductive ceramics in CH-based dielectrics based on the dominant removal mechanisms. On the one hand, this classification enables machine manufacturers to implement ceramic-specific erosion technologies. On the other hand, it serves to select an initial technology, which is adapted with the aid of self-developed optimization software in such a way that an increase in process productivity can be achieved.

# 2 Stand der Erkenntnisse

*State of the art*

Die Anwendungsgebiete von Keramiken sind aufgrund der variierenden Eigenschaften sehr vielfältig. Trotzdem werden die Potenziale dieser Werkstoffe nicht vollumfänglich ausgenutzt. Die Drahtfunkenerosion stellt ein geeignetes Fertigungsverfahren zur Bearbeitung dieser spröden Werkstoffe dar. Dennoch verändert die thermische Einwirkung der elektrischen Entladungen die Oberflächenstruktur, was sich wiederum negativ auf die Bauteilbelastbarkeit auswirken kann. Aus diesem Grund ist eine detaillierte Betrachtung der bisherigen Erkenntnisse zu Keramiken und zum Drahtfunkenerosionsprozess notwendig.

In diesem Kapitel werden zunächst die Grundlagen zu keramischen Werkstoffen vorgestellt, bevor auf das Verfahrensprinzip der Drahtfunkenerosion eingegangen wird. Abschließend wird der Stand der Erkenntnisse zur funkenerosiven Bearbeitung von elektrisch leitfähigen Keramiken dargestellt und die erkannten Forschungsdefizite zusammengetragen.

## 2.1 Grundlagen zu keramischen Werkstoffen

*Fundamentals of ceramic materials*

### 2.1.1 Klassifizierung von keramischen Werkstoffen

Als keramischer Werkstoff wird nach der DIN EN 14232 „anorganisches, nichtmetallisches, hauptsächlich kristallines Erzeugnis, das unter dem Einfluss erhöhter Temperaturen hergestellt wurde“, verstanden [DIN10]. Sowohl die hervorragenden mechanischen Eigenschaften wie beispielsweise hohe Festigkeit, Härte und Abriebfestigkeit bei vergleichsweise niedriger Dichte als auch der Herstellungsprozess, grenzen sie zu den Polymer- und Metallwerkstoffen klar ab [BREV03]. Dennoch besteht aufgrund der Vielfältigkeit der einbezogenen Rohstoffe und der Anwendungsgebiete keine Einigkeit über die Klassifizierung der Keramiken wie bei Polymer- und Metallwerkstoffen. Deshalb finden sich in der Literatur unterschiedliche Klassifizierungen der Keramiken, deren Abgrenzungen zueinander unpräzise sind. Eine Klassifizierung nach SALMANG ET AL. teilt die Keramiken anhand der Anwendungsgebiete in „Gebrauchskeramik“ wie Geschirr- oder Sanitärkeramik und „technische Keramik“ ein [SALM07]. Die technischen Keramiken unterteilen sich wiederum in traditionelle technische Keramik und Hochleistungskeramik. Zu den traditionellen technischen Keramiken zählen Chemieporzellan, feuerfeste Werkstoffe, Isolatoren und Zündkerzen. Der Bereich der Hochleistungskeramik unterteilt sich weiter in die Funktionskeramik und die Strukturkeramik. Zur Funktionskeramik gehören die Keramiken, die aufgrund spezieller chemisch-physikalischer Eigenschaften eine bestimmte Funktion erfüllen wie beispielsweise die Sensorkeramik in einer Lambdasonde, die zur Bestimmung des Verbrennungsluftverhältnisses in einem Ottomotor verwendet wird [BASS13]. Strukturkeramiken sind Werkstoffe mit hoher Festigkeit und Zähigkeit. Zudem haben sie im Vergleich zu anderen Keramiken eine hohe Thermoschockbeständigkeit, auf die im späteren Verlauf detaillierter eingegangen wird. Da in den letzten Jahrzehnten die Keramiken weiterentwickelt wurden, indem sie mit zusätzlichen Werkstoffen, unter anderem auch keramischen Werkstoffen, kombiniert wurden [GREI02], ist eine umfangreichere Klassifizierung erforderlich. Unter Berücksichtigung der chemischen Zusammensetzung wird in Bild 2.1 eine alternative Klassifizierung in Anlehnung an BRIEHL und HÜLSENBERG vorgestellt [BRIE21, HÜLS12]. Zu den jeweiligen Gruppen sind die praxisrelevantesten Keramiken beispielhaft in den weißen Kästen aufgelistet.

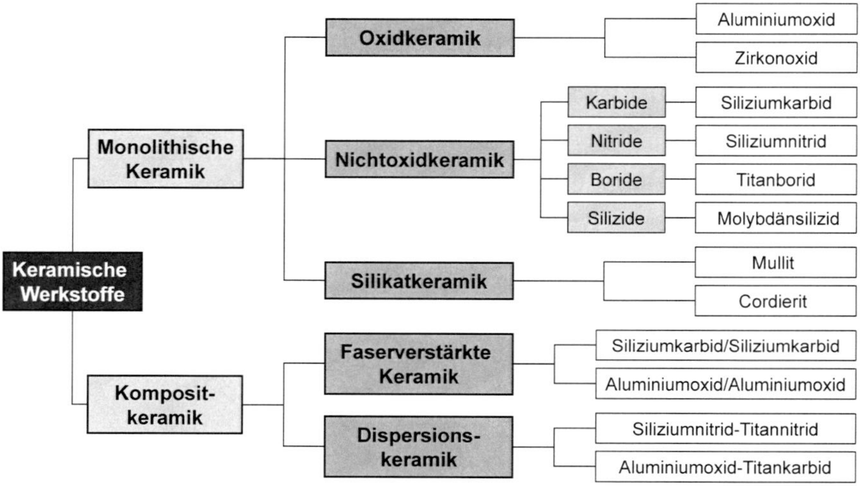


Bild 2.1 Klassifizierung der technischen Keramiken in Anlehnung an [BRIE21, HÜLS12]
*Classification of technical ceramics based on [BRIE21, HÜLS12]*

Generell wird in die Hauptgruppen „monolithische Keramik“ und „Kompositkeramik“ unterteilt. Ein monolithischer Werkstoff besteht aus einem Stoff, der keine unterschiedlichen Phasen aufweist [CALL20]. Die monolithischen Keramiken, auch polykristalline Keramiken genannt, sind nach der chemischen Zusammensetzung in Oxid-, Nichtoxid- und Silikatkeramik unterteilt. Die nicht-oxidischen Keramiken teilen sich in Karbide, Nitride, Boride und Silizide auf und zeichnen sich durch eine hohe Härte, hohe Biegefestigkeit sowie chemische und thermische Beständigkeit aus. Dennoch sind die Anwendungsgebiete monolithischer Keramiken, aufgrund einer sehr hohen Sprödigkeit und damit einhergehender geringer Schadenstoleranz, begrenzt [BANS05].

Die Kompositkeramiken (engl.: ceramic matrix composite, kurz: CMC) zeichnen sich durch mindestens einen weiteren Werkstoff bzw. eine weitere Phase aus, wobei die Keramik das Grundmaterial bzw. die Matrix darstellt. Unter anderem werden sie auch als Mehr-Phasen-Keramiken bzw. polykristalline Kompositkeramiken bezeichnet [CART13]. Durch die zweite Phase können die mechanischen, thermischen und/oder elektrischen Eigenschaften des Komposits im Vergleich zu denen der monolithischen Materialien verändert werden, mit teilweise nur geringem Festigkeits- und Härteverlust der Grundkeramik. Die Kompositkeramiken werden in faserverstärkte Keramiken und Dispersionskeramiken unterteilt, die sich sowohl in ihrer Gefügezusammensetzung als auch in ihrer Herstellungsweise voneinander unterscheiden. Bei den faserverstärkten Keramiken werden sowohl einkristalline Kurzfasern (Whisker) als auch Langfasern aus unterschiedlichen Materialien in die Matrix eingelagert [KREN02]. Für die Herstellung dieses Verbundes werden die Fasern in einer Form fixiert und mit der Matrix-Keramik durch entsprechende Fertigungsverfahren wie der chemischen Gasphaseninfiltration, der Flüssigsilicierung oder der Polymerinfiltration umhüllt. Dabei sind die Fasern diskret in der Matrix verteilt. Durch die Fasern wird ein quasi-duktiles Verformungsverhalten erzielt, indem Risse an den Fasern umgelenkt oder Spannungen durch Faserausbrüche abgebaut werden, was eine schrittweise Verringerung der Verformungsenergie bedeutet [BUDI86, CHAW98]. Die Haftung bzw. Verbindung zwischen den Fasern und der Matrix ist dabei entscheidend [SCHM07]. Einerseits muss die Verbindung schwach genug sein, damit sich die Faserfragmente bei überkritischen Belastungen aus der Matrix lösen können. Auf der anderen Seite muss die Verbindung zwischen den Fasern und der Matrix stark genug sein, um eine Lastübertragung zu ermöglichen. Die aufwändige und kostenintensive Herstellung faserverstärkter Keramiken beschränkt die Anwendung dieser Keramiksorten. [BRIE21, KREN02]

Bei den Dispersionskeramiken, wozu auch Cermets (Ceramic metals) gehören, wird das Pulver der Keramik mit dem Pulver eines weiteren Werkstoffs (oder mehrerer) in einer wässrigen Lösung dispergiert, wodurch eine homogene Masse entsteht [ROOS05]. Dieser Prozess wird auch als Dotierung der keramischen Matrix bezeichnet. Durch den Weiterverarbeitungsprozess (Sintern, Pulverspritzgießen) verbinden sich die Pulver zu einem Werkstoff. Durch diese Herstellungsweise lässt sich eine gleichmäßige Phasenverteilung von zwei oder mehreren Werkstoffen erzielen. Dabei kann es sich bei der Zweitphase auch um einen elektrisch leitfähigen Werkstoff handeln. Eine von STAUFFER ET AL. entwickelte Theorie besagt, dass sich bei zufällig verteilter Menge einer elektrisch leitfähigen Zweitphase in einer elektrisch isolierenden Matrix ein Netzwerk mit Knotenpunkten und Pfaden ergibt, sodass für das gesamte Werkstoffsystem eine elektrische Leitfähigkeit vorliegt [STAU92]. Dieses Netzwerk wird als Perkolationsnetzwerk bezeichnet. Der Anteil der Zweitphase muss aber über einem werkstoffspezifischen Schwellwert, auch Perkolationsgrenze genannt, liegen, um ein Netzwerk auszubilden und eine elektrische Leitfähigkeit gewährleisten zu können. Erst durch die homogene Verteilung der Zweitphase bzw. durch das Perkolationsnetzwerk kann eine lokal unabhängige Leitfähigkeit erreicht werden, was für die funkenerosive Bearbeitbarkeit mancher Keramiken essentiell ist. Weitere physikalische Eigenschaften wie beispielsweise Festigkeit, Risszähigkeit, Wärmeausdehnung und Wärmeleitfähigkeit werden primär von der Matrix-Keramik und sekundär von der Zweitphase beeinflusst [DENG05, GOGO03, JIKO94]. Um den Unterschied zwischen den monolithischen Keramiken, den faserverstärkten Keramiken und den Dispersionskeramiken zu verdeutlichen, sind in Bild 2.2 die jeweiligen Gefüge- bzw. Kornstrukturen schematisch dargestellt.

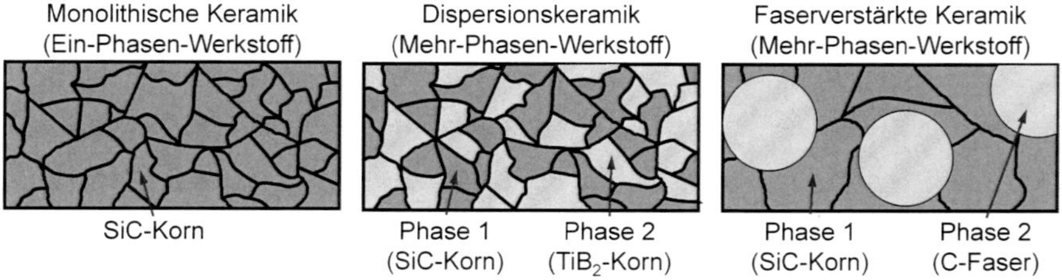


Bild 2.2: Schematische Darstellung der Gefügestrukturen von Keramiken in Anlehnung an [CHAW98, BREV03, ROOS05]
*Schematic illustration of the microstructures of ceramics based on [CHAW98, BREV03, ROOS05]*

Dispersionskeramiken haben eine ähnliche Gefügestruktur mit vergleichbarer Korngröße wie monolithische Keramiken, weisen aber Körner mit unterschiedlichen Phasen auf. Die monolithischen Keramiken haben nur Körner aus einer Phase vorliegen. Bei den faserverstärkten Keramiken, die tendenziell gröbere Korngrößen aufweisen, ist zu sehen, dass die ungleichmäßige Verteilung der Fasern zu lokal unterschiedlichen elektrischen Leitfähigkeiten führen kann, was ein negativer Aspekt für die funkenerosive Bearbeitbarkeit ist. Aus diesem Grund werden die faserverstärkten Keramiken im weiteren Verlauf nicht detaillierter betrachtet.

### 2.1.2 Bindungsarten von keramischen Werkstoffen

Die herausragenden mechanischen Eigenschaften keramischer Werkstoffe ergeben sich durch die interatomare und intermolekulare Bindungsart bzw. Wechselwirkung. Im Allgemeinen wird bei Werkstoffen zwischen der chemischen (primären) und der physikalischen (sekundären) Bindung differenziert, die unterschiedliche Bindungsenergien mit unterschiedlicher Reichweite aufweisen [BRIE21]. Zur primären Bindung zählen die metallische, die ionische und die kovalente Bindung. Die Van der Waals'sche Bindung, die Lewis-Säure-Base-Wechselwirkung und die Wasserstoffbrückenbindung gehören zum sekundären Bindungstyp. Deren Bindungsenergie ist um ein bis zwei Zehnerpotenzen kleiner als die des primären Typs [BREV03]. Da sie für Keramiken eine untergeordnete Bedeutung haben [SALM07], wird im weiteren Verlauf auf eine detailliertere Beschreibung der sekundären Bindungstypen verzichtet. In Bild 2.3 sind die primären Bindungstypen schematisch an einfachen Beispielen dargestellt. Der dort dargestellte schematische Aufbau der Atome beruht auf dem Atommodell nach Bohr [BOHR13, GOTT14]. Dabei bildet der positiv geladene Atomkern den Mittelpunkt des Atoms und die Elektronen bewegen sich auf Kreisbahnen, auch Schalen genannt, mit festgelegten Radien um den Atomkern [BINN16]. Die Elektronen befinden sich in Abhängigkeit von ihrer Energie in unterschiedlicher Anzahl auf den jeweiligen Schalen. Der Zustand eines Elektrons in der jeweiligen Schale (Position, Orientierung, Bahndrehimpuls, Eigendrehimpuls) wird durch die vier Quantenzahlen beschrieben [HAKE06]. Dazu zählen die Hauptquantenzahl $\mathrm{n}$, die Nebenquantenzahl $\mathrm{l}$, die magnetische Quantenzahl $\mathrm{m}$ und die Spinquantenzahl $\mathrm{s}$. Es können nur konkrete Energieniveaus, die durch die jeweiligen Schalen gekennzeichnet sind, eingenommen werden.

Jedem dieser Niveaus sind maximal zwei Elektronen zugeordnet, die sich hinsichtlich ihres Spins (Richtungssinn der Eigenrotation) unterscheiden müssen [BARG12]. Mit steigendem Energieniveau des Elektrons nimmt der Abstand zum Atomkern zu. Das Atomverhalten und die daraus resultierenden Festkörpereigenschaften richten sich nach der Zahl der vorhandenen Elektronen auf der Außenschale (Valenzelektronen) und der Elektronegativität des Atoms. Die Elektronegativität ist ein relatives Maß für die Fähigkeit eines Atoms, Valenzelektronen in einer chemischen Bindung an sich zu ziehen, besonders Valenzelektronen benachbarter Atome [WEIß15]. Durch das Bestreben eines Atoms, seine äußerste Schale mit acht Elektronen zu füllen, besteht die Tendenz, je nach Wertigkeit (Anzahl der Elektronen auf der Außenschale) des Atoms, Elektronen aufzunehmen, abzugeben oder zu teilen. Damit ergeben sich die grundlegenden Bindungstypen mit unterschiedlichen Bindungsenergien, die aufgewendet werden müssen, um den Verbund zu trennen. In Bild 2.3 sind die unterschiedlichen Bindungstypen dargestellt. [BERG08, GOTT14, SALM07]

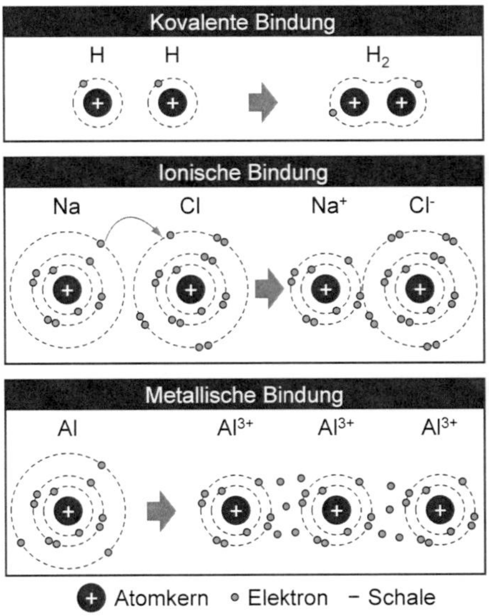


| | Kovalente Bindung | Ionische Bindung | Metallische Bindung |
|---|---|---|---|
| Bindungs-energie | 60 - 700 kJ/mol | 600 - 1100 kJ/mol | 110 - 350 kJ/mol |
| Reich-weite | 100 - 200 pm | bis zu 300 pm | 100 - 200 pm |
| Stärke der Verbindung | sehr groß | groß | mittel bis groß |
| Elektrische Leitfähigkeit | zum Teil Isolatoren | Ionenleiter im Schmelz-bad | gute Elektronen-leiter |
| Werk-stoffe | Borid-, Karbid-, Nitrid-keramik | Oxid-keramik | Eisen, Aluminium |

Bild 2.3: Schematische Darstellung der Bindungstypen von Werkstoffen (links) und wichtige Kennwerte (rechts) nach [BERG08, GOTT14, SALM07, WEIß15]
*Schematic illustration of the bond types of materials (left) and important characteristic values (right) according to [BERG08, GOTT14, SALM07, WEIß15]*

Bei der kovalenten Bindung (auch Atombindung oder Molekularbindung genannt) bilden Elektronen zweier Atome ein gemeinsames Elektronenpaar, da sie für sich alleine keine energetisch günstige Elektronenkonfiguration aufweisen [SALM07]. Diese Elemente weisen eine hohe Elektronegativität auf, was bei geringen Atomabständen zur Überlagerung der Außenhüllen führt. Dies bewirkt eine gerichtete Bindung, wodurch die Elektronen nicht mehr einem einzelnen Atom zugeordnet werden können. Durch den geringen Atomabstand, die geringe Elektronenbeweglichkeit und die hohe Bindungsenergie handelt es sich um den stabilsten und stärksten Bindungstyp. Die geringe Elektronenbeweglichkeit führt dazu, dass Werkstoffe mit kovalenter Bindung hauptsächlich elektrische Isolatoren sind. Diese Konfiguration kommt einer Edelgaskonfiguration (volle Besetzung der Außenschale) sehr nah. [WEIß15]

Für die ionische Bindung ist die Elektronegativität ebenfalls von großer Bedeutung. Im Beispiel in Bild 2.3 gibt das geringer wertigere Natrium ein Valenzelektron an das höherwertige Chlor ab, wodurch beide zwar eine Edelgaskonfiguration aufweisen, aber elektrisch nicht mehr neutral sind. Bei anderen Elementzusammensetzungen können entsprechend mehr Elektronen abgegeben bzw. aufgenommen werden. Durch die entgegengesetzt geladenen Ionen (Na-Kationen: positiv, Cl-Anionen: negativ) entsteht ein Coulomb'sches Potenzial, was eine elektrostatische Anziehung der Ionen und somit die Ionenbindung bewirkt [SALM07]. Damit entsteht eine ungerichtete Bindung mit großer Reichweite und großer Bindungsenergie. [GOTT14]

Die Atome eines metallischen Elements besitzen weniger als vier Elektronen auf der Außenschale, die zusätzlich sehr schwach an den Atomkern gebunden sind. Die Atome geben ihre Außenelektronen zu einem gemeinsamen Elektronenverband (Elektronengaswolke) ab. Dabei bilden die Atomkerne positiv geladene Kationen. Im Vergleich zur kovalenten Bindung, bei der die Valenzelektronen nah am Atom sind, werden bei der metallischen Bindung die Elektronen allen Atomen bzw. den Kationen im Verband zur Verfügung gestellt. Damit kann sie als Sonderform der kovalenten Bindung angesehen werden, bei der die Elektronen nicht zu einem lokalisierten Elektronenpaar verbunden sind. Die geringe Lokalisierung der Elektronen führt im Vergleich zu den anderen Bindungstypen zu der relativ schwachen Bindung. Dies ist einer der Gründe für die hohe Versetzungsbeweglichkeit in Metallen, die ihr elastisches und plastisches Verformungsverhalten verursacht. Zusätzlich bedingt die freie Beweglichkeit der Elektronen in der Elektronengaswolke eine sehr gute elektrische Leitfähigkeit. [BERG08, WEIß15]

Die beschriebenen Bindungsarten sind Grenzformen und kommen in reiner Form nur selten bis gar nicht vor [SALM07]. In Festkörpern liegen in der Regel Mischtypen vor, bei denen ein Bindungstyp überwiegen kann (vgl. Bild 2.3). Bei einer kovalenten Bindung ist das gemeinsame Elektronenpaar nur dann symmetrisch auf die Bindungspartner aufgeteilt, wenn es sich um identische Elemente handelt [WIBE19]. Sind die Bindungspartner und somit auch deren Elektronegativität voneinander unterschiedlich, verlagert sich das gemeinsame Elektronenpaar zu dem Bindungspartner mit der höheren Elektronegativität. Die daraus resultierende Polarisierung der kovalenten Bindung bewirkt einen Übergangszustand, der im Grenzfall in eine Ionenbindung übergeht. Je größer die Elektronegativität des einen Bindungspartners, desto stärker der ionische Bindungsanteil. Gegenläufig dazu kann es bei einer Ionenbindung zu einem Übergangszustand kommen, wenn das Kation infolge der positiven Ladung die äußere Schale des Anions an sich zieht. Die äußere Schale wird dann nicht mehr allein dem Anion zugeordnet, sodass im Grenzfall eine kovalente Bindung entsteht. Je kleiner der

Radius und je größer die positive Ladung des Anions ist, desto stärker wird der kovalente Bindungsanteil. Der prozentuale kovalente Bindungsanteil (KBA) eines Materials kann über

$$\mathrm{KBA} = \left(e^{-0{,}25(X_A - X_B)^2}\right) \cdot 100\ \% \tag{2.1}$$

abgeschätzt werden [CALL20]. Dabei geben $X_A$ und $X_B$ die Elektronegativitäten der Elemente A und B an. Der ionische Bindungsanteil (IBA) ergibt sich dann in etwa aus der Differenz zu 100 %. Boridkeramiken weisen einen kovalenten Anteil von 80 – 95 % und Karbidkeramiken von 75 – 85 % auf. Im Vergleich dazu haben Nitridkeramiken mit 65 – 75 % einen wesentlich geringeren kovalenten Anteil. Bei oxidischen Keramiken liegt aufgrund der hohen Elektronegativität der Sauerstoffatome ein ausgeprägter ionischer Bindungscharakter vor, der bei über 60 % liegt. Diese Verteilungen haben einen Einfluss auf die physikalischen Werkstoffeigenschaften, auf die im nächsten Abschnitt detailliert eingegangen wird. [BRIE21, WIBE19]

### 2.1.3 Eigenschaften von keramischen Werkstoffen

Keramische und metallische Werkstoffe weisen eine regelmäßige räumliche Anordnung der Atome auf, woraus sich die kristalline Struktur ergibt [BARG12]. Diese Anordnung, die von den Bindungsarten und deren Bindungsenergien beeinflusst wird, wirkt sich wiederum auf die makroskopisch sichtbaren physikalischen Eigenschaften aus [CART13]. Die Bindungsenergie bzw. die Bindungskraft zwischen zwei Atomen ist von deren anziehenden und abstoßenden Kräften abhängig, die durch deren Abstand r zueinander verändert wird. Bild 2.4 zeigt den Zusammenhang zwischen dem Atomabstand, der resultierenden Bindungskraft und deren Auswirkung auf verschiedene Eigenschaften für unterschiedlich starke Bindungen.

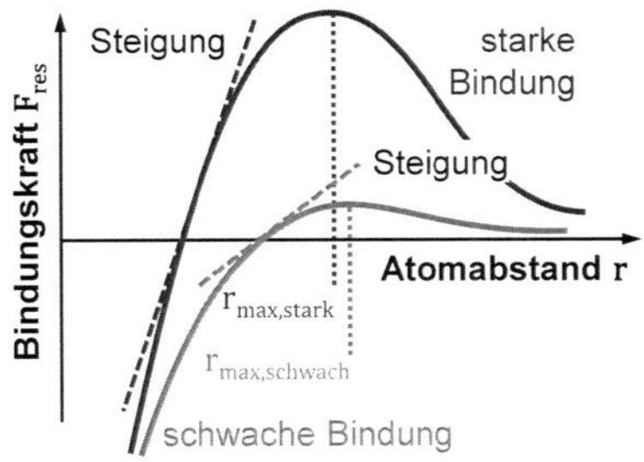


| Eigenschaft | Steiler Verlauf | Flacher Verlauf |
|---|---|---|
| Elastizitätsmodul E | Groß | Klein |
| Schmelztemperatur $T_M$ | Hoch | Niedrig |
| Lin. Längenausdehnung $\alpha$ | Gering | Hoch |

Bild 2.4: Resultierende Bindungskraft bei unterschiedlichen Bindungen (links) und deren Auswirkung auf verschiedene Eigenschaften (rechts) [WEIß15]
*Resulting bond force for different bonds (left) and their impact on various properties (right) [WEIß15]*

Bei einem großen Atomabstand liegt eine hohe anziehende Kraft und bei einem geringen Abstand eine hohe abstoßende Kraft vor. Generell wird ein Gleichgewichtszustand der superpositionierten Kräfte angestrebt, das sich in der Ruhelage (unbelastetes Kristallgitter) bei $F_{res} = 0$ einstellt. Durch eine äußere Krafteinwirkung kann der Atomabstand verändert werden und die resultierende Bindungskraft auf ein Maximum bei $r_{max}$

ansteigen bevor sie danach abfällt. Bei einer Annäherung der Atome kommt es zu einem starken Anstieg der abstoßenden Kraft, was zu einer Lösung des Verbundes führt. Aus diesem Grund sind metallische Werkstoffe nur schwer komprimierbar. Bei einem starken Bindungstyp wie der ionischen Bindung, in Bild 2.4 dunkelblau gekennzeichnet, können wesentlich höhere Kräfte aufgenommen werden als bei einer metallischen Bindung, was an der Steigung der Kurve ersichtlich ist. Dieser Zusammenhang ist Grundlage für Werkstoffeigenschaften wie beispielsweise dem E-Modul, der Schmelztemperatur und dem linearen Ausdehnungskoeffizienten. [WEIß15]

Für ein duktiles Verformungsverhalten eines Materials darf keine rein gerichtete Bindungsart (kovalente Bindung) vorliegen. Durch eine äußere Krafteinwirkung, die den Atomabstand über den Maximalwert verschiebt, kommt es zu einem Aufbrechen der Verbindung. Es kann an dieser Stelle keine neue Verbindung aufgrund der gerichteten Bindungsart erzeugt werden. Darüber hinaus darf es beim Verschieben der Atome nicht zu abstoßenden Wechselwirkungen zwischen den Atomen kommen. Bei ionischen Bindungen liegen sich im regulären Fall Kationen und Anionen gegenüber. Werden zwei Atomschichten durch Schubspannungen gegeneinander verschoben, liegen sich Kationen und Kationen bzw. Anionen und Anionen gegenüber, wodurch es zu einer Abstoßung kommt. Sowohl das Aufbrechen der kovalenten Bindung als auch die abstoßenden Kräfte bei der Ionenbindung sind ursächlich für das spröde Bruchverhalten von Keramiken. Des Weiteren bewirken die hohen Bindungskräfte bzw. Bindungsenergien die gegenüber Metallen hohe Festigkeit und Härte. Mit metallischen Bindungen können wesentlich höhere maximale Atomabstände erreicht werden, was das duktilere Verformungsverhalten erklärt. Wenn bei Metallen der maximale Atomabstand überschritten wird, gleiten die Atomschichten gegeneinander, ohne dass es zum Aufbrechen der Atombindung kommt. Dabei stellt sich ein neuer schwächerer Gleichgewichtszustand ein, der nur durch die ungebundenen Valenzelektronen möglich ist. Dieser Zusammenhang ermöglicht das plastische Verformungsverhalten von Metallen. [CART13, WEIß15]

Die thermischen Eigenschaften von Keramiken unterscheiden sich maßgeblich von denen metallischer Werkstoffe. Wird die Temperatur in einem Werkstoff erhöht, nimmt die bisherige Schwingung der Atome weiter zu. Durch den Kristallverbund wird die Schwingung bzw. Energie eines Atoms an die benachbarten Atome übertragen, was zum Teil die Wärmeleitung innerhalb eines Werkstoffs bewirkt. Die geringe Beweglichkeit der Atome in der kovalenten und ionischen Bindung bewirkt einen hohen thermischen Energiebedarf, um die Atome in Schwingung zu versetzen, was tendenziell eine hohe Wärmekapazität bedeutet. Die Wärmeleitung wird mit zunehmender Bindungsstärke des Materials eingeschränkt. Darüber hinaus wird der Atomabstand durch die Schwingungsinduzierung vergrößert. Überschreitet der Atomabstand einen elementspezifischen Wert, ist der Schmelzpunkt des Werkstoffs erreicht. Werden die Temperatur und somit auch der Atomabstand weiter erhöht, löst sich die Verbindung im gesamten Kristall, sodass der Siedepunkt erreicht ist. Besonders Werkstoffe mit einer gerichteten kovalenten Bindung weisen eine geringe Wärmleitfähigkeit und einen hohen Schmelzpunkt auf. In metallischen Bindungen bewirken neben den schwingenden

Atomrümpfen auch die Valenzelektronen die Wärmeleitung, weshalb Metalle eine höhere Wärmleitung aufweisen als Keramiken. [ROOS05, SALM07, WEIß15]

Neben den thermischen und den mechanischen Eigenschaften ist auch die elektrische Leitfähigkeit auf den Bindungscharakter eines Werkstoffs zurückzuführen. Damit ein Werkstoff elektrischen Strom leiten kann, müssen Ladungsträger über eine weite Distanz vorhanden sein [BARG12]. Es wird zwischen Leiter, Halbleiter und Isolator unterschieden. Keramische Werkstoffe werden unter den Kategorien Halbleiter und Isolator eingeordnet. Wie bereits erwähnt, können sich die Elektronen nur auf konkreten Energieniveaus befinden. Infolge der geringen Atomabstände in einem Kristallgitter kommen die äußeren Elektronen in Wechselwirkung miteinander [SALM07]. Daraus folgt, dass statt einem Energieniveau zwei dicht beieinander liegende Energiezustände für jedes Elektron vorhanden sind [BARG12]. Durch die dreidimensionale Anordnung der Atome im Kristall ergeben sich viele Zwischenzustände der Elektronen-Wechselwirkung. Dabei existiert keine Aufspaltung in zwei konkrete Energiewerte, sondern es entstehen Energiebänder mit unterschiedlichen Energieniveaus. Maßgebend für die elektrische Leitfähigkeit sind die äußeren Energiebänder, das Valenzband (noch mit zwei Elektronen besetzt) und das darüber liegende höherenergetische Leitungsband. In Bild 2.5 ist für die unterschiedlichen Leitfähigkeitszustände die jeweilige Anordnung der Valenz- und Leitungsbänder dargestellt. [BARG12]

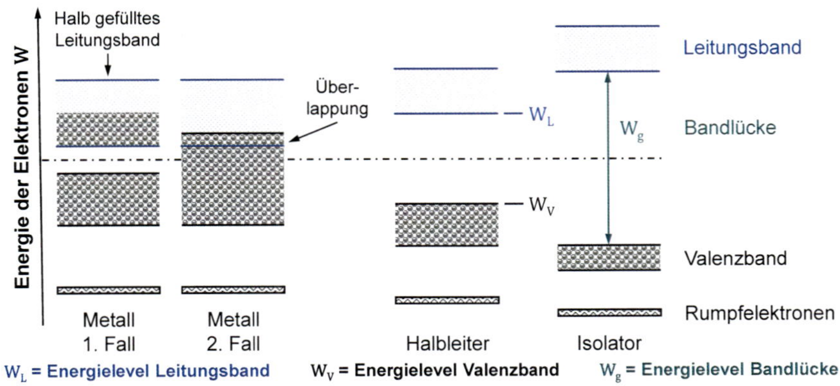


Bild 2.5: Schematische Darstellung der Besetzung von Energiebändern in Anlehnung an [BARG12, GOTT14]
*Schematic illustration of the occupation of energy bands according to [BARG12, GOTT14]*

Wie im linken Teil der Abbildung dargestellt ist, sind Metalle in zwei Fällen elektrisch leitfähig. Im ersten Fall befindet sich nur ein Elektron auf der äußeren Schale, weshalb das Leitungsband nur zur Hälfte gefüllt ist [GOTT14]. Im zweiten Fall ist das Valenzband durch die Wechselwirkungen so breit, dass es bis in das Leitungsband reicht [BARG12]. Die Elektronen benachbarter Atome können in beiden Fällen nahezu ungehindert freie Energiezustände im Leitungsband annehmen. Dadurch findet ein stetiger Austausch der Elektronen statt. Wird eine elektrische Spannung angelegt, kommt es zu einer Richtungsvorgabe des Elektronenaustausches, wodurch ein elektrischer Stromfluss erzeugt wird. Im Falle der Halbleiter und der Isolatoren, was im rechten Teil der Abbildung zu sehen ist, ist das Leitungsband leer und von dem Valenzband durch eine Bandlücke mit einem Energiebereich $W_g$ getrennt, in dem sich keine Elektronen befinden können. Bei einem Halbleiter ist die Bandlücke noch ausreichend schmal, dass durch Energiezufuhr (z.B. Wärme) Elektronen vom Valenzband in das Leitungsband gehoben werden können. Dabei hinterlässt das Elektron ein „Loch" im Valenzband, das ebenfalls als beweglicher Ladungsträger mit positiver Ladung betrachtet werden kann [HORN19]. Dadurch erhöht sich die elektrische Leitfähigkeit von Halbleitern mit steigender Temperatur, was gegenläufig zu metallischen Werkstoffen ist. Bei Isolatoren ist die Bandlücke so groß, dass die Elektronen diesen Energiebereich durch externe Energiezufuhr nicht überwinden können. Für einige isolierende Keramiken kann durch die Dotierung einer leitfähigen Phase ein Perkolationsnetzwerk ausgebildet werden, das die elektrische Leitfähigkeit erhöht. [BARG12]

Ein wesentlicher Vorteil von Keramiken gegenüber metallischen Werkstoffen ist die hohe chemische Beständigkeit bzw. geringe Korrosionsneigung, die in Abhängigkeit von der Keramik auch unter hohen Einsatztemperaturen vorliegt [BREV03]. Maßgebend für die chemische Beständigkeit ist die thermodynamische Stabilität während der Reaktion eines Werkstoffs mit seiner Umgebung, die durch die freie Enthalpie $\Delta G$ angegeben wird [MAIE15]. Damit eine Reaktion ablaufen kann, müssen freie Bindungen in der Oberfläche vorhanden sein [HORN19], die wiederum in Abhängigkeit vom Bindungscharakter vorliegen. Je mehr freie Bindungen vorliegen, desto höher ist die chemische Reaktionsneigung. Der Reaktionsvorgang wird beschleunigt, wenn eine elektrische Leitfähigkeit vorliegt, woraus die teils starke Korrosionsneigung von metallischen Werkstoffen resultiert. Bei einem thermodynamischen Gleichgewicht kommt es zu keiner Korrosion, was bei volloxidierten festphasengesinterten Keramiken wie $Al_2O_3$ und $ZrO_2$ gegeben ist. Bei flüssigphasengesinterten Keramiken wie Siliziumnitrid kann es an Korngrenzen zu Korrosion kommen, da die Korngrenzen eine geringere thermodynamische Stabilität als das Korn aufweisen [JOCH09].

Die hohe Varietät an keramischen Werkstoffen, bedingt durch die unterschiedlichen Bindungstypen, ermöglicht eine Anwendung von Keramiken in den Branchen des allgemeinen Maschinenbaus, der Hochtemperaturtechnik, der Medizintechnik und der Kerntechnik. Als Bauteile für diese Branchen sind Gleitringe und Schneidkanten, Brennerdüsen und Wärmeübertrager, Gelenkprothesen und Zahnimplantate sowie Verdampferschiffchen zu nennen. In Bild 2.6 sind die wichtigsten mechanischen und thermischen Eigenschaften einiger Keramiken im Vergleich zu Metallen aufgetragen. Es ist ersichtlich, dass sich die keramischen Werkstoffe signifikant in ihren Eigenschaften voneinander unterscheiden und somit eine sehr weite Bandbreite abdecken. Dies ermöglicht den Einsatz von keramischen Werkstoffen in sehr unterschiedlichen Anwendungsgebieten. [BREV03, SALM07]

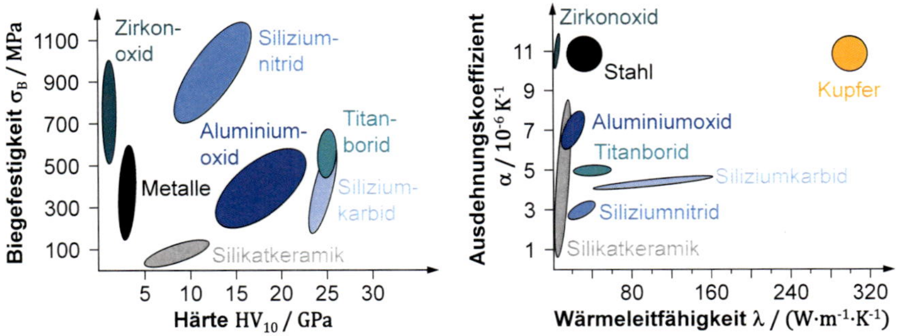


Bild 2.6: Mechanische und thermische Eigenschaften von Keramiken [BREV03]
*Mechanical and thermal properties of ceramics [BREV03]*

Eine hohe Biegefestigkeit ist nicht nur für die mechanischen Einsatzbedingungen von Bedeutung, sondern auch für die Thermoschockbeständigkeit bzw. Thermowechselbeständigkeit [HORN19]. Bei einer gegebenen Abkühlgeschwindigkeit nehmen die Temperaturgradienten und die resultierenden inneren Spannungen mit steigendem Ausdehnungskoeffizienten $\alpha$ und Elastizitätsmodul $E$ zu. Die kritische Temperatur $\Delta T_{krit}$, die zu einer Rissbildung führt, ergibt sich unter Einbezug der Biegefestigkeit $\sigma_B$ und der Querkontraktionszahl $\mu$ zu [SALM07]:

$$\Delta T_{krit} = \frac{\sigma_B \cdot (1-\mu)}{\alpha \cdot E}. \tag{2.2}$$

Eine hohe Thermoschockbeständigkeit ist erforderlich bei Anwendungen, bei denen die Werkstoffe zyklischen thermischen Belastungen mit hohen Temperaturgradienten unterliegen. Siliziumnitrid ist beispielhaft als Keramik mit hoher Thermoschockbeständigkeit zu nennen [JANS02]. Des Weiteren hat diese Eigenschaft auch einen Einfluss auf den Materialabtragmechanismus bei der funkenerosiven Bearbeitung, worauf detaillierter in Kapitel 2.3 eingegangen wird.

### 2.1.4 Herstellung von keramischen Werkstoffen

Das in Bild 2.6 gezeigte breite Spektrum an Biegefestigkeit, Härte, Wärmeleitfähigkeit und Wärmeausdehnung ist neben den Bindungsarten auch auf den Herstellungsprozess und auf die Stabilisierungsstoffe zurückzuführen. Der Herstellungsprozess beeinflusst die Struktur des Werkstoffgefüges und somit die Eigenschaften der Keramiken [KOLL18]. Anders als bei Metallen oder Polymeren, die hauptsächlich aus dem schmelzflüssigen Zustand hergestellt werden, erfolgt bei Keramiken die Herstellung hauptsächlich durch Sintern eines Pulvers. Die hohe Härte und Abrasionsbeständigkeit der Keramiken, die in vielen Bezügen vorteilhaft ist, ist nachteilig für die Bearbeitbarkeit mittels konventioneller Fertigungsverfahren. Generell sind Keramiken nicht umformbar und nur begrenzt spanend zu bearbeiten, weshalb die Formgebung bereits in den Herstellungsprozess integriert wird, der im Folgenden kurz erläutert wird.

Der Herstellprozess beginnt bei der Aufbereitung der Rohstoffe, die als Pulver vorliegen. Die meisten Keramikpulver sind aufgrund des hohen Schmelzpunktes sinterträge, weshalb beim Mahlen und Mischen bereits Sinterhilfs- oder Flußmittel beigemischt werden [SCHA94]. Die Formgebung der Bauteile erfolgt entweder durch die endkonturnahe Urformung mit einem entsprechenden Schwindungsaufmaß (z.B. durch Spritzgießen oder isostatisches Pressen) oder durch die Fertigung von Halbzeugen (Grünlinge), die im ungesinterten Zustand zerspant werden. Dem Sinterprozess kommt eine hohe Bedeutung zur Erzielung der mechanischen Eigenschaften von Keramiken zu, denn über die Prozessparameter Temperatur und Druck werden die Korngröße des Gefüges und die Porosität verändert [KOLL18]. Nach dem Sintern müssen die Bauteile gegebenenfalls noch durch eine Zerspanung nachbearbeitet werden, was hinsichtlich geometrisch komplexer Konturen limitiert ist. Diese Fertigungsschritte erfordern ein hohes Maß an Prozesswissen und Prozessstabilität. Die konventionelle Fertigung hochpräziser Keramikbauteile ist somit verglichen mit metallischen Werkstoffen ungleich aufwändiger. Insbesondere bei kleinen und mittleren Stückzahlen und hohen Anforderungen an Präzision und Komplexität ist die konventionelle Fertigung keramischer Bauteile nicht wirtschaftlich oder teils unmöglich.

Durch das nichtplastische Verformungsverhalten von Keramiken ist es in Bezug auf das Materialversagen irrelevant, ob eine mechanische Last statisch oder zyklisch auf den Werkstoff einwirkt [RÖSL19]. Wenn der Werkstoff eine mechanische Last einmalig ertragen hat, wird er diese auch nach einer hohen Anzahl an zyklischen Wiederholungen ertragen. Durch das Fehlen der plastischen Anteile im Fließverhalten können keine sich langsam und stetig ausbreitenden Versetzungsbewegungen angeregt werden, weshalb es nicht zur Rissbildung kommt. Allerdings führt das nichtplastische Verformungsverhalten auch dazu, dass durch den Herstellungsprozess vorhandene Bereiche mit Spannungsspitzen nicht entlastet werden können, wodurch die Belastungsgrenze von der Gefügehomogenität abhängig ist. Jede Pore, jeder Defekt und jede Fehlstelle erzeugen unter mechanischer Last versagenskritische Spannungsspitzen. Da allerdings auch im Herstellungsprozess die Porosität, die Verteilung von Defekten und das Auftreten von Fehlstellen nur bedingt gesteuert werden kann, wird die mechanische Festigkeit von Keramiken nicht als absoluter Werkstoffkennwert angegeben. Es wird eine Versagenswahrscheinlichkeit $W(\sigma)$ berechnet, die auf Basis der Weibullverteilung über den Zusammenhang

$$W(\sigma) = 1 - \exp\left[-\frac{V}{V_0}\left(\frac{\sigma}{\sigma_0}\right)^m\right] \tag{2.3}$$

mit dem Weibullmodul m, der Referenzspannung $\sigma_0$ und dem Referenzvolumen $V_0$ definiert ist. Im Gegensatz zur Druckfestigkeit wird die Bruchfestigkeit erheblich durch Gefügeinhomogenitäten beeinflusst. Das heißisostatische Pressen führt aufgrund der hohen Prozessdrücke und -temperaturen zu sehr hohen Gefügehomogenitäten, was insbesondere bei kleinen filigranen Bauteilen essentiell ist.

Die Stabilisierung bzw. Verstärkung der Gefügestruktur keramischer Werkstoffe hat ebenfalls einen wesentlichen Einfluss auf die mechanischen Eigenschaften [HORN19]. So kann beispielsweise Aluminiumoxid stabilisiert werden, indem Zirkonoxid hinzulegiert wird, sodass die Härte und die Biegefestigkeit ansteigen. Es ergibt sich eine weitere Aluminiumoxid-Sorte, die Zirconia Toughened Alumina (ZTA) genannt wird. Die thermischen und mechanischen Eigenschaften von Zirkonoxid können ebenfalls durch Legierungselemente verändert werden. Reines Zirkonoxid ist polymorph, wodurch es die Gitterstrukturen kubisch, kubisch-flächenzentriert, tetragonal und monoklin aufweisen kann. Beim Abkühlvorgang nach dem Sintern entstehen innere Spannungen durch eine volumenvergrößernde Gitterumwandlung aus der tetragonalen in die monokline Struktur. Infolge mangelnder Gleitebenen entstehen innere Risse, weil die Spannungen nicht abgebaut werden können. Um dies zu verhindern wird durch Legieren weiterer Oxide, was generell Stabilisieren genannt wird, die Gitterumwandlung unterdrückt. Dabei setzen sich im Kristallgitter beispielsweise MgO, CaO oder $Y_2O_3$ an die Stelle der Zr-Atome. In Abhängigkeit von dem Legierungsanteil ergeben sich die Zirkonoxid-Sorten Fully Stabilized Zirconia (FSZ), Partially Stabilized Zirconia (PSZ) und Tetragonal Zirconia Polycrystal (TZP). FSZ erfordert mindestens 17 % eines weiteren Oxids und weist eine hohe Warmfestigkeit von 2200 °C auf. PSZ enthält weitere Oxide zwischen 3 und 5 %. Das kubische Gefüge weist feinkörnige tetragonale Ausscheidungen auf, die in einem druckspannungsbelasteten metastabilen Zustand vorliegen. Bei einer Rissentstehung werden die Druckspannungen an der Rissspitze abgebaut und die metastabile tetragonale Phase wandelt sich örtlich in eine monokline Phase um. Damit wird die Rissausbreitung gehemmt. TZP hat ein feinkörniges, metastabiles Tetragonal-Gefüge, das durch Umwandlungsverfestigung und den heiß-isostatischen Pressvorgang Biegefestigkeiten über 1500 MPa aufweisen kann. [WEIß15]

Enthält eine Keramik eine Zweitstoffphase, dann wirkt sich diese ebenfalls erheblich auf die mechanischen Eigenschaften aus. LANDFRIED konnte in seinen Untersuchungen für eine ZTA-Keramik nachweisen, dass es in Abhängigkeit von der Zweitstoffphase zu einem Anstieg oder einer Reduktion der mechanischen Eigenschaften kommt [LAND14]. SCHMITT-RADLOFF hat diese Zusammenhänge für weitere Zweitstoffphasen ebenfalls nachweisen können [SCHM19]. Somit kann nicht pauschalisiert festgehalten werden, wie sich eine Zweitstoffphase auf die mechanischen Eigenschaften einer Keramik auswirkt.

Die Herstellung und fertigungstechnische Bearbeitung von keramischen Bauteilen ist ein zeit- und kostenaufwändiger Prozess, der zusätzlich durch die herausragenden mechanischen Eigenschaften hinsichtlich der Konturkomplexität limitiert ist. Diese Tatsache schränkt die Anwendbarkeit von Keramiken stark ein. Um dieser Herausforderung zu begegnen, wurden Dispersionskeramiken entwickelt, die eine elektrische Leitfähigkeit aufweisen, um sie funkenerosiv bearbeiten zu können. Neben der Fertigung von komplexen Konturen können sowohl die gesamte Fertigungskette (Entfall von Formgebung und Brandvorbereitung) verkürzt als auch Fehlerquellen in Form von Bauteilschädigungen und Maßabweichungen vermieden werden [GOMM21]. Da in dieser Arbeit die drahtfunkenerosive Bearbeitbarkeit elektrisch leitfähiger Keramiken untersucht wird, werden im nächsten Kapitel die Grundlagen zur Drahtfunkenerosion erläutert.

## 2.2 Verfahrensprinzip der drahtfunkenerosiven Bearbeitung

*Process principle of wire electrical discharge machining*

### 2.2.1 Physikalisches Prinzip

Die Funkenerosion (engl.: Electrical Discharge Machining, kurz: EDM) ist ein Fertigungsverfahren, das die thermische Energie einer elektrischen Entladung zwischen zwei elektrisch leitenden Elektroden (Werkstück- und Werkzeugelektrode) zum Materialabtrag nutzt, siehe Bild 2.7. Sie wird nach der DIN 8590 den abtragenden Fertigungsverfahren zugeordnet [DIN03]. Durch das thermophysikalische Abtragprinzip ist es möglich, hochharte Werkstoffe mit sehr hoher Präzision zu bearbeiten, was mit konventionellen Fertigungsverfahren wirtschaftlich oder technisch nicht realisierbar ist. Als praxisrelevante Beispiele sind in dem Zusammenhang Hartmetalle und elektrisch leitfähige Keramiken zu nennen. Grundvoraussetzung für die funkenerosive Bearbeitbarkeit eines Werkstoffs ist das Vorhandensein einer elektrischen Mindestleitfähigkeit von ca. $\kappa = 1 - 10\ \mathrm{S/m}$ [PANT90]. Das Funktionsprinzip des Funkenerosionsprozesses ist für metallische Werkstoffe umfangreich erforscht sowie die bestehenden Theorien und Hypothesen beruhen auf diesen Werkstoffen. Für Keramiken liegen noch keine fundierten Erkenntnisse vor, weshalb im Folgenden der Funkenerosionsprozess für Metalle beschrieben wird.

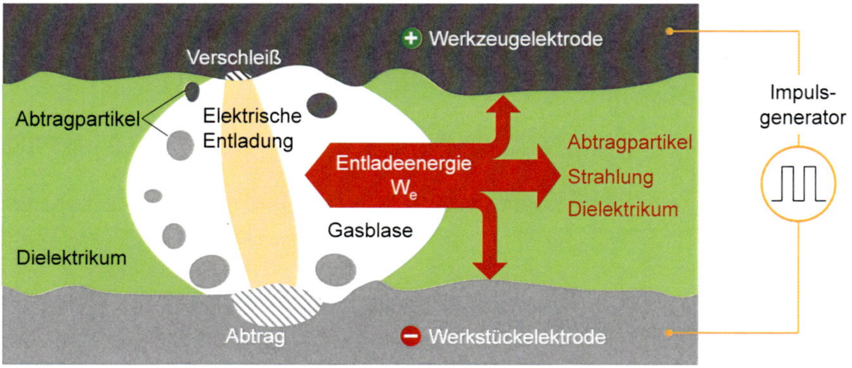


Bild 2.7: Prinzip der Funkenerosion und schematische Aufteilung der Entladeenergie nach [KLOC07, ZEIS17]

*Principle of EDM and schematic distribution of discharge energy according to [KLOC07, ZEIS17]*

Der Funkenerosionsprozess findet in einer elektrisch isolierenden Flüssigkeit (Dielektrikum) statt, die das Werkstück und das Werkzeug galvanisch voneinander trennt [HIPP54]. Zwischen den beiden Elektroden wird mittels eines Impulsgenerators eine Potenzialdifferenz angelegt. Anschließend werden die Elektroden so aufeinander zubewegt, dass zwischen beiden ein Arbeitsspalt verbleibt. Dabei steigt die elektrische Feldstärke an, wodurch die Atome im Arbeitsspalt ionisiert werden. Wenn die Durchschlagfestigkeit des Dielektrikums (abhängig von Elektrodenabstand und elektrischer

Restleitfähigkeit des Dielektrikums) lokal überschritten wird, kommt es zum Funkenüberschlag bzw. zur Bildung eines leistungsstarken Plasmakanals, der den Stromfluss zwischen den Elektroden ermöglicht. Die hohe Temperatur des Plasmakanals (ca. $T_P = 8.000 - 10.000$ K) [ALBI96, DESC06, KOJI08] führt sowohl zum Verdampfen des Dielektrikums als auch zum Schmelzen und Verdampfen des Elektrodenmaterials, insofern diese einen metallischen Bindungscharakter aufweisen. Am Werkstück wird der Erosionsvorgang Abtrag und am Werkzeug Verschleiß genannt. Durch die Verdampfungsvorgänge entsteht eine Gasblase, an deren Phasengrenze zum Fluid sich abgetragene Partikel konzentrieren. Ein Teil des aufgeschmolzenen Materials erstarrt an der Werkstückoberfläche, wodurch sich eine teils amorphe, teils kristalline Schicht ausbildet, die aufgrund der farblichen Sichtbarkeit in Querschliffen als weiße Schicht bezeichnet wird. Durch das Abschalten der Spannung kommt es zum Zusammenbruch des Plasmakanals, weshalb keine weitere thermische Energie zur Produktion der Gasblase zur Verfügung steht. Die bestehende Gasblase mit den Abtragpartikeln auf der Phasengrenze wird dann durch das umgebende Dielektrikum abgeführt. Auf der Oberfläche des Werkstücks bleibt ein Entladekrater mit Ausmaßen im Mikrometerbereich zurück. Unterhalb des Entladekraters befindet sich die Randzone, die sich aus der weißen Schicht und einer wärmebeeinflussten Umwandlungszone zusammensetzt. Die Nutzung sukzessiver, chaotisch verteilter Entladungen, die durch eine Pausendauer getrennt sind, ermöglichen einen produktiven Materialabtrag und die geometrische Abbildung der Werkzeugelektrode in der Werkstückelektrode. Die während des Prozesses übertragene Entladeenergie (vgl. Formel (2.4)) wird über die Elektroden, das Dielektrikum, die Abtragpartikel und über Strahlung abgegeben, was in Bild 2.7 schematisch dargestellt ist. [KLOC07, OKAD00]

Zu den Vorgängen zur Ionisierung des Arbeitsspaltes und zur Entstehung des Plasmakanals gibt es unterschiedliche Theorien, weshalb auch nach jahrzehntelanger Forschung die physikalischen Ursachen zum Materialabtrag nicht abschließend geklärt sind [DIBI89, EUBA93, HAYA10, HIND13, KUNI05, SCHU04]. Da die Entstehung des Plasmakanals für das Verständnis der Inhalte und der Untersuchungen in dieser Arbeit nur von sekundärer Relevanz ist, wird auf eine detaillierte Diskussion der einzelnen Theorien und der jeweiligen Widersprüche verzichtet.

### 2.2.2 Charakteristische Kenngrößen der Entladeimpulse

Der Entladeimpuls (Strom- und Spannungsverlauf) einer funkenerosiven Bearbeitung weist charakteristische Verläufe auf, die prinzipiell in drei Phasen (Aufbau-, Entlade- und Abbauphase) eingeteilt werden können, vgl. Bild 2.8. Während der Aufbauphase, die zur Ionisierung des Arbeitsspaltes dient, wird eine Leerlaufspannung $\hat{u}_i$ durch den Generator aufgebaut. Dabei bildet sich nach der Überschreitung der Durchschlagfestigkeit des Dielektrikums der Plasmakanal aus. Währenddessen fällt die Spannung auf die Entladespannung $\overline{u}_e$ ab und der Strom beginnt zu fließen. Dieser zeitliche Abschnitt wird Zündverzögerungszeit $t_d$ genannt. Erreicht der Strom den maximalen Entladestrom $\hat{\imath}_e$, ist die Aufbauphase abgeschlossen und die Entladephase beginnt. In dieser Phase wird die meiste Energie $W_e$ umgesetzt, die in thermische Energie umgewandelt wird und sowohl den Materialabtrag als auch die Gasblasenbildung bewirkt. Diese rein thermische Prozesseinwirkung ermöglicht einen kraftfreien Materialabtrag, was eine Besonderheit des Verfahrens darstellt [GARZ13]. Mit dem Abschalten des Generators endet die Stromzufuhr und die Abbauphase beginnt. Dadurch kann der Plasmakanal nicht mehr aufrechterhalten werden, die Temperaturen in den Schmelzzonen und der Gasblase sinken rapide ab. Nach diesem Vorgang bzw. nach jeder Entladung ist eine Pausendauer $t_0$ notwendig, in der die Abtragpartikel entfernt werden und der Arbeitsspalt deionisiert wird. Somit wird versucht, mehr oder minder gleichbleibende Bedingungen im Arbeitsspalt zu schaffen. Nach der Pausendauer beginnt der nächste Entladevorgang. Die Wiederholfrequenz des Entladevorgangs liegt im Kiloherz-Bereich. Ist die Pausendauer zu gering gewählt, werden nicht alle Abtragpartikel aus dem Arbeitsspalt entfernt, was zu einer lokalen Senkung der Durchschlagfestigkeit führt. Dadurch werden beispielsweise Prozessentartungen oder lokale Entladungsanhäufungen begünstigt. [KLOC07, SCHU04]

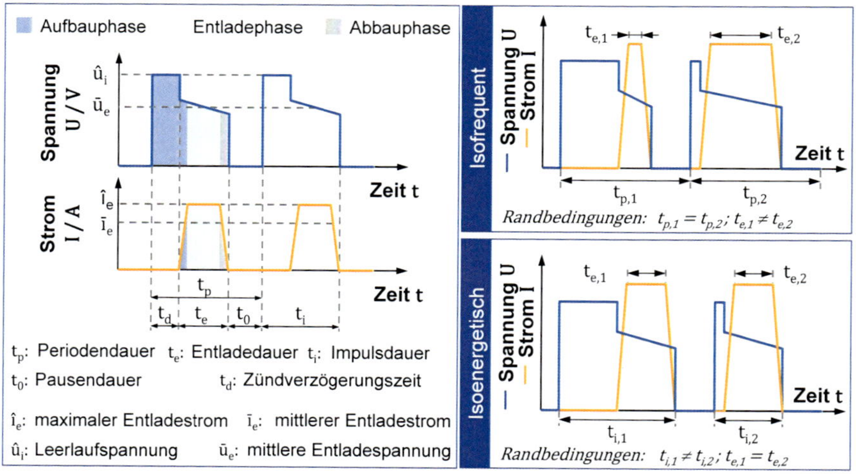


Bild 2.8: Elektrische Kenngrößen einer funkenerosiven Entladung und der Vergleich zwischen isofrequenter und isoenergetischer Impulsfolgesteuerung nach [KLOC07]
*Electrical characteristics of a EDM pulse and the comparison between isofrequency and isoenergetic pulse sequence control according to [KLOC07]*

Da die Zündverzögerungszeit durch die Spaltbedingungen variiert, wird bei modernen Erosionsmaschinen, die über statische Impulsgeneratoren verfügen, die Impulsfolge überwacht und geregelt. Generell wird zwischen isofrequenter und isoenergetischer Impulsfolgesteuerung unterschieden. Bei der isofrequenten Arbeitsweise werden die Impulsdauer $t_i$ und die Pausendauer $t_0$, die zusammen die Periodendauer ergeben, konstant gehalten. Weil sich die Impulsdauer aus der Zündverzögerungszeit $t_d$ und der Entladedauer $t_e$ zusammensetzt und die Zündverzögerungszeit für jede Entladung variiert, ergeben sich unterschiedliche Entladedauern. Dies wirkt sich wiederum auf die übertragene Entladeenergie aus, die sich aus der Integration der Spannung und des Stromes über die Entladedauer ergibt [KLOC07]:

$$W_e = \int_{t_e} u_e(t) \cdot i_e(t)\, dt \approx \bar{u}_e \cdot \bar{i}_e \cdot t_e. \tag{2.4}$$

Um näherungsweise für jede Entladung eine konstante Entladeenergie zu erhalten, muss die isoenergetische Impulsfolgesteuerung genutzt werden. Dazu werden die Entladedauer und die Pausendauer konstant gehalten. Durch die variierende Zündverzögerungszeit kommt es zu einer zeitlichen Verschiebung der Periodendauer, was die Impulsfrequenz $f_p$ (Anzahl Spannungsimpulse pro Zeiteinheit) und somit auch die Entladefrequenz (tatsächlich gezündete Entladungen pro Zeiteinheit) verändert. Nachteilig bei der isoenergetischen Impulsfolgesteuerung im Vergleich zur isofrequenten ist die stark variierende Entladefrequenz, was zu einer geringeren Abtragrate (je Zeiteinheit abgetragenes Werkstückvolumen) führen kann. Vorteilhaft ist der gleichmäßige elektrische und somit auch thermische Energieeintrag, der eine regelmäßige Randzonen- und Oberflächenstruktur bewirkt.

### 2.2.3 Verfahrensvarianten der Funkenerosion

Die Funkenerosion wird in zwei Varianten (vgl. Bild 2.9) unterteilt, deren Verfahrensablauf grundsätzlich gleich ist. Dennoch liegen aufgrund unterschiedlicher Werkzeugelektroden Abweichungen im Strom- und Spannungssignal vor [DESC06]. Bei der Senkerosion (engl.: Sinking Electrical Discharge Machining, kurz: SEDM) kann eine Freiformelektrode mit durchaus komplexen geometrischen Formen verwendet werden, die sich im Werkstück als das Negativ abbildet. Dabei werden vergleichsweise geringe maximale Entladeströme ( $\hat{\imath}_e \approx 80$ A) mit langen Entladedauern ($t_e = 10 - 100$ µs) eingesetzt. Die Senkerosion wird wiederum in die drei Modifikationen Bohren, Planetärerosion und Bahnerosion untergliedert. Zur Bewertung der Prozessproduktivität wird die Abtragrate angegeben, die den zeitlich bezogenen Materialabtrag darstellt und eine volumetrische Größe ist.

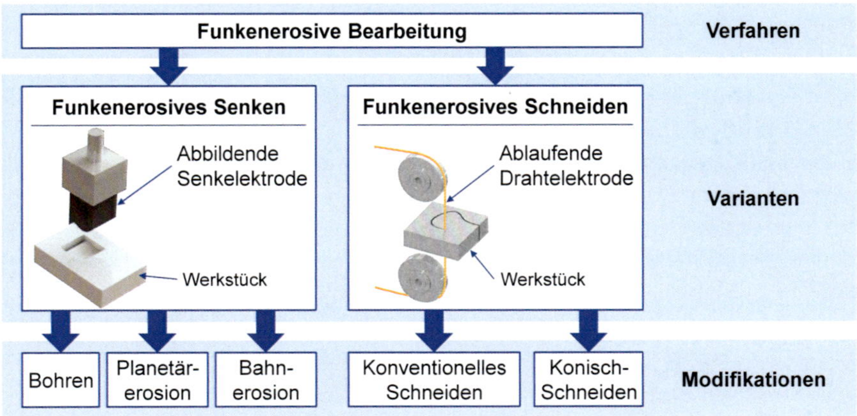


Bild 2.9: Verfahrensvarianten der funkenerosiven Bearbeitung nach [KLOC07]
*Process variants of electrical discharge machining according to [KLOC07]*

Die zweite Verfahrensvariante stellt das funkenerosive Schneiden bzw. die Drahterosion (engl.: Wire Electrical Discharge Machining, kurz: WEDM) dar, die einen kontinuierlich ablaufenden Draht als Werkzeugelektrode nutzt. Da der Fokus dieser Arbeit auf der Drahterosion liegt, wird diese Variante detaillierter vorgestellt. Im Vergleich zur Senkerosion werden bei der Drahterosion höhere maximale Entladeströme ($\hat{\imath}_e \approx 500\,\mathrm{A}$) mit wesentlich kürzeren Entladedauern ($t_e = 1 - 4\,\mu s$) verwendet. Der Draht, der über zwei Führungsköpfe geleitet wird, wird NC-Code gesteuert durch das Werkstück bewegt. Dies ermöglicht die Fertigung von komplexen Geometrien auf Regelflächen ohne im Vorfeld eine Werkzeugelektrode der Geometrie fertigen zu müssen, was bei der Senkerosion der Fall ist. Die Drahtelektrode, die auf einer Vorratsspule aufgewickelt ist, läuft während des Prozesses kontinuierlich ab, um den resultierenden Verschleiß zu kompensieren. Damit wird zum einen die Abbildegenauigkeit sichergestellt und zum anderen das Drahtrissrisiko reduziert. Durch die Fähigkeit zur unabhängigen Bewegung des oberen und unteren Führungskopfes können je nach Maschinentyp beliebige Schrägstellungen des Drahtes (bis 30° [GFMS16]) erzielt werden, was eine konische Bearbeitung ermöglicht [BRAU96]. Zusätzlich kann der Abstand in Z-Richtung der Führungsköpfe zueinander verändert werden, wodurch Bauteile mit unterschiedlichen Höhen bearbeitet werden können. Zur Bewertung der Produktivität der Drahterosion wird die Schnittrate angegeben, die sich multiplikativ aus der Vorschubrate und der Bauteilhöhe errechnet und demnach die Dimension einer Fläche pro Zeiteinheit besitzt. Anders als bei der Senkerosion handelt es sich nicht um eine volumetrische Größe. Dafür muss die Schnittrate multiplikativ mit der resultierenden Schnittspurbreite, die sich aus dem Drahtdurchmesser und dem doppelten Arbeitsspalt ergibt, verrechnet werden. Durch die hohe Flexibilität und die Möglichkeit zur Fertigung von komplexen Geometrien mit hohem Aspektverhältnis in hochharten Werkstoffen wurde die Drahterosion zu einer Schlüsseltechnologie im Werkzeugbau [BOOS18]. Ein weiteres Anwendungsfeld, in dem sich die Drahterosion zunehmend etabliert, ist die Luftfahrt. Dort soll die Drahterosion zur Fertigung von Profilnuten in Triebwerksscheiben für die Verankerung von Leit- und Laufschaufeln genutzt werden [WELL15].

### 2.2.4 Prozesseinflussgrößen

In der Drahtfunkenerosion wirken sich eine Vielzahl an Einflussgrößen, die zusätzlich gewissen Wechselwirkungen unterliegen, auf die Prozesscharakteristik und das Prozessergebnis aus, wodurch sich ein hohes Maß an Komplexität ergibt. Im Folgenden wird auf die relevantesten Prozesseingangs- und Prozessausgangsgrößen eingegangen.

Die Produktivität der drahtfunkenerosiven Bearbeitung wird maßgeblich durch die elektrischen Prozesskenngrößen Entladestrom und Entladedauer beeinflusst. Untersuchungen von Balleys et al. zeigten, dass sich das Verhältnis zwischen Entladestrom und Entladedauer, welches über den Stromanstiegskoeffizienten beschrieben wird, signifikant auf die Schnittrate auswirkt [BALL96]. Durch die Generatorarchitektur wird die Form des Entladeimpulses vorgegeben, die generell zwischen Dreiecks- und

Trapezimpulsen unterschieden wird. Ein hoher Stromanstiegskoeffizient, der bei Dreiecksimpulsen auch Nadelimpuls genannt wird, resultiert in einem hohen Materialabtrag mit tiefen Entladekratern und einer vergleichsweise dünnen Randzone. In zahlreichen Untersuchungen konnte dieser Zusammenhang in verschiedenen Stählen, Nickelbasis- und Aluminiumlegierungen bestätigt werden [HEWI05, MAHE15b, NAYA16, RAO14, SCOT91, UDAY18]. So war ein Fokus bei der Entwicklung von Generatoren der maximale Arbeitsstrom [SCHA04]. Die jeweiligen Impulsformen können durch die Spaltbedingungen verändert werden, die sich sowohl auf die Produktivität und die Stabilität des Prozesses als auch auf den Verschleiß der Drahtelektrode auswirken. WATANABE ET AL. haben drei unterschiedliche Entladungsformen identifizieren können, die in Norm- und Fehlentladungen sowie in Kurzschlüsse unterteilt wurden [WATA90]. Die Fehlentladungen und die Kurzschlüsse werden auch als Prozessentartungen bezeichnet. Sie unterscheiden sich in der Höhe des maximalen Entladestroms und in der Dauer der Entladung, was wiederum die Entladeenergie beeinflusst. Zusätzlich gibt es noch Leerlaufimpulse, die keinen Materialabtrag bewirken. Die Kombination aus Spaltweite und Spaltbedingungen bestimmt die Form der Entladung. So tritt eine Normentladung bei einer optimalen Spaltweite und ausreichender Dekontamination des Arbeitsspaltes auf. Diese Entladungsform ist ein Indiz für eine stabile Erosion und hat den höchsten Materialabtrag mit dem geringsten Verschleiß. Eine zu geringe Spaltweite oder zu hohe Kontamination erzeugen Fehlentladungen. Diese zünden bereits vor Erreichen der Leerlaufspannung und sorgen zwar für einen Materialabtrag des Werkstücks, allerdings auch für einen hohen Verschleiß des Drahtes. Berühren sich die beiden Elektroden oder kommt es zur Brückenbildung von Abtragpartikeln im Arbeitsspalt, entsteht ein Kurzschluss [SCHU90]. Weder am Werkstück noch am Draht findet ein Materialabtrag statt. PRAMANIK ET AL. haben die Hypothese aufgestellt, dass durch Kurzschlüsse das Risiko einer mechanischen Beschädigung des Drahtes erhöht wird [PRAM18]. Der Drahtriss stellt das Worst-Case-Szenario dar, weil dadurch der Prozess zum Erliegen kommt. Ist der Arbeitsspalt zu groß eingestellt oder die Leitfähigkeit zu gering, kommt es zu keiner Entladung; es entsteht ein Leerlaufimpuls. Folglich wird auch kein Material an den Elektroden abgetragen. Die Entladungsformen nach WATANABE ET AL. stellen nur eine übergeordnete Einteilung dar. GINZEL hat basierend auf diversen Forschungsarbeiten unter Verwendung verschiedener Erosionsmaschinen 15 verschiedene Entladungsformen zusammengetragen, was verdeutlicht, dass keine maschinenübergeordnete Einordnung der Entladungsformen möglich ist und diese für jede Generatortechnik separat spezifiziert werden muss [GINZ02].

Die Effektivität des Drahtfunkenerosionsprozesses ist ein Zielkonflikt zwischen der Produktivität und der Prozessstabilität. Für eine optimale und störungsfreie bzw. drahtrissfreie Bearbeitung müssen konstante Entladungsbedingungen im Arbeitsspalt vorliegen. Um Drahtrisse zu vermeiden und der Herausforderung einer optimalen Bearbeitung zu begegnen, verfügen moderne Drahterosionsmaschinen über adaptive Regelungssysteme [YAN98]. Dabei gibt es die Methoden, die Bedingungen im Arbeitsspalt über die mittlere Spaltspannung oder die Zündverzögerungszeit zu überwachen, da beide Größen Informationen über den Spaltzustand liefern [ALTP04]. Wenn ein großer Spalt zwischen Draht und Werkstück vorliegt, entsteht eine lange Zündverzögerungszeit wodurch die mittlere Spaltspannung ansteigt. Ist die mittlere Spaltspannung oder respektive die Zündverzögerungszeit höher als ein vorher festgelegter Referenzwert (Referenzspannung $\bar{u}_{e,ref}$ oder Referenzzeit $t_{d,ref}$), wird die Drahtvorschubgeschwindigkeit erhöht. Bei einem kleineren Arbeitsspalt bzw. bei einer geringeren Zündverzögerungszeit im Vergleich zum Referenzwert wird die Drahtvorschubgeschwindigkeit reduziert. Durch die Abstimmung der Vorschubregelung auf den Werkstoff und die Prozesskenngrößen (Pausendauer, Entladestrom, Entladedauer) kann eine stabile und produktive Bearbeitung ermöglicht werden. Da diese Abstimmung ein hohes Maß an Prozesswissen und experimentellen Untersuchungen erfordert, ermöglichen die Maschinenhersteller keinen Einblick in die Algorithmen der Drahtvorschubgeschwindigkeitsregelung. [KLOC07, KUNI05]

Neben den elektrischen Prozesskenngrößen hängen die Prozessproduktivität und -stabilität sowie das Bearbeitungsergebnis auch von dem Drahtwerkstoff und dem Drahtdurchmesser ab. In den frühen Stadien der Drahterosionsmaschinen wurden zunächst Kupferdrähte aufgrund der hohen elektrischen Leitfähigkeit verwendet. Durch den Einsatz von statischen Impulsgeneratoren wurden vermehrt Messingdrähte (CuZn37) genutzt. Untersuchungen von HENSGEN zeigten, dass das in Messing befindliche Zink den Spalt kontaminiert und somit die Durchschlagfestigkeit reduziert hat [HENS84]. Mit Zink beschichtete Messingdrähte führten zu einer weiteren signifikanten Schnittratensteigerung [DAUW92, PROH97]. Die Zinkbeschichtung verdampft schneller als der Messingkern und kondensiert direkt im Dielektrikum. In Kombination mit einer unmittelbaren Oxidschichtbildung, aufgrund der hohen Sauerstoffaffinität, haften die sehr feinen Zinkpartikel nicht an der Werkstückoberfläche an und verbleiben im Dielektrikum, wodurch die Zündfähigkeit im Arbeitsspalt gefördert wird. Darüber hinaus wurden in den folgenden Jahren weitere Drahtmaterialien entwickelt, die von KAPOOR ET AL. in die Hauptgruppen Blankdraht, beschichteter Draht, diffusionsgeglühter Draht, Gamma-beschichteter Draht, Kompositdraht und Porös-Draht eingeteilt wurden [KAPO12]. Ein Beitrag von MAHER ET AL. bietet eine umfängliche Übersicht über die bereits durchgeführten Untersuchungen zu unterschiedlichen Drahtwerkstoffen [MAHE15a]. Der Drahtdurchmesser stellt einen weiteren produktivitätsbeeinflussenden Faktor dar, denn die Strombelastbarkeit des Drahtes steigt mit dem Quadrat des Durchmessers an [SCHU75]. In Abhängigkeit vom geforderten Bearbeitungsergebnis (höchste Präzision oder höchste Produktivität) wird der Drahtdurchmesser gewählt. Üblicherweise werden Durchmesser von $d_D = 0{,}02 - 0{,}35$ mm verwendet. In neuesten Untersuchungen von KÜPPER ET AL. wurde ein Draht mit einem Durchmesser von $d_D = 0{,}4$ mm eingesetzt, der im Vergleich zu einem $d_D = 0{,}25$ mm Draht zu einer Verdopplung der Schnittrate, aber auch zu einer Verdopplung der Randzonendicke geführt hat [KÜPP21]. Der Anstieg der Schnittrate und der Randzonendicke wurde mit der fast doppelt so hohen Entladeenergie begründet.

Die Eigenschaften des verwendeten Dielektrikums wirken sich ebenfalls auf den Bearbeitungsprozess aus. Im Bereich der Drahterosion werden herkömmlich deionisiertes Wasser oder kohlenwasserstoffbasierte Dielektrika (Öl) eingesetzt [LEÃO04,

SCHA04]. Diese unterscheiden sich unter anderem hinsichtlich ihrer Polarität. Im Gegensatz zu Wasser, was einen permanenten Dipol aufweist, haben Kohlenwasserstoffe kein Dipolmoment [BINN16]. Beim Anlegen einer elektrischen Spannung bzw. eines elektrischen Feldes richten sich die Dipol-Moleküle aus [STOR10]. In Kombination mit einer elektrischen Restleitfähigkeit, die durch spezielle Ionentauscher in definierten Toleranzbereichen gehalten wird, erfolgt die Ionisierung des Arbeitsspaltes leichter als bei kohlenwasserstoffbasierten (CH-basierten) Dielektrika. Die daraus resultierende höhere Dielektrizität von Wasser ($\varepsilon_r = 80$) im Vergleich zu Öl ($\varepsilon_r = 3$) bewirkt eine signifikant höhere Kapazität zwischen den Elektroden, die eine höhere Entladeenergie zur Folge hat [PANS74, WIBE19]. Dies wiederum führt zu einem größeren Arbeitsspalt, wodurch bessere Spülbedingungen bzw. Dekontamination des Arbeitsspaltes ermöglicht wird [SIEG94]. Zusammen mit der höheren Wärmeleitfähigkeit von Wasser ($\lambda \approx 0{,}6\ W/(mK)$) im Vergleich zum Öl ($\lambda \approx 0{,}15\ W/(mK)$) [DANE21], die eine bessere Kühlung der Entladezone und der Drahtelektrode bewirkt [SCHU75, SIEB94], können im Wasser höhere Schnittraten erzielt werden. Deshalb ist deionisiertes Wasser als Dielektrikum im Bereich der Drahterosion am weitesten verbreitet [KITA14]. Dennoch wird für spezielle Anwendungen die Bearbeitung im CH-basierten Dielektrikum bevorzugt, weil die Restleitfähigkeit von Wasser bei metallischen Werkstoffen wie Stahl und Hartmetall zu Korrosion führt [KIM01]. Außerdem bewirken die geringen Arbeitsspalte im ölbasierten Dielektrikum eine bessere Abbildegenauigkeit mit kleineren Innenradien und kleinere Entladeenergien, die wiederum zu höheren Oberflächenqualitäten führen [KLIN11]. Als weitere Eigenschaft des Dielektrikums, das den Materialabtrag beeinflusst, ist die Viskosität zu nennen. So wurde in unterschiedlichen Arbeiten gezeigt, dass der Entladekraterdurchmesser mit steigender Viskosität des Dielektrikums abnimmt, was hauptsächlich auf eine stärkere Einschnürung des Plasmakanals zurückgeführt wurde [HIND13, KARD01, KUNI18, SCHU03, ZHAN14].

Eine wesentliche prozessbeeinflussende Größe ist der zu bearbeitende Werkstückwerkstoff und dessen physikalische Eigenschaften. Dabei sind neben der elektrischen Leitfähigkeit $\kappa$ die Dichte $\rho$, die Wärmeleitfähigkeit $\lambda$, der Schmelzpunkt $T_m$ und die Wärmekapazität $c_p$ zu nennen. Auf Basis dieser Eigenschaften hat MEEUSEN einen mathematischen Zusammenhang zur Bewertung der Eignung eines Materials als Werkzeugelektrode beim Senkerodieren entwickelt [MEEU03]:

$$C_m = \lambda \cdot \rho \cdot c_p \cdot T_m^{\,2}. \tag{2.5}$$

Der Erosions-Widerstand-Index $C_m$ ($J^2/(m^4s)$) bezieht sich auf die Menge an abgetragenem Werkstoffvolumen pro Entladung und stellt somit eine Bewertungsgröße für die Verschleißbeständigkeit einer Werkzeugelektrode dar. In Untersuchungen von BLEYS und DOMINGOS wurde der Erosions-Widerstand-Index zur Bewertung der Erodierbarkeit eines Werkstückwerkstoffes herangezogen [BLEY03, DOMI16]. Dieser Index ist nicht ausreichend, um die Erodierbarkeit aller Werkstoffe zu beschreiben. In weitergehenden Untersuchungen wurde versucht, weitreichendere mathematische Formeln aufzustellen, die den Zusammenhang zwischen den Werkstoffeigenschaften und der

Erodierbarkeit eines Werkstoffs beschreiben [MAHA08, MORI16]. In allen Untersuchungen war die Korrelation zwischen den physikalischen Eigenschaften und der Abtragrate für Reinmetalle am höchsten. Besonders bei mehrphasigen Werkstoffen mit unterschiedlichen Zusammensetzungen wie Hartmetalle oder Keramiken ist eine Beschreibung der Bearbeitbarkeit lediglich auf Basis der Werkstoffeigenschaften nicht möglich.

Als wesentliche Prozessergebnisse und Bewertungsgrößen sind ferner zur Schnittrate die Oberflächenintegrität, die Konturgenauigkeit und die Schnittspurbreite zu nennen. Durch die thermische Einwirkung infolge der elektrischen Entladungen kommt es zusätzlich zum Werkstoffabtrag auch zur Bildung einer charakteristischen Randzone an der Oberfläche. Dabei werden die topographischen, mechanischen, chemischen und werkstofflichen Eigenschaften dieser Oberfläche unter dem Begriff der Oberflächenintegrität zusammengefasst [GRIF01, KLOC10]. In einer Vielzahl von wissenschaftlichen Arbeiten wurde die Zusammensetzung einer funkenerosiv erzeugten Randzone für verschiedene metallische Werkstoffe untersucht [HENS84, HENS17, HOLS18, NÖTH00, SCHW17, WELL15, WEIß77]. Der in Bild 2.10 exemplarisch dargestellte Aufbau einer erodierten Randzone ist in allen metallischen Werkstoffen sehr ähnlich.

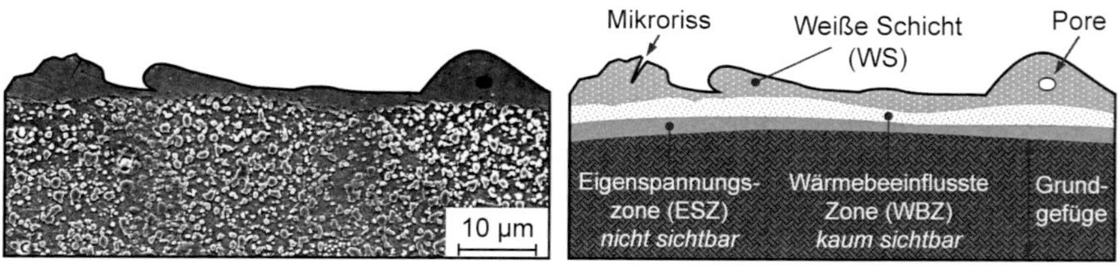


Bild 2.10: Aufbau einer erodierten Randzone
*Structure of an eroded rim zone*

Die hier gezeigte Randzone wurde in einem pulvermetallurgischen Stahl mit einer Hauptschnittbearbeitung unter Verwendung eines ölbasierten Dielektrikums erzeugt. Die weiße Schicht (engl.: white layer), eine wiedererstarrte Schmelzschicht [EKME07, HENS17], bildet den äußeren Bereich der Randzone und somit auch die Oberfläche, die hauptsächlich über die Rauheit charakterisiert wird [KLIN17]. Aufgrund ihrer Gefügestruktur ist die weiße Schicht beständig gegen Ätzmittel und erscheint deshalb im optischen Mikroskop weiß, was zur Namensgebung geführt hat. Durch hohe Temperaturgradienten zwischen der Schmelzzone und dem Dielektrikum konnten in Stahlwerkstoffen kristalline, nanokristalline oder amorphe Strukturen nachgewiesen werden [KLOC14, KLOC16, NÖTH00, SIEG94]. Darüber hinaus kann zum einen nicht abgetragenes Material in Form von Tropfen an der Oberfläche anhaften und zum anderen können Poren und Mikrorisse in dieser Schmelzschicht entstehen. Unterhalb der weißen Schicht befindet sich die wärmebeeinflusste Zone, welche die spezifischen Umwandlungstemperaturen nicht überschritten, aber dennoch eine metallurgische Veränderung erfahren hat [CUSA04]. Dieser Bereich ist hauptsächlich in Stahl- und Hartmetallwerkstoffen sichtbar und auch nur, wenn diese mit speziellen Ätzmitteln wie Nital behandelt wurden. Die weiße Schicht und die wärmebeeinflusste Zone werden herkömmlich unter dem Begriff Randzone zusammengefasst. Durch die hohen räumlichen Temperaturgradienten zum Grundgefüge hin entstehen Gitterverzerrungen. Daraus resultieren wiederum Zugeigenspannungen, die teilweise tief in das Werkstück eindringen und über den wärmebeeinflussten Bereich hinausgehen können. Die Kombination aus Zugeigenspannungen, Gefügeveränderungen und Mikrorissen bewirkt eine negative Beeinflussung der Lebensdauer und Festigkeit eines Bauteils und somit auch der Bauteilfunktionalität. Schon frühe Untersuchungen zeigten, dass die Funkenerosion die Bauteilfestigkeit wesentlich reduzieren kann [KOST70]. Aktuellere Forschungsarbeiten veranschaulichen, dass durch moderne Generatoren hinsichtlich der Leistungseffizienz, der Energieinduzierung und der Nachschnittoperationen die Bauteilfestigkeit wesentlich erhöht werden konnte [GARC08, PRAM19, WELL15].

Um die Auswirkungen der Randzonenschädigungen und der Zugeigenspannungen auf das Werkstück zu reduzieren und somit die Bauteilfestigkeit zu erhöhen, werden in der Funkenerosion neben Schrupp- auch Schlichtoperationen eingesetzt, die bei der Verfahrensvariante Drahterosion als Haupt- und Nachschnitte bezeichnet werden [KLOC07]. Dabei kommt dem energetisch höherwertigeren Hauptschnitt die Funktion der Konturerzeugung zu. Der Fokus liegt auf einer hohen Schnittrate zur produktiven Freilegung der gewünschten Kontur, weshalb in dieser Operation hohe Entladeenergien genutzt werden. Siegel zeigte, dass diese hohen Entladeenergien zu der zuvor beschriebenen dicken Randzone mit hoher Rauheit und geringer Geometriegenauigkeit führen [SIEG94]. Nachfolgend wurden zahlreiche Untersuchungen dazu wiederholt, die den Zusammenhang zwischen der Entladeenergie und der resultierenden Oberflächenintegrität bestätigten [GÖKL00, HASÇ04, KANL07, SRIN16]. In den Nachschnitten, die sich dem Hauptschnitt anschließen, werden mit steigender Nachschnittanzahl die genutzten Entladeenergien sukzessive reduziert. Dabei entsteht durch den erneuten Wärmeeintrag eine neue Randzone. Die Abstufung der Entladeenergie ist bei modernen Drahterosionsmaschinen so gewählt, dass die folgende Bearbeitung kleinere Entladekrater erzeugt, die eine dünnere neue Randzone mit geringerer Oberflächenrauheit verursacht [YAN07]. Somit ist es möglich durch eine geeignete laterale Zustellung des Drahtes die vorherige Randzone abzutragen, sodass bei der Erzeugung der Sollkontur eine minimal beeinflusste Randzone mit geringer Oberflächenrauheit vorliegt. In Bild 2.11 (a) ist schematisch dargestellt, wie durch Nachschnittbearbeitungen eine dünne Randzone erzeugt werden kann. HENSGEN konnte in seinen Untersuchungen für einen pulvermetallurgischen Kaltarbeitsstahl eine Korrelation zwischen dem arithmetischen Mittenrauwert $\mathrm{Ra}$ und der Randzonendicke $d_{\mathrm{RZ}}$ aufzeigen, vgl. Bild 2.11 (b) [HENS17]. Diese Korrelation diente als Grundlage zur Abschätzung der Bauteilbeeinflussung durch die Drahtfunkenerosion, da die Randzonendicke Rückschlüsse auf die induzierten Zugeigenspannungen ermöglicht [KLIN11].

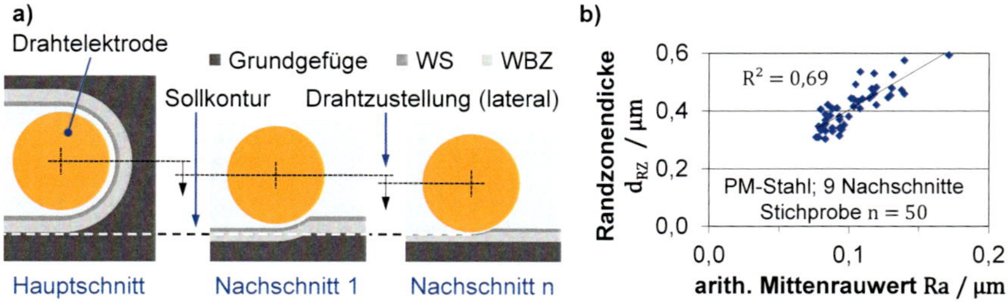


Bild 2.11: (a) Schematische Darstellung der Nachschnittbearbeitung in Anlehnung an [KLOC07]; (b) Korrelation von Rauheit und Randzonendicke [HENS17]
*(a) Schematic illustration of trim cut process according to [KLOC07]; (b) correlation of roughness and rim zone thickness [HENS17]*

KRUTH UND BLEYS haben bei Stempeln aus C45-Stahl eine sukzessive Abnahme der Zugeigenspannungen mit steigender Anzahl an Nachschnitten feststellen können, was sich positiv auf die Belastbarkeit der Stempel ausgewirkt hat [BLEY03, KRUT00]. KLINK ET AL. haben einen umfassenden Vergleich zur Entwicklung der Oberflächenintegrität vom Hauptschnitt bis hin zu neun Nachschnitten in öl- und wasserbasierten Dielektrika vom Werkzeugstahl ASP2023 durchgeführt [KLIN11]. Es konnten sehr glatte Oberflächen ($Ra \approx 0{,}1\ \mu m$) und sehr dünne Randzonen ($d_{RZ} < 0{,}3\ \mu m$) erzielt werden. Zusätzlich waren die im CH-basierten Dielektrikum induzierten Zugeigenspannungen signifikant geringer als im wasserbasierten Dielektrikum. In Untersuchungen von LAUWERS ET AL. konnte für Hartmetall-Stempel ebenfalls eine Verbesserung der Oberflächenintegrität und eine damit einhergehende Erhöhung der Lebensdauer aufgezeigt werden [LAUW05b]. Sogar bei Luftfahrtwerkstoffen besteht seit den 1980er-Jahren stetig zunehmendes Interesse an der Erzielung minimaler Randzonenmodifikationen zur Erhöhung der Bauteillebensdauer [FORD97, JEEL88, KLOC11, KLOC18a, WELL14]. Diese anhaltende Optimierung der Nachschnitttechnologien für unterschiedliche Werkstoffe zeigt die hohe Relevanz von Nachschnittbearbeitungen auf. Sowohl ASPINWALL ET AL. als auch MARADIA ET AL. berichteten für Stahl, Hartmetall, Titan und Inconel über eine signifikante Verbesserung der Oberflächenintegrität durch die Verwendung von geringen Pulsdauern im Hauptschnitt [ASPI08, MARA20]. Diese Erkenntnis ist für die Entwicklung von Bearbeitungstechnologien von hoher Relevanz, denn dies reduziert durch die geringere Randzonenschädigung nach dem Hauptschnitt den Umfang an Nachschnitten.

Die Nachschnitte erfüllen mit der Verbesserung der geometrischen Genauigkeit und der Reduktion der Randzonendicke, der Oberflächenrauheit und der Zugeigenspannungen vier wesentliche Funktionen. Insbesondere stellt die Genauigkeitsverbesserung eine Herausforderung bei der Entwicklung einer Nachschnitttechnologie dar. NÖTHE konnte in seinen Untersuchungen zum Einfluss der Mikrodrahtfunkenerosion auf die Oberflächenintegrität von einem Schnellarbeitsstahl und einem Hartmetall zeigen, dass während des Prozesses unterschiedliche Kräfte auf die Drahtelektrode wirken, die zu einer Auslenkung der selbigen führen [NÖTH00]. Aufgrund der negativen

Abbildung der Drahtelektrode im Bauteil, bewirkt die Drahtauslenkung eine geometrische Abweichung. Auf den Draht wirken sowohl die Drahtvorspannkraft, spülungsbedingte Kräfte, elektromagnetische sowie elektrostatische Kräfte als auch entladungsbedingte Kräfte. Diese Kräfte müssen sich in einem Gleichgewicht befinden, um eine gerade Ausrichtung der Drahtelektrode zu erzielen. Für die Nachschnittbearbeitung ist dies von großer Bedeutung, da die spülungsinduzierte Drahtauslenkung, bedingt durch die freiliegende Kontur, in den Nachschnitten den größten Einfluss hat [NÖTH00, PURI03, WELL15].

In diesem Kapitel wurden die physikalischen Grundlagen der Drahtfunkenerosion und ihr Einfluss auf die Oberflächenintegrität unterschiedlicher Werkstoffe dargestellt, wobei der Fokus auf den metallischen Werkstoffen lag. Da das übergeordnete Ziel dieser Arbeit die Untersuchung zum Einfluss der Drahtfunkenerosion auf die Oberflächenintegrität und Bauteilfunktionalität elektrisch leitfähiger Keramiken ist, wird der Stand der Erkenntnisse zu dieser Thematik separat im nächsten Kapitel diskutiert.

## 2.3 Funkenerosive Bearbeitung von Hochleistungskeramiken

*Electrical discharge machining of advanced ceramics*

Keramische Werkstoffe haben für viele Anwendungsbereiche ein vorteilhaftes Eigenschaftsprofil, was neben der hohen Härte und Festigkeit auf die thermische und chemische Beständigkeit zurückzuführen ist [BREV03]. Dies wiederum führt dazu, dass eine klassische Endbearbeitung dieser Werkstoffe nur durch Zerspanungsverfahren mit geometrisch unbestimmter Schneide (Schleifen, Läppen, Honen) unter Einsatz von Diamantwerkzeugen erfolgen kann [KLOC18b]. In Kombination mit dem geringen Zeitspanvolumen entstehen so hohe Fertigungskosten. Ein günstigerer Ansatz ist die Formgebung im Grün- oder Weißkörperzustand, der den Einsatz von Zerspanungsverfahren mit geometrisch bestimmter Schneide ermöglicht (Fräsen, Bohren, Drehen). Bei beiden Verfahren ist die geometrische Komplexität der Endkontur aufgrund der mechanischen Eigenschaften der Keramiken limitiert [SALM07]. Die Funkenerosion kann die Grünkörperbearbeitung und die anschließende Schleifbearbeitung substituieren, was den Herstellungsprozess von keramischen Bauteilen vereinfacht [FERR16]. Jedoch ist eine elektrische Mindestleitfähigkeit von $\kappa = 1 - 10\ \mathrm{S/m}$ für die funkenerosive Bearbeitung erforderlich, was bereits in den 1980er Jahren von verschiedenen Forschern ermittelt und von König und Panten postuliert wurde [KÖNI88, PANT90]. Essentiell für die elektrische Leitfähigkeit ist das Vorhandensein von freien Ladungsträgern im Kristallgitter, was aufgrund des Bindungscharakters nicht jede Keramik aufweist (vgl. Kapitel 2.1). Beispiele für Keramiken mit einer ausreichenden elektrischen Leitfähigkeit zur funkenerosiven Bearbeitung sind Titandiborid ($TiB_2$), Siliziumkarbid (SiC) und Borkarbid ($B_4C$) [LAUW07, PANT90]. Eine Möglichkeit, um die funkenerosive Bearbeitbarkeit von Keramiken mit isolierenden Eigenschaften sicherzustellen, ist die Verwendung einer Hilfselektrode. Das Forschungsteam um Fukuzawa und Mohri hat in zahlreichen Untersuchungen diese Vorgehensweise zur Bearbeitung von isolierenden Keramiken angewendet und den Begriff der Assisting Electrode Method (kurz: AEM) eingeführt [MOHR96, MOHR02, FUKU09, MUTT09]. Dabei wird vor dem Erosionsprozess eine Hilfselektrode auf der Keramik aufgebracht, die aufgrund einer hohen elektrischen Leitfähigkeit eine Initialzündung im Arbeitsspalt ermöglicht [FUKU95]. Für einen moderat stabilen Prozessablauf muss zum einen die Werkzeugelektrode negativ und die Hilfselektrode positiv gepolt sein und zum anderen muss ein CH-basiertes Dielektrikum verwendet werden [MOHR95]. Erst bei langen Impulsdauern kommt es nach der Initialzündung durch die Hilfselektrode zum Abtrag dieser und zur Bildung einer Kohlenstoffschicht (auch pyrolytischer Graphit genannt) auf der Keramikoberfläche [MOHR03]. Dabei wird die Leitfähigkeit der Keramikoberfläche signifikant erhöht, was den Erosionsprozess aufrechterhält und einen geringen aber kontinuierlichen Materialabtrag ermöglicht. Zu intensive Spülvorgänge bringen den Prozess zum Erliegen. Der Vorteil des Verfahrens ist, dass dadurch keine Werkstoffmodifikation an den Keramiken vorgenommen werden muss, wodurch ihre physikalischen Eigenschaften erhalten bleiben. Als Hilfselektrode können Metallbleche [LIU08b, MOHR96], leitfähige Lacke [HÖSE11] oder PVD-Beschichtungen [TANI04] eingesetzt werden. In späteren Untersuchungen konnte durch den Einsatz unterschiedlicher Elektrodenwerkstoffe die Abtragrate im geringen Maße durch eine stabilere Bearbeitung erhöht werden, weil der Anteil der Prozessentartungen reduziert wurde [SRIV16]. TANI ET AL. haben die Assisting Electrode Method für die drahtfunkenerosive Bearbeitung von isolierenden Keramiken angewendet [TANI04]. Dabei konnten lediglich sehr geringe Schnittraten im Bereich von $V_W = 1 - 3\ mm^2/min$ erzielt werden. Durch die Verwendung eines Molybdän-Drahtwerkstoffes konnte der maximale Entladestrom von $\hat{\imath}_{max} = 4{,}2\ A$ (Messingblank-Draht) auf $\hat{\imath}_{max} = 6{,}7\ A$ gesteigert werden, bis es zu einem Drahtriss kam. Dies sind im Vergleich zu einem herkömmlichen Drahterosionsprozess im ölbasierten Dielektrikum, der maximale Entladeströme von $\hat{\imath}_{max} = 250\ A$ aufweist, signifikant geringere Entladeströme. Zusätzlich hat sich in allen Untersuchungen gezeigt, dass es sowohl durch die Senkerosion als auch durch die Drahterosion zu hohen Oberflächenrauheitskennwerten gekommen ist. FUKUZAWA ET AL. konnten massive Schädigungen der Randzone durch die langen Impulsdauern nachweisen, die eine Reduzierung der Festigkeit auf 10 % einer polierten Probe verursacht haben [FUKU09]. Diese Ergebnisse zeigen, dass die Assisting Electrode Method sowohl für die senk- als auch für die drahtfunkenerosive Bearbeitung von keramischen Werkstoffen sehr limitiert ist. Intensive Forschungen in den letzten zwei Jahrzehnten haben keine wesentlichen Erkenntnisse hinsichtlich der Produktivitätssteigerung und der Verbesserung der Oberflächengüte hervorgebracht [HANA11, HANA14, KUCU10, LIU08a, SCHU16]. OJHA konnte in Rahmen seiner Arbeiten darstellen, dass diese Methode für die Mikroerosion sehr gut geeignet ist [OJHA13, OJHA16]. Aufgrund der sehr unterschiedlichen Prozesszustände ist nur eine geringe Vergleichbarkeit zur Senk- und Drahterosion gegeben, weshalb auf eine detaillierte Betrachtung der Ergebnisse verzichtet wird. Als wichtige weiterführende Literatur zu dieser Thematik sind folgende Arbeiten zu nennen: [BANU14, GOTO16, SABU13, SCHU13].

Eine zweite Möglichkeit, um die funkenerosive Bearbeitung von Keramiken zu ermöglichen ist, den Werkstoff zu modifizieren, indem ein leitfähiges Material als Zweitphase hinzudotiert und ein Perkolationsnetzwerk ausgebildet wird (vgl. Kapitel 2.1). Demnach handelt es sich nicht mehr um monolithische Keramiken, sondern um Dispersionskeramiken. Der Anteil der Zweitphase muss so gewählt sein, dass eine ausreichende elektrische Leitfähigkeit vorliegt und die mechanischen Eigenschaften nur in einem tolerierbaren Bereich negativ beeinflusst werden. Für verschiedene Werkstoffe konnte eine Mindestmenge an elektrisch leitfähiger Zweitphase ermittelt werden, damit eine stabile Erosion gewährleistet werden konnte. So haben BELLOSI ET AL. für Titannitrid-infiltriertes Siliziumnitrid ($Si_3N_4$-TiN) eine Mindestmenge von 30 Vol.-% TiN ermittelt, um eine ausreichende elektrische Leitfähigkeit für einen stabilen Erosionsprozess zu erzielen [BELL92]. MATSUO ET AL. haben bei Zirkonoxid ($ZrO_2$) eine Abhängigkeit der Produktivität von der Art und von dem Anteil der Zweitphase nachweisen können [MATS92]. So konnten die produktivsten Prozesse beim Niobkarbid-infiltrierten Zirkonoxid (ZrO2-NbC) bei 28 Vol.-% NbC und beim Titancarbid-infiltrierten Zirkonoxid (ZrO2-TiC) bei 30 Vol.-% TiC erreicht werden. Ein weiterer Anstieg der Zweitphase hat zu einer Reduzierung der Produktivität geführt, obwohl die elektrische Leitfähigkeit weiter angestiegen ist. Für Niobcarbid-infiltriertes Aluminiumoxid (ZTA-NbC) haben SCHMITT-RADLOFF ET AL. einen ähnlichen Zusammenhang während des Drahterosionsprozesses beobachtet [SCHM17]. Die produktivste Bearbeitung lag bei 24 Vol.-% NbC vor. Mit steigendem NbC-Gehalt wurde zwar die elektrische Leitfähigkeit gesteigert, dennoch kam es zur Schnittratenverringerung. Weitere Arbeiten dazu haben ebenfalls einen Anstieg der Abtrag- bzw. Schnittrate mit steigendem Zweitphasenanteil bis zu einem individuellen Maximum beobachten können [BONN08, LIU09, SALE06]. Ursächlich dafür ist die Änderung der thermischen Werkstoffeigenschaften der Dispersionskeramik, denn die Zweitphase weist wesentliche Unterschiede zur Matrixkeramik (Bindephase) hinsichtlich des Schmelzpunktes, der Wärmekapazität und der Wärmeleitfähigkeit auf [LAND14, PANT90, SCHM19]. Kommt es beispielsweise durch einen steigenden Zweitphasenanteil zu einer höheren Wärmeleitfähigkeit der Dispersionskeramik, wird die aus der Entladung entstehende Wärme schneller abgeführt. Zum einen wird der Materialabtrag pro Entladung reduziert und zum anderen kann es durch Änderungen der induzierten thermischen Spannungen zu einem Wechsel des Abtragmechanismus kommen [SCHM19].

Die bekanntesten Abtragmechanismen sind Schmelzen und Verdampfen, die hauptsächlich bei metallischen Werkstoffen vorliegen [KLOC07, ZOLO59]. Bei keramischen Werkstoffen konnte PANTEN weitere Abtragmechanismen beobachten und hat damit essentielle Erkenntnisse zur funkenerosiven Bearbeitbarkeit von keramischen Werkstoffen erarbeitet [PANT90]. Er konnte keine Korrelationen zwischen den thermischen Werkstoffeigenschaften und der Schnittrate feststellen, was gegensätzlich zu metallischen Werkstoffen ist und somit ein erster Hinweis auf einen anders wirksamen Abtragmechanismus war. Im Rahmen der Untersuchungen konnten zusätzlich zu den bekannten Abtragmechanismen „Schmelzen und Verdampfen" drei weitere Abtragmechanismen identifiziert werden: „Materialabtrag durch Thermoschock", „Abplatzen von wiedererstarrtem Material" und „Herauslösen von Körnern durch Abtragen der Bindephase". Einen weiteren Abtragmechanismus, der auf chemischen Reaktionen beruht, haben LAUWERS ET AL. bei der Bearbeitung von $Si_3N_4$-TiN ermittelt, der als „chemische Zersetzung“ bezeichnet wurde [LAUW04]. Entweder erfolgt der Materialabtrag durch einen einzelnen Abtragmechanismus oder durch die Überlagerung mehrerer, wobei die jeweilige Gewichtung nicht beziffert werden kann [PANT90]. Des Weiteren haben LIU ET AL. in Senkerosionsversuchen herausgefunden, dass die Abtragmechanismen in Abhängigkeit von der Entladeimpulsform und der resultierenden Entladeenergie variieren bzw. ein dominierender Abtragmechanismus vorliegen kann [LIU09]. Im Folgenden werden die aus der Literatur bekannten Abtragmechanismen erklärt und Beispiele vorgestellt.

*Schmelzen und Verdampfen*

Bei diesem Abtragmechanismus, der beispielsweise bei $Al_2O_3$-TiC oder $ZrO_2$-WC vorliegt, wird ähnlich wie bei Metallen das Werkstückmaterial an der Oberfläche aufgeschmolzen und herausgeschleudert. Kraterstrukturen mit Randüberhöhungen nach Einzelentladungen sowie Tropfenformen auf der Oberfläche nach einem kontinuierlichen Prozess deuten auf diesen Mechanismus hin [PANT90]. Des Weiteren weisen die Abtragpartikel eine sphärische Form auf, was die für den Schmelzvorgang typische Tropfenbildung weiter untermauert. Es entstehen zusätzlich Mikrorisse im Schmelzbereich an der Oberfläche, die vermehrt bei Werkstoffen mit hohem Wärmeausdehnungskoeffizient auftreten [LAUW04].

*Materialabtrag durch Thermoschock/Abplatzen*

Da keramische Werkstoffe thermisch induzierte Eigenspannungen nicht durch plastische Verformungen abbauen können [SALM07], kommt es in Abhängigkeit von der Keramik und von den Entladeparametern zur Rissbildung. Dabei ist der Widerstand gegen Thermoschock $\Delta T_{krit}$, der aus der Bruchspannung, dem Elastizitätsmodul und dem Wärmeausdehnungskoeffizienten resultiert (vgl. Formel (2.2)), maßgebend. Der Thermoschockwiderstand ist der maximale Temperaturunterschied bei schneller Abkühlung/Erwärmung, bei dem die inneren Spannungen (Zug- und Druckspannungen) vom Material kompensiert werden können [PANT90, ZHAN97]. Eine Schädigung/Rissbildung entsteht bei Erreichen bzw. Überschreiten der Bruchspannung. Titanborid ($TiB_2$) hat einen geringen Thermoschockwiderstand, was bei einer funkenerosiven Bearbeitung zum Abplatzen von Werkstoffpartikeln an der Oberfläche führt [GADA91]. Senkrecht und parallel zur Oberfläche laufende Risse und fehlende Schmelzbereiche kennzeichnen die erodierte Randzone [PETR88, TRUE00]. Die Abtragpartikel weisen kantige Strukturen mit glatten Seitenflächen auf. Beim Abplatzen entstehen große Abtragpartikel, die nicht aufgeschmolzen werden müssen, wodurch höhere Schnitt- bzw. Abtragraten bei gleichem Entladeenergieeintrag realisiert werden können [TRUE00]. Daraus resultiert eine hohe Oberflächenrauheit im Vergleich zu den anderen Abtragmechanismen [LEE91]. Abplatzende Partikel treten in stärkerem Maße beim funkenerosiven Senken auf, da hierbei größere Energien in den Prozess eingekoppelt werden [LAUW04]. So kommt es beispielsweise bei der Senkerosion von $Si_3N_4$-TiN mit hohen Entladeenergien zum Abplatzen, wohingegen bei der Drahterosion das Material zersetzt und oxidiert wird. Ein weiteres Beispiel ist Titannitrid-infiltriertes Zirkonoxid ($ZrO_2$-TiN), das bei der Senkerosion mit hohen Entladedauern ebenfalls Abplatzen durch

Thermoschock und während der Drahterosion Schmelzen und Verdampfen aufweist [LAUW05a, PITM00].

*Abplatzen von wiedererstarrtem Material*

Dieser Abtragmechanismus ist sehr ähnlich zu dem des thermoschockbasierten Abtrags, weshalb diese in der Literatur oft zusammengefasst werden. Der Unterschied besteht aber darin, dass zunächst Material aufgeschmolzen wird, welches nach der Entladung wiedererstarrt und an der Oberfläche anhaftet. Infolge schlechter Anhaftung und hoher Eigenspannungen, platzt diese Schicht durch Folgeentladungen in der Umgebung ab, wobei die Abtragrate gering ausfällt, weil eine Vielzahl von Entladungen das Material mehrfach aufschmilzt bevor es abplatzt. Somit ist dieser Abtragmechanismus eine Kombination aus Schmelzen und thermoschockbasiertem Abtrag. LAUWERS ET AL. haben in Drahterosionsversuchen gezeigt, dass die Zweitphase zu einer Änderung des Abtragmechanismus führen kann [LAUW08]. So ist beispielsweise bei $ZrO_2$-TiC der Materialabtrag durch Abplatzen des wiedererstarrten Materials deutlich stärker ausgeprägt als bei $ZrO_2$-WC. Dies wurde auf das bessere Anhaften, infolge der höheren Festigkeit und Zähigkeit des $ZrO_2$-WC, zurückgeführt.

*Herauslösen von Körnern durch das Abtragen der Bindephase*

Besonders bei siliziuminfiltriertem Siliziumkarbid (SiSiC) ist das Herauslösen von Körnern zu beobachten, da die elektrisch besser leitfähige Phase (hier das Silizium) abgetragen wird. Das reine Silizium weist eine Schmelztemperatur von ca. 1410 °C mit einer Verdampfungstemperatur bei ca. 3260 °C auf [HAYN11]. Siliziumkarbid hingegen besitzt eine Zersetzungstemperatur bei 2700 °C unter Normaldruck, wobei sich das Siliziumkarbid in seine einzelnen Bestandteile zersetzt [DGUV22]. Während der Entladevorgänge wird das Silizium aufgeschmolzen, wodurch zwischen den Siliziumkarbid-Körnern Krater entstehen, die bei fortschreitendem Materialabtrag des Siliziums (Bindephase) zu einer Schwächung des Materialverbundes führen. Bei zu starker Schwächung des Materialverbundes können die Karbid-Körner herausgelöst werden, was eine ungleichmäßige Randzone mit hoher Oberflächenrauheit hinterlässt. Da die meisten Keramiken eine elektrisch nichtleitende Bindephase besitzen, liegt diese Art des Abtragmechanismus nur bei wenigen Keramiken vor. [LENZ97, PANT90]

*Zersetzung und Oxidation*

Diese Art des Abtragmechanismus wurde das erste Mal von LAUWERS ET AL. bei der Bearbeitung von $Si_3N_4$-TiN beobachtet [LAUW04, LAUW05a]. Siliziumnitrid besitzt (ähnlich wie Siliziumkarbid) keine Schmelztemperatur, sondern eine Zersetzungstemperatur, weshalb keine klassischen Schmelzzonen in der Randzone sichtbar sind. Während der funkenerosiven Bearbeitung in deionisiertem Wasser oxidiert sowohl das Siliziumnitrid als auch das Titannitrid, wobei zwei unterschiedliche Oxidationen entstehen können [DESC02, LAUW04]:

$$\begin{aligned} Si_3N_4 + 3O_2 &\rightarrow 3SiO_2 + 2N_2\uparrow \\ 2TiN + 2O_2 &\rightarrow 2TiO_2 + N_2\uparrow \end{aligned} \tag{2.6}$$

$$\begin{aligned} &Si_3N_4 + 6H_2O \rightarrow 3SiO_2 + 2N_2\uparrow + 6H_2\uparrow \\ &2TiN + 4H_2O \rightarrow 2TiO_2 + 2NH_3\uparrow + H_2\uparrow \end{aligned} \tag{2.7}$$

Bei der ersten Reaktion dient hauptsächlich der Sauerstoff aus dem Sinteradditiv (beispielsweise Aluminiumoxid) als Reaktionspartner. Bei der zweiten Reaktion ist der Sauerstoff aus dem wasserbasierten Dielektrikum ursächlich für die Oxidation. Durch die Reaktion von Stickstoff und Wasserstoff zu Ammoniakgas entstehen sichtbare Gasblasen an der Werkstückoberfläche. Diese führen sowohl während der Senkerosion als auch der Drahterosion zu einer porösen und schaumigen Oberflächenstruktur mit hoher Rauheit. Zusätzlich entstehen bei der Senkerosion in deionisiertem Wasser vereinzelt Glasstrukturen aus Siliziumoxid mit signifikant höherem elektrischen Widerstand, was eine weitere Bearbeitung bzw. Nachbearbeitung erschwert. Senkerosionsversuche im CH-basierten Dielektrikum zeigen keine schaumige und poröse Schicht und nur stellenweise Schmelzzonen, die auf das Schmelzen von Titannitrid zurückzuführen sind [LAUW04, LAUW05a]. Den gleichen Effekt konnte WOLF bei Senkerosionsversuchen im CH-basierten Dielektrikum ebenfalls beobachten und somit reproduzieren [WOLF22]. WOLF konnte feststellen, dass dieser Effekt bei höheren Entladeströmen stärker auftritt.

Die bislang bekannten Abtragmechanismen zeigen auf, dass die funkenerosive Bearbeitbarkeit der Keramiken von den Eigenschaften des Matrixwerkstoffs, den Eigenschaften der Zweitphase, der Verfahrensvariante des Funkenerosionsprozesses und den damit verbundenen Prozessenergien und der Wahl des Dielektrikums abhängig ist. Somit stellt die Funkenerosion von keramischen Werkstoffen im Gegensatz zu schmelzmetallurgischen Werkstoffen wie Stahl ein komplexeres Forschungsfeld dar. Der Fokus bisheriger Forschungsarbeiten zur funkenerosiven Bearbeitung elektrisch leitfähiger Keramiken lag auf dem Einfluss des Entladestroms und der Entladedauer auf die Abtragrate, die Oberflächenrauheit und die Randzonenschädigung. Die Prozessstabilität sowie der Einfluss der Maschinenregelung auf die Prozessstabilität waren nicht Gegenstand der Untersuchungen. Die Arbeiten von YAN ET AL. und ALTPETER ET AL. haben aufgezeigt, dass eine Anpassung der Maschinenregelung auf den Werkstoff zwingend erforderlich ist, um stabile und produktive Prozesszustände zu erzielen [ALTP04, YAN98]. Tabelle 2.1 gibt einen Überblick über alle relevanten Veröffentlichungen zur funkenerosiven Bearbeitung von elektrisch leitfähigen Keramiken, wobei der Fokus auf der Drahterosion liegt und kein Anspruch auf Vollständigkeit bezüglich der Senkerosion erhoben wird. Aus der Auflistung geht hervor, dass die Themen Abtragpartikel, Dielektrikumseinfluss, Prozessstabilität, Schlichtbearbeitung und Bauteilfunktionalität nur unzureichend untersucht wurden. Darüber hinaus sei erwähnt, dass lediglich in den Arbeiten von LANDFRIED und SCHMITT-RADLOFF ein CH-basiertes Dielektrikum verwendet wurde [LAND14, SCHM19], weshalb keine umfangreichen Untersuchungen hinsichtlich der Abtragmechanismen im CH-basierten Dielektrikum vorliegen.

Tabelle 2.1: Einordnung einer Auswahl bisheriger Arbeiten zur Funkenerosion von elektrisch leitfähigen Keramiken

*Classification of a selection of previous work on electrical discharge machining of electrically conductive ceramics*

| Variante | Autor \ Untersuchung von … | Abtrag-mechanismus | Abtragpartikel | Dielektrikums-einfluss | Prozess-produktivität | Prozess-stabilität | Schlicht-bearbeitung | Oberflächen-integrität | Bauteil-funktionalität | Matrixwerkstoff |
|---|---|---|---|---|---|---|---|---|---|---|
| Drahterosion | [BONN08a] | ◕ | ○ | ○ | ◕ | ○ | ◕ | ◕ | ◔ | $ZrO_2$ |
| Drahterosion | [BONN08b] | ◔ | ○ | ○ | ◔ | ○ | ◔ | ◕ | ◔ | $ZrO_2$ |
| Drahterosion | [DENG00] | ○ | ○ | ○ | ○ | ○ | ○ | ● | ◕ | $Al_2O_3$ |
| Drahterosion | [GADA91] | ◔ | ◕ | ○ | ○ | ○ | ○ | ◕ | ○ | $TiB_2$ |
| Drahterosion | [LAND14] | ◕ | ○ | ● | ◔ | ○ | ◔ | ● | ◕ | $Al_2O_3$ |
| Drahterosion | [LAUW04] | ● | ◕ | ○ | ◕ | ○ | ◔ | ● | ○ | $Al_2O_3$, $ZrO_2$, $Si_3N_4$ |
| Drahterosion | [LAUW05a] | ◕ | ○ | ○ | ◔ | ○ | ◔ | ● | ○ | $Al_2O_3$, $ZrO_2$, $Si_3N_4$ |
| Drahterosion | [LAUW08] | ◕ | ◕ | ○ | ◕ | ○ | ○ | ◕ | ○ | $ZrO_2$ |
| Drahterosion | [LIU03a] | ○ | ○ | ○ | ◔ | ○ | ○ | ◕ | ○ | $Si_3N_4$ |
| Drahterosion | [LIU03b] | ○ | ○ | ○ | ◔ | ○ | ○ | ◕ | ◔ | $Si_3N_4$ |
| Drahterosion | [LOK97] | ◕ | ○ | ○ | ◕ | ○ | ○ | ◔ | ◕ | $Al_2O_3$, SiAlON |
| Drahterosion | [MALE11] | ◔ | ○ | ○ | ◔ | ○ | ◕ | ◕ | ◕ | $B_4C$ |
| Drahterosion | [PANT90] | ◕ | ◕ | ○ | ◕ | ○ | ◔ | ◔ | ◔ | $Al_2O_3$, $Si_3N_4$, $TiB_2$ |
| Drahterosion | [SCHM19] | ◔ | ○ | ○ | ◕ | ○ | ◔ | ● | ◕ | $Al_2O_3$ |
| Drahterosion | [SING20a] | ○ | ○ | ○ | ◔ | ◔ | ○ | ◔ | ○ | SiC |
| Drahterosion | [SING20b] | ◕ | ○ | ○ | ◔ | ◔ | ○ | ● | ○ | SiC |
| Drahterosion | [VOGE16a] | ◕ | ○ | ○ | ○ | ○ | ◔ | ◕ | ◕ | $ZrO_2$ |
| Drahterosion | [VOGE16b] | ◕ | ○ | ○ | ○ | ○ | ◕ | ◕ | ◕ | $ZrO_2$ |
| Senkerosion | [LAND14] | ◔ | ○ | ○ | ◔ | ○ | ○ | ● | ○ | $Al_2O_3$ |
| Senkerosion | [LAUW04] | ● | ◕ | ● | ◕ | ○ | ◔ | ● | ○ | $Al_2O_3$, $ZrO_2$, $Si_3N_4$ |
| Senkerosion | [PANT90] | ◕ | ◕ | ● | ● | ○ | ◔ | ◕ | ○ | $Al_2O_3$, $Si_3N_4$, $TiB_2$ |
| Senkerosion | [PATE09] | ◔ | ○ | ○ | ◕ | ○ | ○ | ◕ | ○ | $Al_2O_3$ |
| Senkerosion | [TRUE00] | ◕ | ◕ | ○ | ○ | ○ | ○ | ◕ | ○ | SiC, SiAlON |
| Senkerosion | [ZHAN97] | ◕ | ○ | ○ | ◕ | ○ | ○ | ◕ | ○ | $Al_2O_3$ |
| Bohrerosion | [LAUW07] | ◔ | ○ | ○ | ● | ◔ | ◔ | ◔ | ○ | SiC, $B_4C$, $Si_3N_4$ |
| Bohrerosion | [LIU09] | ◕ | ○ | ○ | ◕ | ○ | ◔ | ◕ | ◔ | $Si_3N_4$ |
| Bohrerosion | [MUNZ13] | ○ | ○ | ○ | ◕ | ◔ | ○ | ◕ | ◕ | $Al_2O_3$ |
| Bohrerosion | [SCHI16] | ● | ● | ◕ | ● | ◕ | ◔ | ◕ | ○ | $TiB_2$, $Si_3N_4$ |

● = vollständig erfüllt ◕ = teilweise erfüllt ◔ = kaum erfüllt ○ = nicht erfüllt

## 2.4 Zwischenfazit

*Intermediate conclusion*

Im Stand der Erkenntnisse wurden zunächst die Grundlagen zu keramischen Werkstoffen inklusive einer alternativen Werkstoffkategorisierung vorgestellt und deren strukturelle Besonderheiten im Vergleich zu Metallen erläutert. Die detaillierte Betrachtung der Bindungsarten ist essentiell für die spätere Diskussion der Abtragmechanismen der Keramiken, die maßgebend für die Entstehung der Randzone sind. Das Verfahrensprinzip der Drahtfunkenerosion wurde vorgestellt, weil es aufgrund des thermophysikalischen Abtragprinzips eine geeignete Alternative zu konventionellen Fertigungsverfahren für die Bearbeitung von keramischen Werkstoffen darstellt. Neben dem physikalischen Prinzip wurden auch die Prozesseinflussgrößen vorgestellt, die Auswirkung sowohl auf die Prozessproduktivität und -stabilität als auch auf die resultierende Oberflächenintegrität haben. Diese Erkenntnisse beruhen auf den Analysen von metallischen Werkstoffen und wurden bislang noch nicht für keramische Werkstoffe überprüft, was eines der erkannten wissenschaftlichen Defizite darstellt. Die Recherche zur funkenerosiven Bearbeitung von Hochleistungskeramiken hat gezeigt, dass lediglich der Einfluss des Entladestroms bzw. der resultierenden Entladeenergie auf den Materialabtrag und den dahinterstehenden Abtragmechanismus untersucht wurde. Die Prozessproduktivität und -stabilität waren kein Bestandteil der bisherigen Forschungsarbeiten, was für die generelle funkenerosive Bearbeitung von keramischen Werkstoffen essentiell ist. Zusätzlich wurden diese Versuche hauptsächlich für die Senkfunkenerosion und teilweise für die Drahtfunkenerosion im wasserbasierten Dielektrikum durchgeführt. Dabei konnte ermittelt werden, dass sich der Sauerstoff im wasserbasierten Dielektrikum negativ auf die Ausbildung der Oberflächenintegrität von Siliziumnitrid-Keramiken auswirkt. Der fehlende Sauerstoff im CH-basierten Dielektrikum lässt keine Übertragbarkeit der bisherigen Erkenntnisse im wasserbasierten Dielektrikum auf das CH-basierte Dielektrikum zu. Als weiteres Forschungsdefizit konnten die fehlenden Untersuchungen zur Nachschnittbearbeitung identifiziert werden. Die Auswirkung der Drahtfunkenerosion auf die Bauteilfunktionalität war ebenfalls nur unzureichend Gegenstand bisheriger Forschungsarbeiten. Diese Defizite zeigen auf, dass es einen Bedarf an umfangreichen Untersuchungen zur drahtfunkenerosiven Bearbeitung von keramischen Werkstoffen in einem CH-basierten Dielektrikum gibt.

# 3 Zielsetzung und Aufgabenstellung

*Objective and tasks*

Aus dem aufgezeigten Stand der Erkenntnisse geht hervor, dass der Einfluss der Drahtfunkenerosion auf die Oberflächenintegrität und die resultierende Bauteilfestigkeit von Keramiken insbesondere bei der Verwendung eines CH-basierten Dielektrikums nicht ausreichend erforscht ist. Zusätzlich ist noch nicht untersucht worden, inwiefern sich die unterschiedlichen Abtragmechanismen der Keramiken auf die Prozessproduktivität und -stabilität auswirken. Zur Entwicklung einer geeigneten werkstoffspezifischen Erosionstechnologie ist diese Kenntnis essentiell. Bisherige Forschungen haben lediglich den Einfluss weniger Prozessparameter auf den Abtragmechanismus der Keramiken untersucht und dabei nicht den gesamten Bearbeitungsprozess fokussiert. Deshalb widmet sich die vorliegende Dissertationsschrift dieser Problemstellung, indem folgende zentrale Forschungshypothese aufgestellt wird:

*Die Klassifizierung elektrisch leitfähiger Keramiken auf Basis der dominierenden Abtragmechanismen ermöglicht eine wirtschaftliche Auslegung des Drahtfunkenerosionsprozesses im CH-basierten Dielektrikum.*

Die Forschungshypothese soll anhand von vier Forschungsfragen kritisch überprüft werden:

1. Welche **Abtragmechanismen dominieren** bei der drahtfunkenerosiven Bearbeitung unterschiedlicher **Keramiken** im **CH-basierten** Dielektrikum?
2. Welcher **Zusammenhang** besteht zwischen den unterschiedlichen **Abtragmechanismen** und der **Produktivität** der zu untersuchenden Keramiken?
3. Wie kann die **resultierende Randzonenschädigung** durch eine **Nachschnittbearbeitung minimiert** werden und welche **Auswirkungen** bestehen auf die **Bauteilfestigkeit**?
4. Wie kann eine **keramikspezifische Prozessoptimierung** umgesetzt werden?

Das Forschungsziel der Arbeit besteht daher in der umfassenden Erforschung der drahtfunkenerosiven Bearbeitbarkeit elektrisch leitfähiger Keramiken im CH-basierten Dielektrikum. Das formulierte Ziel soll anhand der in Bild 3.1 dargestellten mehrstufigen Vorgehensweise erreicht werden, die sich an den formulierten Forschungsfragen orientiert. Dafür werden folgende Teilschritte durchlaufen:

In Kapitel 4 werden alle experimentellen Randbedingungen und Methoden vorgestellt. Die grundlegenden Untersuchungen zum Abtragverhalten von drei Keramiken, die laut bisheriger Erkenntnisse drei unterschiedliche Abtragmechanismen aufweisen, werden in Kapitel 5 thematisiert. Durch eine umfangreiche Oberflächen- und Randzonencharakterisierung erfolgt die Identifikation der im CH-basierten Dielektrikum vorliegenden Abtragmechanismen. Basierend auf den Bindungstypen der Keramiken werden Erklärungsansätze für das Abtragverhalten aufgestellt. Darüber hinaus wird der Einfluss der Abtragmechanismen auf die Produktivität und Stabilität untersucht, indem die Prozess- und Maschinendaten ausgewertet und sowohl mit den Werkstoffeigenschaften als auch mit der Größenverteilung der Abtragpartikel korreliert werden. Der Einsatz weiterer Drahtelektrodenwerkstoffe soll aufzeigen, ob in Abhängigkeit von den Abtragmechanismen eine weitere Spaltkontamination zu einer Produktivitätserhöhung führt.

Kapitel 6 widmet sich dem Einfluss der Drahtfunkenerosion auf die Bauteilfestigkeit, denn die thermische Einwirkung während des Prozesses führt zu einer Randzonenschädigung, die ein frühzeitiges Bauteilversagen verursachen kann. Dafür wird für jede Keramik eine optimale Nachschnittbearbeitung zur Riss- und Rauheitsreduktion ermittelt. Die Auswirkung der verbesserten Oberflächenintegrität wird im Vergleich zu hochenergetischen Hauptschnitten mithilfe von Biegefestigkeitsprüfungen untersucht. Darüber hinaus wird ein zweitstufiges FEM-Simulationsmodell zur Berechnung thermisch induzierter Spannungen nach einer Einzelentladung entwickelt. Damit sollen a priori mechanische Spannungen in Abhängigkeit von der Entladeenergie ermittelt werden, die zu Rissen im Entladungsbereich führen. Die Basis des Modells ist die thermische Simulation der Einzelentladung, wofür auf das Wärmesimulationsmodell von SCHNEIDER zurückgegriffen wird [SCHN21].

In Kapitel 7 werden die Erkenntnisse aus Kapitel 5 und 6 für eine Klassifizierung der drahtfunkenerosiven Bearbeitbarkeit von elektrisch leitfähigen Keramiken im CH-basierten Dielektrikum auf Basis der dominierenden Abtragmechanismen genutzt. Durch diesen neuartigen Ansatz und der übergeordneten Synthese der Ergebnisse wird eine wissenschaftlich fundierte Basis zur keramikspezifischen Technologieentwicklung erarbeitet. Das breite Spektrum der Keramiken, insbesondere durch die Verwendung einer Zweitphase, erfordert eine praxisorientierte Lösung, um auf effiziente Weise eine Bearbeitungstechnologie für unterschiedlichste Keramiken zu entwickeln. Darüber hinaus muss diese Lösung den Anspruch an einen stabilen und produktiven Prozess erfüllen. Deshalb wird unter Verwendung eines Optimierungsalgorithmus ein Ansatz zur keramikspezifischen Technologieentwicklung erarbeitet.

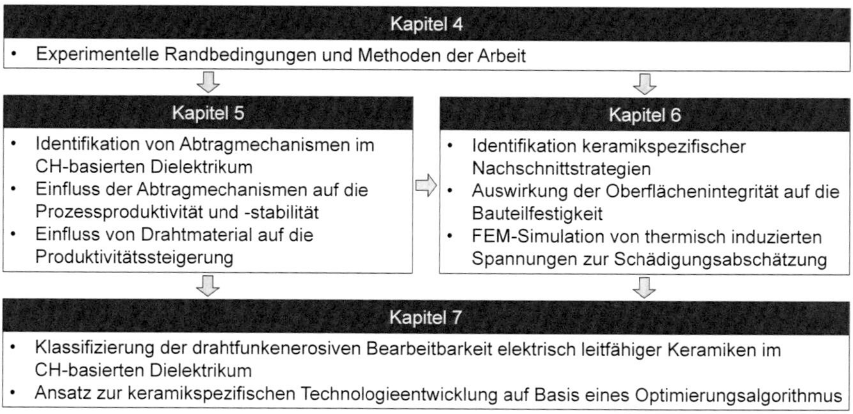


Bild 3.1: Vorgehensweise zur Umsetzung einer keramikspezifischen Prozessoptimierung für die Drahtfunkenerosion
*Approach for implementing a ceramic-specific process optimization for WEDM*

# 4 Experimentelle Randbedingungen und Methoden

*Experimental boundary conditions*

Die zugrundeliegende Hypothese dieser Arbeit, dass durch die Klassifizierung der elektrisch leitfähigen Keramiken auf Basis ihrer dominierenden Abtragmechanismen eine wirtschaftliche Auslegung des Drahtfunkenerosionsprozesses möglich ist, wird durch die Untersuchung von drei unterschiedlichen Keramiken überprüft. Tabelle 4.1 listet die drei Keramiken inklusive der wichtigsten mechanischen und thermischen Werkstoffeigenschaften auf.

Tabelle 4.1: Materialkennwerte der untersuchten Keramiken
*Material characteristics of the investigated ceramics*

| | Einheit | $Si_3N_4$-TiN*** | $ZrO_2$-WC** | $TiB_2$*** |
|---|---|---|---|---|
| Anteil Zweitstoffphase | Vol.-%<br>*Gew.-%* | 36<br>*51* | 36<br>*59* | - |
| Anteil Sinteradditive | Vol.-%<br>*Gew.-%* | $Al_2O_3$ 12<br>*7* | $Al_2O_3$ 0,5<br>*0,2* | - |
| Dichte $\rho$ | g/cm³ | 3,55 | 9,59 | 4,3 |
| Biegefestigkeit $\sigma_B$ | MPa | 720 | 1730 | 480 |
| Druckfestigkeit $\sigma_D$ | MPa | 3000 | 5031 | 2160 |
| Elastizitätsmodul $E$ | GPa | 320 | 313 | 540 |
| Poissonzahl $\upsilon$* | - | 0,26 | 0,252 | 0,33 |
| Härte HV20 | GPa | 15,2 | 1,7 | 33 |
| Risszähigkeit $K_{IC}$ | $MPa\sqrt{m}$ | 6,3 | 8,25 | 5 |
| Elektrische Leitfähigkeit $\kappa$ | S/m | 50 | $1{,}1 \cdot 10^5$ | $1{,}1 \cdot 10^6$ |
| Wärmeleitfähigkeit $\lambda$ | W/(mK) | 24 | 13 | 24 |
| Spezifische Wärmekapazität $c_P$ | J/(kgK) | 620 | 363 | 620 |
| Wärmeausdehnungskoeff. $\alpha$ | $10^{-6}K^{-1}$ | 4,7 | 8,9 | 7,6 |
| Schmelztemperatur $T_M$**** | °C | Si: 1410<br>TiN: 3290 | $ZrO_2$: 2715<br>WC: 2800 | 3200 |
| Siedetemperatur $T_B$**** | °C | Si: 3265 | $ZrO_2$: 4300<br>WC: 6000 | n.b. |
| Zersetzungstemperatur $T_D$**** | °C | $Si_3N_4$: 1900<br>TiN: >3500 | - | - |
| Thermoschockparameter $\Delta T_{Krit}$ | K | 335 | 400 | 78 |
| *Dominierender Abtrag-mechanismus laut SdE* | - | *Zersetzung/ Oxidation* | *Schmelzen & Verdampfen* | *Abplatzen* |

Quellen: *[SALM07], **[GOMM21], ***[QSIL22], ****[DGUV22]

Die Keramiken Titandiborid ($TiB_2$) und Siliziumnitrid mit Titannitrid als Zweitphase ($Si_3N_4$-TiN) wurden über das Unternehmen Qsil Ingenieurkeramik GmbH bezogen. Das Zirkonoxid mit Wolframkarbid als Zweitphase ($ZrO_2$-WC) wurde vom Institut für

Fertigungstechnologie keramischer Bauteile (IFKB) der Universität Stuttgart zur Verfügung gestellt. Die Keramiken wurden in Plattenform mit einer Dicke von $d_P = 4$ mm hergestellt, um die Untersuchung der Biegefestigkeit auf der entsprechenden Vierpunkt-Biegeprüfmaschine gewährleisten zu können. Durch die sehr verschiedenen mechanischen und thermischen Eigenschaften der ausgewählten Keramiken ergeben sich nicht nur Abweichungen in der fertigungstechnologischen Bearbeitbarkeit, sondern auch ein breites Anwendungsspektrum. Des Weiteren decken diese Keramiken drei der Abtragmechanismen ab, die aus der Bearbeitung im wasserbasierten Dielektrikum bekannt sind. Inwieweit diese Abtragmechanismen auch bei der Bearbeitung im CH-basierten Dielektrikum vorliegen, gilt es im Rahmen dieser Arbeit zu überprüfen.

Für die Diskussion der möglichen Abtragmechanismen und eventueller Phasenumwandlungen sind in der folgenden Abbildung für die relevanten Bereiche Phasendiagramme der Matrix- und Zweitphasenwerkstoffe dargestellt. Insbesondere für die Erstellung der Simulationsmodelle sind die Phasendiagramme essentiell. Mögliche Phasenumwandlungen können zu Spannungen im Gefüge führen und müssen deshalb bei der Spannungssimulation berücksichtigt werden.

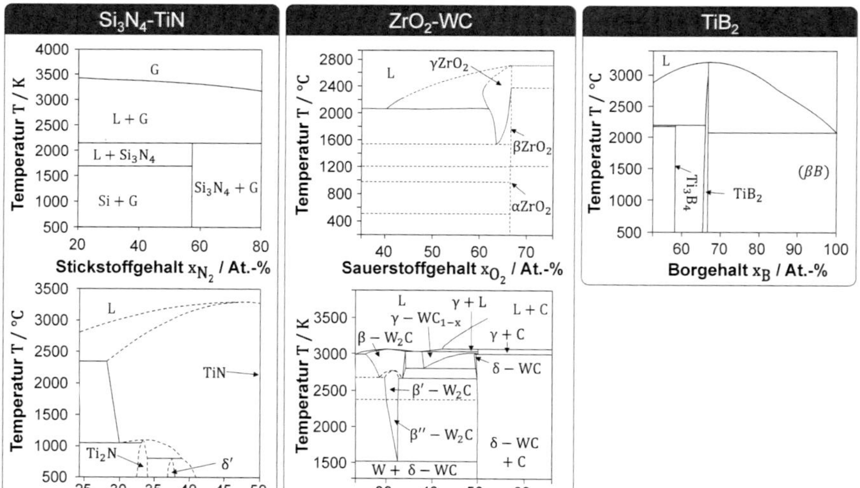


Bild 4.1: Phasendiagramme der Matrix- und Zweitphasenwerkstoffe [KURL06, MOST17, MURR07, WANG04, WRIE87]

*Phase diagrams of matrix and second-phase materials [KURL06, MOST17, MURR07, WANG04, WRIE87]*

*Versuchsumgebung und elektrische Charakterisierung*

Die Versuche in dieser Arbeit wurden hauptsächlich auf der hochpräzisen Drahterosionsmaschine Cut 2000 X Oiltech des Unternehmens Georg Fischer Machining Solutions (GFMS) durchgeführt. Diese Maschine verfügt über den Intelligent Power Generator (IPG), der eine isoenergetische Impulsfolgesteuerung nutzt, sodass die Maschine mit der neuesten Generatortechnik ausgestattet ist. Insbesondere die hohen Stromstärken bei großen Stromgradienten sind ein wesentlicher Unterschied zu den veralteten Generatortypen, die in den damaligen Forschungsarbeiten verwendet wurden. Beispielhaft ist die von PANTEN genutzte AGIECUT 100 zu nennen, die den Generator 100D nutzte [PANT90]. Aufgrund hoher Verlustleistungen an den verbauten Widerständen konnten nur wesentlich kleinere Entladeströme bei längeren Entladedauern erreicht werden. Weiterhin wurden für die Versuche in dieser Arbeit das Hochleistungsöl IonoFil 100 des Unternehmens oelheld als Dielektrikum genutzt. Standardisiert wird auf dieser Drahterosionsmaschine das IonoPlus IME-MH des gleichen Unternehmens eingesetzt. In Vorversuchen wurde ermittelt, dass mit dem IonoFil100 aufgrund enthaltener Additive der beste Kompromiss zwischen höchster Schnittrate und höchster Oberflächengüte erzielt werden kann [BERG20]. Als Drahtelektrode wurde der Messingblankdraht bercocut Pro 900 des Unternehmens Berkenhoff mit einem Durchmesser von $d_D = 0{,}2$ mm genutzt. Mit der Wahl dieser Drahtsorte wurde einer weiteren Kontamination der Randzone durch zusätzliche Beschichtungsmaterialien vorgebeugt. Da die physikalischen Prozesskenngrößen an Drahtfunkenerosionsanlagen nicht direkt eingestellt werden können sowie die Maschinenhersteller die genauen Zusammenhänge zwischen den Maschineneinstellgrößen und den Prozesskenngrößen nicht offenlegen, ist eine Messung und Offline-Auswertung der Strom- und Spannungsverläufe zwingend erforderlich. In Bild 4.2 ist der für alle Untersuchungen identische Versuchsaufbau schematisch dargestellt.

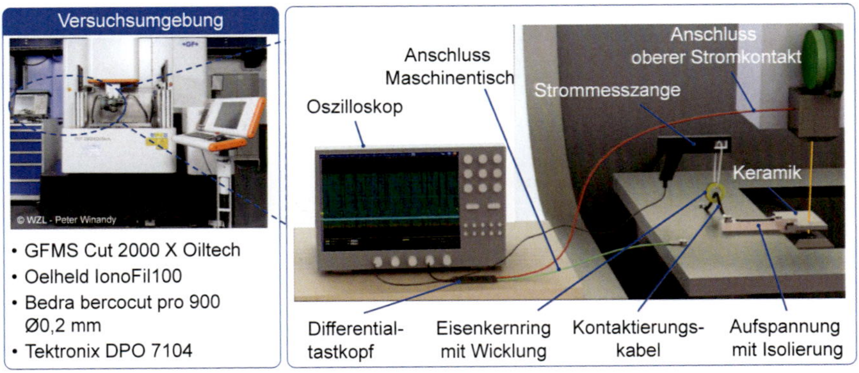


Bild 4.2: Versuchsumgebung (links) und Versuchsaufbau zur Detektion der Strom- und Spannungsverläufe (rechts)
*Experimental environment (left) and experimental setup for detection the current and voltage waveforms (right)*

Das Werkstück (Keramik) ist über ein Spannelement auf dem Maschinentisch befestigt. Zwischen dem Spannelement und dem Maschinentisch befindet sich eine Isolierplatte aus Kunststoff. Somit wird sichergestellt, dass der zu messende Strom nur über das Kontaktierungskabel fließt und sich keine Parallelschaltungen ergeben können. Damit der fließende Strom keinen Schaden an der Messtechnik verursacht, wird der Strom durch einen Induktionsring reduziert, der das Kontaktierungskabel partiell umgibt. Dafür wurde an einem Eisenkernring ein Stromkabel, das eine geschlossene Leiterbahn bildet, mit einer zehnfachen Wicklung angebracht. Das im Stromkabel induzierte Stromsignal wird mithilfe einer Strommesszange Tektronix® TCP0150 aufgenommen und an ein digitales Speicheroszilloskop Tektronix® DPO7104C weitergeleitet. Das zur Ermittlung der Entladeenergie erforderliche Spannungssignal wird zwischen dem oberen Drahtführungskopf (Stromkontakt) und dem Maschinentisch mithilfe eines Differentialtastkopfes Tektronix® THDP0200 erfasst und ebenfalls an das Oszilloskop weitergeleitet. Um sicherzustellen, dass keine Messabweichungen durch den zusätzlichen Widerstand (Kontaktierungskabel und Induktionsring) entstehen, wurde im Vorfeld ein Vergleichsversuch durchgeführt. Dafür wurde eine Strommesszange an den schwer zugänglichen Stromzuführungskabeln der Maschine und eine Strommesszange an dem Induktionsring angebracht. Da die Ergebnisse auch bei geringen Entladeströmen keine signifikanten Unterschiede aufgezeigt haben, kann der gezeigte Messaufbau zur Aufnahme der Prozesskenngrößen verwendet werden.

Als Ausgangstechnologie wurde eine Hartmetall-Technologie gewählt, da die Drahterosionsmaschine über keine Standard-Erosionstechnologie für die Bearbeitung von Keramiken verfügt. Die alternative Stahl-Technologie wurde nicht gewählt, weil insbesondere die thermischen Werkstoffeigenschaften von Hartmetall denen der Keramiken ähnlicher sind als die von Stahl.

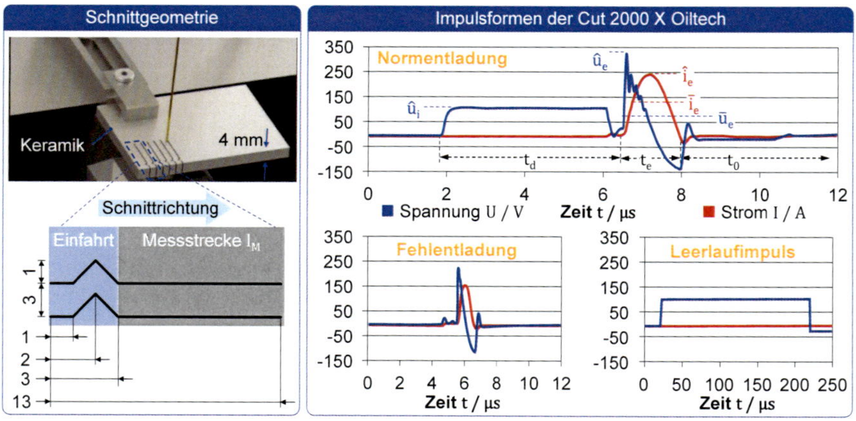


Bild 4.3: Schnittgeometrie für Hauptschnittversuche (links) und schematische Kategorisierung der Impulsformen auf der Cut2000 X Oiltech (rechts)
*Cutting geometry for main cut tests (left) and schematic categorization of pulse shapes on the Cut2000 X Oiltech (right)*

Zur Ermittlung der Produktivität, die anhand der Schnittrate bewertet wird, wurde die in Bild 4.3 (links) dargestellte Schnittgeometrie verwendet, die WELLING bereits in seiner Dissertation genutzt hat [WELL15]. Diese Geometrie ermöglicht durch die Eckgeometrie im Einfahrbereich symmetrische und gleichbleibende Spülbedingungen im Messbereich. Dadurch wird das Dielektrikum daran gehindert, aus dem offenen Spalt hinter dem Draht herauszufließen. Somit werden Prozessinstabilitäten vermieden, die sich sonst durch asymmetrische Spülbedingungen an der Werkstückkante ergeben. Zur Befestigung der Proben im Arbeitsraum der Maschine wurde das Spannmittel ICS Zeroline 90 des Unternehmens 3R genutzt. Aufgrund des Aufbaus des Spannsystems und der geringen Werkstückhöhe kann der obere Drahtführungskopf nicht nah genug zum Bauteil positioniert werden, woraus ein oberer Spüldüsenabstand von $s_D = 10\ \mathrm{mm}$ resultiert, was keinen optimalen Spülbedingungen ($s_{D,optimal} = 0{,}5\ \mathrm{mm}$) entspricht.

Prozessbedingt entstehen unterschiedliche Impulsformen, die sich wiederum auf die Effektivität, die Stabilität und die Produktivität auswirken. So treten bei der Cut 2000 X Oiltech die in Bild 4.3 (rechts) dargestellten Impulse auf, die wiederum als Norm- und Fehlentladungen sowie Leerlaufimpulse kategorisiert werden. Die jeweiligen Anteilsverteilungen ermöglichen qualitative Aussagen zur Stabilität und Effektivität des Prozesses. Die Extraktion der Impulsformen erfolgte automatisiert mithilfe eines in MATLAB® implementierten Auswertealgorithmus, der im Rahmen dieser Arbeit entwickelt wurde und dessen Vorgehensweise im Folgenden beschrieben wird. Zunächst werden die Strom- und Spannungsverläufe mithilfe einer gleitenden Mittelwertfunktion geglättet, damit die Anfangs- und Endzeitpunkte der Entladungen identifiziert werden können. Zur Detektion einer Entladung wird das Spannungssignal vom Algorithmus durchsucht, bis ein Schwellwert $u_{Schwell} = 10\ \mathrm{V}$ überschritten wird. Zeitgleich wird das Stromsignal nach Maxima durchsucht, die über dem Schwellwert $i_{Schwell,max} = 10\ \mathrm{A}$ liegen müssen. Zur Ermittlung der Entladedauer $t_e$ detektiert das Programm die Anfangs- und Endpunkte einer Entladung, indem es ausgehend vom Maximum das Stromsignal in beide Richtungen abläuft, bis es einen Schwellwert nahe Null ($i_{Schwell,min} < 1\ \mathrm{A}$) erreicht hat. Das zeitlich synchronisierte Spannungssignal wird mit dem Stromsignal multipliziert und anschließend integriert, um die Entladeenergie $W_e$ (siehe Formel 2.3) berechnen zu können. Anhand des Spannungssignals können die Zündverzögerung $t_d$ und die Pausendauer $t_0$ bestimmt werden. Des Weiteren ist es möglich, neben dem maximalen Entladestrom $\hat{\imath}_e$ und der maximalen Entladespannung $\hat{u}_e$ auch den mittleren Entladestrom $\bar{\imath}_e$ sowie die mittlere Entladespannung $\bar{u}_e$ auswerten zu lassen, indem die Beträge des Stroms und der Spannung über die Entladedauer gemittelt werden. Durch die Verwendung von Grenzwerten beim maximalen Entladestrom und der Bedingung einer vorliegenden Zündverzögerungszeit kann zwischen den genannten Impulsformen unterschieden werden. Wenn beispielsweise keine Zündverzögerungszeit vorhanden ist und ein gewisser Stromgrenzwert nicht erreicht wird, liegt eine Fehlentladung vor. Bei einem Leerlaufimpuls liegt zwar die Leerlaufspannung an, es kommt aber zu keinem Stromfluss. Da die Grenzwerte für die Unterscheidung in Norm- und Fehlentladung in Abhängigkeit von den Stromstufen variieren, mussten für alle verwendeten Stromstufen die jeweiligen Grenzwerte im Vorfeld ermittelt werden. So konnten mithilfe des Programms für jede Entladung in einem Messschrieb die einzelnen Prozesskenngrößen erfasst und die Einteilung in die jeweilige Impulsform vorgenommen werden. Zu jeder Prozesskenngröße wurde ein globaler Mittelwert inklusive Standardabweichung angegeben, der zur Weiterverarbeitung in eine Excel-Datei überführt wurde. Zusätzlich wurde anhand der resultierenden Entladungsanzahl eine Entladefrequenz bestimmt. Ein weiteres Programm führt die Prozesskenngrößen aus zehn

Messschrieben zusammen, um so mehrere zehntausend Entladungen auszuwerten, was eine hohe statistische Aussagefähigkeit gewährleistet.

Die Stabilität des Prozesses wird zusätzlich über die Vorschubregelung bewertet, indem der aktuelle Regelwert aufgezeichnet wird, der auf der Cut 2000 X Oiltech unter $S_{Ist}$ angegeben wird. Da die Regelalgorithmen der Maschine die Drahtvorschubgeschwindigkeit auf Basis der Differenz zwischen dem bisher aufgezeichneten $S_{Ist}$ und einem vorher festgelegten Referenzwert $S_{Soll}$ anpassen, schwankt der $S_{Ist}$-Wert. Die resultierende Standardabweichung ermöglicht Rückschlüsse auf die Stabilität des Prozesses. Für jeden Werkstoff in Kombination mit dem Dielektrikum und dem Drahtmaterial müssen die Stabilitätsgrenzen identifiziert werden. Deshalb ist die Identifikation dieser Stabilitätsgrenzen für die ausgewählten Keramiken ein essenzieller Untersuchungsgegenstand dieser Arbeit. Die Aufzeichnung des aktuellen Regelwertes $S_{Ist}$ erfolgte mithilfe eines auf LabVIEW® basierenden Programms, das vom Maschinenhersteller GFMS entwickelt und für die Forschung im Rahmen dieser Arbeit zur Verfügung gestellt wurde.

Um den Einfluss der Drahtfunkenerosion auf die Randzonenausprägung der drei Keramiken untersuchen und keramikspezifische Stabilitätskriterien ermitteln zu können, wurden neben der Maschineneinstellgröße (MEG) $S_{Soll}$ auch die MEG $I$ (Entladestromstufe) und $P$ (Entladefrequenz) variiert. Die Konstellation der MEG, die eine Erosionstechnologie ergeben, wird auch als Parametersatz bezeichnet. Laut Maschinenhersteller wirken sich diese MEG auf die elektrischen Prozesskenngrößen aus. In Tabelle 4.2 sind die MEG inklusive der Variationsgrenzen, der Schrittweite und der Auswirkung auf die Prozesskenngrößen dargestellt.

Tabelle 4.2: Übersicht der variierten Maschineneinstellgrößen (MEG)
*Overview of the varied machine setting variables*

| MEG | Variationsbereich | Schrittweite | Einfluss | Auswirkung |
|---|---|---|---|---|
| $I$ | 5 bis 11 | 1 | Entladestrom $\hat{i}_e$ und Entladedauer $t_e$ | $I$⇧: $\hat{i}_e$⇧ & $t_e$ ⇧ |
| $P$ | 30 bis 60 | 10 | Pausendauer $t_0$ / Entladefrequenz $f_e$ | $P$⇧: $t_0$⇩ bzw. $f_e$ ⇧ |
| $S_{Soll}$ | 30 bis 60 | 10 | Drahtvorschub $v_f$ | $S_{Soll}$⇧: $v_f$ ⇩ |

Wie bereits erwähnt, handelt es sich bei den MEG um keine physikalischen Werte, weshalb keine Einheiten angegeben sind. An der MEG $I$ wird exemplarisch vorgestellt, in welchem Bereich mit entsprechender Schrittweite die MEG angepasst werden und welcher Einfluss auf die Prozesskenngrößen besteht. Die Entladestromstufe $I$ wird im Bereich von 5 bis 11 mit einer Schrittweite von 1 variiert. Durch die Erhöhung von $I$ steigt der maximale Entladestrom an und die Entladedauer wird verlängert, wodurch eine höhere Entladeenergie resultiert. Dabei verändert sich der Stromanstiegsgradient, weil der Entladestrom und die Entladedauer nicht proportional ansteigen. Als Basistechnologie für die Versuche dieser Arbeit wurden die MEG $I = 7$, $P = 30$, $S_{SOLL} = 50$ ($I7$-$P30$-$S_{Soll}50$) gewählt.

Für die Nachschnittbearbeitung wurde ebenfalls auf die Hartmetall-Technologie zurückgegriffen, die neben einem Hauptschnitt vier Nachschnitte beinhaltet. Laut der Datenbank der Drahterosionsmaschine erfolgt die signifikanteste Rauheitsreduktion in den ersten vier Nachschnitten. Die Nachschnitte drei und vier verwenden ein anderes Generatormodul als der Hauptschnitt und die Nachschnitte eins und zwei, woraus sich eine andere Abhängigkeit der Entladeenergie von der Entladestromstufe $\mathrm{I}$ ergibt. Im vierten Nachschnitt wird im Gegensatz zu den anderen Bearbeitungsoperationen ein konstanter Vorschub verwendet. Da bei den Nachschnitten der Abstand der Drahtelektrode zur Kontur (Offset) variiert, muss dieser für jeden Nachschnitt separat angepasst werden. Im Rahmen der Versuche werden die MEG $\mathrm{I}$, $\mathrm{P}$, $\mathrm{Offset}$ und $\mathrm{v_s}$ variiert, da diese Parameter laut Maschinenhersteller den größten Einfluss auf die Oberflächenausprägung haben. In Tabelle 4.3 ist die Ausgangstechnologie für die Nachschnittoptimierung zu finden.

Tabelle 4.3: Ausgangstechnologie für die Nachschnittoptimierung
*Initial technology for trim cut process optimization*

| Bearbeitungsoperation | Modulo | I | P | $S_{Soll}$ | $v_s$ | Offset |
|---|---|---|---|---|---|---|
| Hauptschnitt | 1 | 10 | 30 | 50 | geregelt | 193,9 µm |
| Erster Nachschnitt | 1 | 7 | 40 | 40 | geregelt | 133,8 µm |
| Zweiter Nachschnitt | 1 | 6 | 40 | 40 | geregelt | 119,5 µm |
| Dritter Nachschnitt | 20 | 1 | 60 | 40 | geregelt | 107,4 µm |
| Vierter Nachschnitt | 33 | 3 | - | - | 6,25 mm/min | 98,1 µm |

*Materialografie*

Zur Analyse der drahtfunkenerosiv erzeugten Oberflächenintegrität wurden verschiedene Messsysteme verwendet. Die Rauheit wurde mit dem Tastschnittgerät MarSurf LD 260 von Mahr erfasst. Der Materialabtrag $\mathrm{a}$ in den Nachschnitten wurde mit dem Konturographen MarSurf XC 20 von Mahr überprüft. Mithilfe des Rasterelektronenmikroskops (REM) Sigma 500 VP des Unternehmens Zeiss wurden Aufnahmen der Topographie und der Randzone gemacht, um die vorliegenden Abtragmechanismen optisch beschreiben zu können. Energiedispersive röntgenspektroskopische (EDX) Untersuchungen dienten zur Analyse von möglichen stofflichen Reaktionen oder Elementanreicherungen bzw. Elementverarmungen an der Oberfläche und in der Randzone.

*Abtragpartikel*

Um den Einfluss der Abtragpartikel auf die Prozessproduktivität und -stabilität zu ermitteln, wurde für jede Keramik in Abhängigkeit von der Entladestromstufe eine Partikelgrößenverteilung erstellt und mit den elektrischen Prozesskenngrößen korreliert. In Bild 4.4 ist das Vorgehen zur Bestimmung der Partikelgrößenverteilung dargestellt. Für die Aufnahme der Abtragpartikel musste von jeder Keramik eine Probe vorbereitet werden, die eine Bohrung mit einem Durchmesser von $\mathrm{d_B = 1\ mm}$ enthielt. Mithilfe einer Spritze, die über einen Schlauch mit der jeweiligen Keramik verbunden war, wurde das mit Abtragpartikeln kontaminierte Dielektrikum entnommen. Dabei betrug das Aufnahmevolumen stets $\mathrm{V_A = 40\ ml}$.

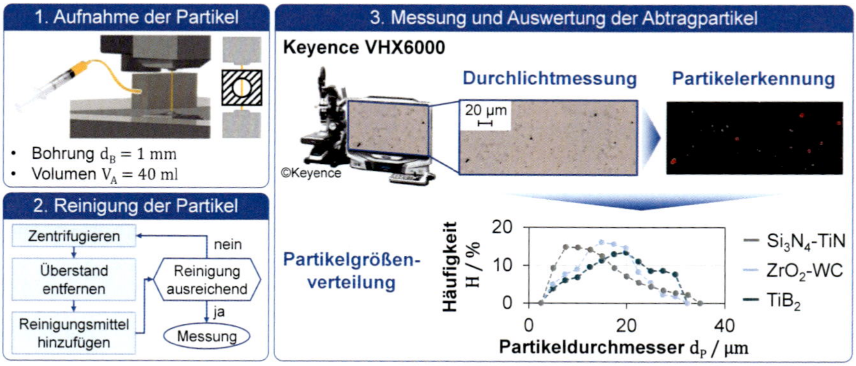


Bild 4.4: Vorgehen zur Bestimmung der Partikelgrößenverteilung
*Procedure for determining the particle size distribution*

Für die Analyse im Durchlichtmikroskop VHX6000 des Unternehmens Keyence wurden die Abtragpartikel vom Dielektrikum getrennt, indem das entnommene Volumen zentrifugiert und der Überstand entfernt wurde. Anschließende Reinigungsvorgänge durch wiederholendes Zentrifugieren mit Waschbenzin und Isopropanol haben zu einer ausreichenden Entfernung des Dielektrikums geführt. Die gereinigten Abtragpartikel wurden mit $V_{Iso} = 10$ ml Isopropanol gemischt, um eine homogene Verteilung der Abtragpartikel zu erzielen. Danach wurden die Abtragpartikel tröpfchenweise auf einem Objektträger aufgetragen. Über ein softwareinternes Bildverarbeitungsprogramm wurde ein Hell-Dunkel-Abgleich durchgeführt, damit die Konturen der Abtragpartikel erkannt und die Fläche gemessen werden konnte. Zur vereinfachten Darstellung wurde aus der Fläche ein Kreisäquivalent berechnet, woraus der Partikeldurchmesser $d_P$ resultiert, dessen Größenverteilung prozentual bestimmt wurde.

*Simulationsmodell zur Schädigungsabschätzung*

Bedingt durch das sprödharte Bruchverhalten von keramischen Werkstoffen wirken sich Risse und Spannungen in der Oberfläche wesentlich kritischer auf die Bauteilfunktionalität aus als bei metallischen Werkstoffen. Eine experimentelle Ermittlung von Eigenspannungen bei Keramiken ist aufgrund von Interferenzen zwischen Rückstreuelektronen und der Eigenstrahlung der Elemente sowie durch Phasenüberlagerungen sehr aufwändig und teilweise nicht möglich, weshalb im Rahmen dieser Arbeit ein erster Ansatz zur simulativen Berechnung von thermisch induzierten Spannungen verfolgt wurde. Dazu wurden zwei Simulationsmodelle entwickelt und anhand praktischer Versuche kalibriert. Das erste Modell thematisiert den Materialabtrag und die thermische Belastung des Werkstücks. Die Basis für dieses Simulationsmodell stellte die Arbeit von SCHNEIDER dar [SCHN21]. Mithilfe dieses Modells ist es möglich, das abgetragene Volumen und eine idealisierte Form eines Einzelentladekraters zu simulieren. Basierend auf diesen Ergebnissen werden innerhalb eines zweiten Simulationsmodells die thermisch induzierten Spannungen berechnet. Damit beide Simulationen die Realität möglichst genau abbilden, ist es notwendig, eine ausführliche Datenbasis zu erstellen, die alle bisher bekannten Eigenschaften der Funkenerosion und der untersuchten

Werkstoffe beinhaltet. Daher wird innerhalb des Kapitels 6.3 auf bekannte Simulationsmodelle und Studien verwiesen, deren Erkenntnisse zur präziseren Darstellung der Funkenerosion beitragen und innerhalb des Modells berücksichtigt wurden. Die Simulationsmodelle wurden mithilfe der Simulationssoftware COMSOL Multiphysics erstellt. Notwendige Eingaben und Besonderheiten der Modelle werden detailliert beschrieben. Abschließend werden die Ergebnisse der Simulation mit experimentellen Daten verglichen, um so eine Kalibrierung und Validierung des Simulationsmodells zu erreichen. Dies erfolgt anhand von Einzelentladungen, auf deren Versuchsmethodik im Folgenden eingegangen wird.

*Einzelentladungen*

Für die Beschreibung der Abtragmechanismen und für die Erstellung des Modells zur Simulation thermisch induzierter Spannungen wurden Einzelentladungsversuche durchgeführt. Im Gegensatz zu Senkerosionsmaschinen können bei Drahterosionsmaschinen generatorbedingt keine einzelnen Entladungen gezündet werden. Aus diesem Grund musste ein Analogieversuch durchgeführt werden (vgl. Bild 4.5).

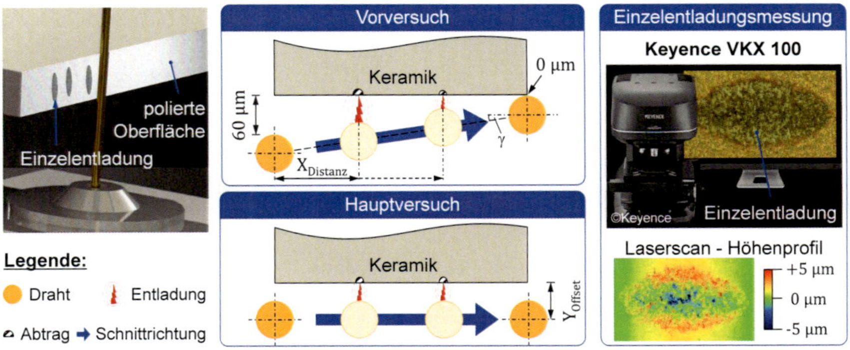


Bild 4.5: Analogieversuch zur Untersuchung von Einzelentladung
*Analogy experiment for investigation of single discharge*

Um zu verhindern, dass sich die Entladungen überlagern, musste eine örtliche Separation angestrebt werden. Dafür wurde die Entladefrequenz beeinflussende MEG $\mathrm{P}$ auf den geringsten einstellbaren Wert ($\mathrm{P} = 1$) reduziert und die höchste konstante, nicht geregelte Vorschubgeschwindigkeit ($v_f = 40\ \mathrm{mm/min}$) eingestellt. Zur einfacheren Identifikation und Analyse im Laserscanning Mikroskop VK-X 100 von Keyence® wurden die Oberflächen der Keramiken feingeschliffen. Der Abstand $Y_{Offset}$ des Drahtes zur Oberfläche musste in einem Vorversuch für jede Keramik ermittelt werden. Zu diesem Zweck wurde der Draht beginnend bei einem Abstand $Y_{Offset} = 60\ \mu\mathrm{m}$ unter einem Winkel $\gamma$ lateral zur polierten Oberfläche zugestellt. Durch das Messen der Distanz $X_{Distanz}$ konnte der Abstand $Y_{Offset}$ für jede Keramik und jede verwendete Stromstufe über die geometrischen Zusammenhänge berechnet werden. Es wurden die Einzelentladungen der drei Stromstufen $\mathrm{I5}$, $\mathrm{I7}$ und $\mathrm{I10}$ untersucht. Mithilfe des Laserscanning

Mikroskops konnten neben der Flächenmessung auch Höhenprofile der Einzelentladungen aufgenommen werden. Diese sind insbesondere für die Simulation der thermisch induzierten Spannungen von essenzieller Bedeutung.

*Biegefestigkeitsversuche*

Der Einfluss der Funkenerosion auf die Bauteilfunktionalität von metallischen Werkstoffen wurde bereits umfangreich untersucht [HENS17, WELL15]. Inwiefern bei keramischen Werkstoffen die Bauteilfunktionalität in Form der statischen Biegefestigkeit beeinflusst wird und ob durch Nachschnittbearbeitungen eine geringere Beeinflussung erzielt werden kann, wurde anhand von Vier-Punkt-Biegeversuchen ermittelt. Diese Analysemethode wurde eingesetzt, da Keramiken unter biegender Belastung ein kritisches Bauteilversagen aufweisen und dieses insbesondere bei einer konstruktiven Auslegung berücksichtigt werden muss. In Bild 4.6 ist der Aufbau eines Vier-Punkt-Biegeversuchs schematisch dargestellt.

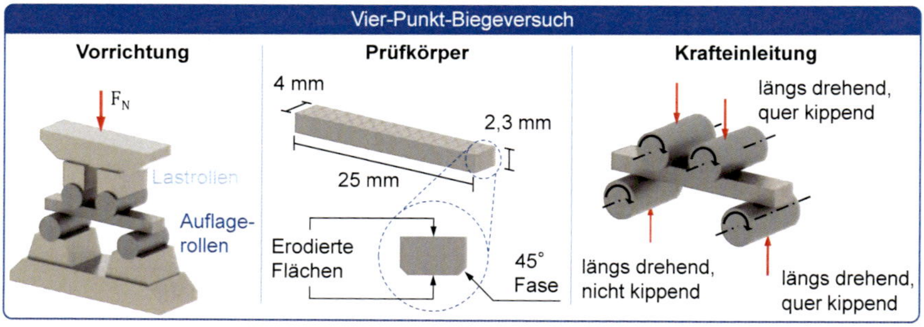


Bild 4.6: Vier-Punkt-Biegeversuch nach DIN EN 843-1
*Four-point bending tests according to DIN EN 843-1*

Die Vier-Punkt-Biegeversuche wurden nach der DIN EN 843-1 auf der Universalprüfmaschine Z2.5 von ZwickRoell bei dem Unternehmen Ceratizit Group durchgeführt, da dieser Prüfstand über das notwendige Messequipment und die Vorrichtung zur präzisen Einleitung von Kräften bis $F_N = 2\ \mathrm{kN}$ verfügt [DIN08]. Nach der Norm muss die Vorrichtung über drei losgelagerte Prüfrollen verfügen, die eine längsdrehende und quer kippende Bewegung gewährleisten. Damit werden Torsionsbelastungen verhindert. Bedingt durch die Vorrichtung resultieren die speziellen Maße der Prüfkörper für die Vier-Punkt-Biegemessung. Die Probe enthält zwei drahtfunkenerosiv bearbeitete Flächen, die in Kontakt mit den Last- und Auflagerollen sind. Entsprechend der Norm müssen die Längskanten der auf Biegung belasteten Fläche im 45 °-Winkel angefast werden, damit Spannungsüberhöhungen nicht zu einem frühzeitigen Versagen führen. Die Fasen müssen über einen Polierprozess eingebracht werden. Um eine statistische Aussagefähigkeit zu gewährleisten, wurden je Keramik und je Erosionstechnologie zehn Biegebalken gefertigt. Um eine Vergleichbarkeit zwischen den Keramiken und den Erosionstechnologien zu gewährleisten, wurden die Offsets der Haupt- und Nachschnitte individuell so angepasst, dass immer eine Dicke von $d_B = 2{,}3\ \mathrm{mm}$ vorliegt.

# 5 Abtragmechanismen von Keramiken bei der Drahterosionsbearbeitung

*Removal mechanisms of ceramics during wire electrical discharge machining*

Für metallische Werkstoffe konnten in den letzten Jahrzehnten umfangreiche Untersuchungen durchgeführt und Modelle erstellt werden, die einzelne Aspekte zu dem Materialabtrag und die entstehende Oberflächenintegrität beschreiben bzw. erklären. Auf Basis dieser Erkenntnisse haben die Maschinenhersteller Standard-Erosionstechnologien für unterschiedliche metallische Werkstoffe entwickelt. Elektrisch leitfähige Keramiken weisen, wie bereits beschrieben, neben Schmelzen und Verdampfen, was bei Metallen die dominanten Abtragmechanismen sind, auch Zersetzung, Abplatzung und Herauslösen von Körnern auf. Zusätzlich besteht durch die Kombinierbarkeit mit einer Zweitphase, die zur Sicherstellung der Erodierbarkeit hinzudotiert werden kann, ein breites Spektrum an keramischen Werkstoffen. Die unzureichenden Kenntnisse zur wechselseitigen Beeinflussung der Drahtfunkenerosion im CH-basierten Dielektrikum und den keramikspezifischen Abtragmechanismen resultieren in einer mangelhaften Bearbeitung bedingt durch fehlende Standarderosionstechnologien.

Um dieser Problematik in einem ersten Schritt zu begegnen, werden in diesem Kapitel die dominierenden Abtragmechanismen der Keramiken in einem ölbasierten Dielektrikum untersucht und deren Einfluss auf die Prozessproduktivität und -stabilität analysiert. Des Weiteren wird die Auswirkung unterschiedlicher Drahtwerkstoffe diskutiert.

## 5.1 Ermittlung dominanter Abtragmechanismen

*Determination of dominant removal mechanisms*

Um die drahtfunkenerosiv erzeugte Oberflächenintegrität der Keramiken, die für die Ermittlung der dominierenden Abtragmechanismen essentiell ist, bewerten und einordnen zu können, ist die Betrachtung einer Referenzoberfläche erforderlich. Da die Endbearbeitung von Keramiken im Wesentlichen durch eine Schleifbearbeitung erfolgt, wird die von den Herstellern geschliffene Oberfläche als Referenz gesetzt. Aus diesem Grund sind in Bild 5.1 Draufsicht- und Querschliffaufnahmen der geschliffenen Oberfläche im REM dargestellt. Bei den REM-Aufnahmen handelt es sich um Rückstreuelektronenaufnahmen, da mit dieser Messmethode die einzelnen Phasen besser unterschieden werden können. Weiterhin sei erwähnt, dass die Querschliffproben poliert wurden, um das Grundmaterial analysieren zu können. Diese Analysemethoden gelten für alle REM-Aufnahmen, die in dieser Arbeit gezeigt werden.

Bild 5.1: Draufsicht- und Querschliffaufnahmen der geschliffenen Oberflächen im REM
*Top-view and cross-section images of the ground surfaces in the SEM*

Für die Zweiphasenwerkstoffe $Si_3N_4$-TiN und $ZrO_2$-WC ist eine sehr gleichmäßige und defektfreie Oberfläche zu erkennen. Sowohl in der Draufsicht als auch im Querschliff sind die einzelnen Phasen klar voneinander zu unterscheiden. Die hellgrauen Bereiche sind jeweils die Zweitphase. Die $ZrO_2$-WC Keramik weist aufgrund der geringeren Korngrößen ein wesentlich feineres Gefüge als die $Si_3N_4$-TiN Keramik auf. Bei der Betrachtung von $TiB_2$ sind sowohl in der Draufsicht als auch im Querschliff Defekte zu erkennen. Dabei handelt es sich zum einen um Poren und zum anderen um herausgebrochene Bereiche, die an den scharfen Kanten zu erkennen sind.

Im Folgenden wird für jede Keramik separat die aus der drahtfunkenerosiven Bearbeitung resultierende Oberflächenintegrität beschreibend vorgestellt und daraufhin die Abtragmechanismen abgeleitet. Die Ergebnisse werden jeweils für drei verschiedene Entladeenergieniveaus dargestellt, die entsprechend über die Entladestromstufen I5, I7, I10 variiert wurden. In Tabelle 5.1 sind die ermittelten Entladeenergien der Normentladungen inklusive der Standardabweichung für die jeweiligen Keramiken und Entladestromstufen aufgelistet. Somit ist eine direkte Einordnung der Werkstückbeanspruchung durch den Entladeprozess möglich. Des Weiteren ist dadurch eine Vergleichbarkeit mit Ergebnissen auf weiteren Erosionsmaschinen gewährleistet.

Tabelle 5.1: Ermittelte Entladeenergien für die Entladestromstufen I5, I7, I10
*Determined discharge energies for discharge current levels I5, I7, I10*

| | Entladeenergie $W_e$ / mJ | | |
|---|---|---|---|
| Entladestromstufe | $Si_3N_4$-TiN | $ZrO_2$-WC | $TiB_2$ |
| I5 | $1{,}83 \pm 0{,}17$ | $1{,}82 \pm 0{,}07$ | $2{,}0 \pm 0{,}1$ |
| I7 | $4{,}35 \pm 0{,}34$ | $4{,}09 \pm 0{,}11$ | $4{,}04 \pm 0{,}14$ |
| I10 | $14{,}73 \pm 0{,}22$ | $14{,}9 \pm 0{,}18$ | $12{,}68 \pm 0{,}13$ |

Die Struktur der Abschnitte ist für jede Keramik gleich. Es werden zuerst die Draufsicht- und Querschliffaufnahmen gezeigt und diskutiert. Danach folgt die Darstellung von den Einzelentladungen, die weitere Erkenntnisse über die Abtragmechanismen ermöglichen sollen.

### 5.1.1 Identifikation der Abtragmechanismen von $Si_3N_4$-TiN

Im Folgenden werden die Oberflächenintegrität und die dominierenden Abtragmechanismen der drahtfunkenerosiv bearbeiteten $Si_3N_4$-TiN Keramik vorgestellt.

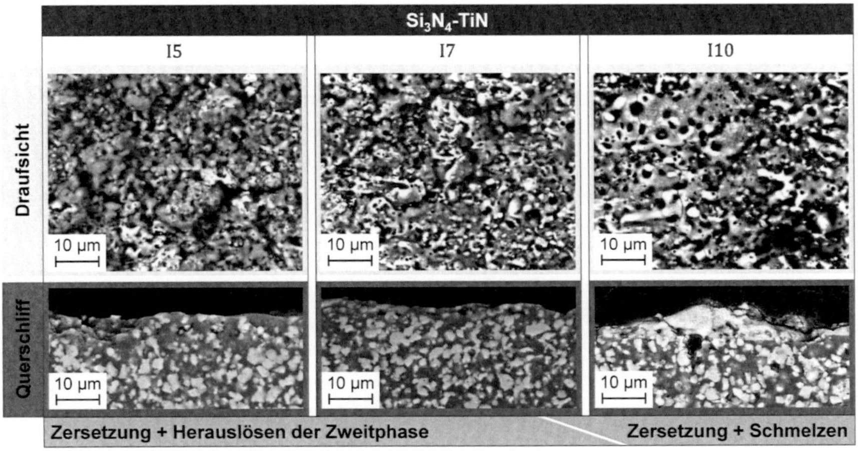


Bild 5.2: Draufsicht- und Querschliffaufnahmen von $Si_3N_4$-TiN für drei unterschiedliche Entladestromniveaus

*Top-view and cross-sectional images of $Si_3N_4$-TiN for three different discharge current levels*

Die Oberfläche von $Si_3N_4$-TiN zeichnet sich nach der Bearbeitung mit den Entladestromstufen I5 und I7 durch eine poröse und zerklüftete Struktur aus. LAUWERS ET AL. haben bei dieser Keramik-Sorte diese Struktur ebenfalls bei der drahtfunkenerosiven Bearbeitung im wasserbasierten Dielektrikum beobachten können [LAUW04]. Sie haben dies primär auf die Entstehung von Gas durch die Reaktion von Wasserstoff und Stickstoff zu Ammoniakgas ($NH_3$) zurückgeführt. Während der Entstehung des Gases kommt es zu Hohlräumen zwischen den Phasen, woraus die poröse Oberflächenstruktur resultiert. Das $Si_3N_4$ zersetzt sich ab einer Temperatur von ca. $T_D = 1900\ °C$ in Silizium (Si) und Stickstoff ($N_2$) ohne vorher einen Schmelzbereich zu bilden [HUAN96]. Die Autoren berichten von deutlich sichtbaren Gasblasen und nennenswertem Ammoniakgeruch während der Bearbeitung. Im CH-basierten Dielektrikum ist ebenfalls durch die enthaltenen Kohlenwasserstoffe eine Entstehung von Ammoniakgas denkbar. Während der Versuche zur Aufnahme der Abtragpartikel konnten zwar Gasblasen beobachtet, aber kein Ammoniakgeruch oder eine generelle Geruchsveränderung festgestellt werden. Das IonoFil100 enthält Alkane ($C_nH_{n+2}$) und Cycloalkane ($C_nH_n$) [OELH16], die unter hoher Temperatur und hohem Druck aufgebrochen bzw. gecrackt werden können [WIBE19]. Bei der funkenerosiven Entladung sind sowohl hohe Temperaturen, was bereits im Stand der Erkenntnisse dargelegt wurde, als auch hohe Drücke im Plasmakanal und in der entstehenden Gasblase gegeben. Analysen von SCHNEIDER zur Energiedissipation im CH-basierten Dielektrikum haben gezeigt, dass unter Annahme des idealen Gasgesetzes ein Gasblasendruck in der Größenordnung von $p_P = 10.000$ bar denkbar ist [SCHN21]. Der elementare Kohlenstoff, der durch das Cracken entsteht, kann sich auf der Oberfläche abscheiden, was unter anderem in Untersuchungen von MOHRI ET AL. beobachtet wurde [MOHR95, MOHR96]. Darüber hinaus ist auch eine Reaktion des Kohlenstoffs mit dem freiwerdenden Silizium möglich, das laut dem Phasendiagramm in Bild 4.1 und den Untersuchungen von BATHA ET AL. nach der Zersetzung des Siliziumnitrids in schmelzflüssiger Form vorliegt [BATH73]. Gemäß dem Acheson-Verfahren verbinden sich Silizium und Kohlenstoff zu Siliziumkarbid (SiC) oberhalb einer Temperatur von $T = 2.200\ °C$ [WIBE19], was durchaus möglich ist, da bereits die Zersetzungstemperatur überschritten wurde. Mithilfe einer EDX-Messung konnte auf der erodierten Oberfläche im Vergleich zur geschliffenen Oberfläche eine erhöhte Kohlenstoffkonzentration und eine Stickstoffverarmung gemessen werden. Die Messungen dienen nur als grober Richtwert, da die EDX-Messung einen erheblichen Mess- und Quantifizierungsfehler bei Elementen mit geringer Ordnungszahl aufweist [SALM07]. SiC konnte nicht nachgewiesen werden, da $Si_3N_4$ und SiC sich nur schwer im REM unterscheiden lassen, was auf eine ähnliche mittlere Ordnungszahl und somit einem sehr ähnlichen Elementkontrast zurückzuführen ist. Da nicht mit Sicherheit eine Bildung von Ammoniak nachgewiesen werden konnte, ist das reine Stickstoffgas, was bei der Zersetzung entsteht, als weitere Ursache für die poröse und zerklüftete Oberflächenstruktur denkbar.

Im Querschliff der I5-Probe sind nahezu keine Schädigungen oder Umwandlungszonen im oberflächennahen Bereich zu erkennen, was sich signifikant von der erodierten Randzone eines metallischen Werkstoffs unterscheidet. Aus diesem Grund können weitere Abtragmechanismen wie Schmelzen oder Abplatzen ausgeschlossen werden. Durch die Querschliffaufnahme der I7-Probe können ebenfalls weitere Abtragmechanismen ausgeschlossen werden. Erst bei der Betrachtung in der Draufsicht sind sehr kleine Schmelzbereiche mit einem helleren Kontrast zu beobachten, bei denen es sich vermutlich um TiN handelt. Zusätzlich weisen die Schmelzbereiche sphärische Poren auf, die entweder durch die Verdampfung von Material oder die Ausgasung von Stickstoff oder Ammoniak begründet werden können. Erheblich größere Schmelzbereiche mit einer Vielzahl an sphärischen Poren sind sowohl in der Draufsicht als auch im Querschliff für die I10-Probe zu erkennen. Die in den REM-Aufnahmen erkennbaren Schmelzzonen sind ebenfalls hellgrau und weisen eine ähnliche Schattierung zur TiN-Phase auf. Des Weiteren haben EDX-Messungen auf der Oberfläche eine erhöhte Titankonzentration ergeben. In Kombination mit der Tatsache, dass die Schmelztemperatur von TiN mit $T_M = 3290\ °C$ knapp oberhalb der Verdampfungstemperatur von Si ($T_B = 3265\ °C$) liegt, kann von einem hohen TiN-Anteil in der Schmelzzone ausgegangen werden. Außerdem ist im Querschliff festzustellen, dass die Oberfläche bzw. Randzone nicht durch eine komplette Schmelzzone gekennzeichnet ist, sondern dass Bereiche ähnlich zur Randzone der I5-Probe vorliegen. Da beim Übergang zwischen den Bereichen keine Ausbrüche oder scharfen Kanten zu beobachten sind, wird hier ein Abplatzen von wiedererstarrtem Material ausgeschlossen. Allerdings ist zu erwähnen, dass Mikrorisse in den Schmelzzonen ein weiteres Charakteristikum dieser Randzone sind, auch wenn diese nicht primär zur Ausprägung der Oberflächenstruktur beitragen. Für die TiN-Phase wird angenommen, dass durch das Zersetzen der $Si_3N_4$-Matrix die TiN-Phase freigelegt wird. Bei zu starkem Abtrag werden die Bindungskräfte zwischen den beiden Phasen soweit reduziert, dass an gewissen Stellen die Körner herausgelöst werden. In den bisherigen Forschungsarbeiten wurde dieser Sachverhalt nicht diskutiert. Es wurde lediglich der Zersetzungsvorgang thematisiert, der bei TiN definitiv nicht vorliegt. Das Phänomen von herauslösenden Körnern hat LENZEN in seinen Untersuchungen bei einer SiSiC Keramik identifizieren können [LENZ97]. Da die dort betrachtete Randzone wesentlich zerklüftetere Bereiche aufweist, ist der Anteil am Materialabtrag und der Oberflächenausprägung wesentlich höher. Dennoch wird das Herauslösen der TiN-Phase als sekundärer Abtragmechanismus betrachtet, dessen Auswirkung auf die resultierende Oberflächenintegrität von untergeordneter Bedeutung ist.

Um die Unterschiede zwischen den Oberflächenausprägungen und dem zusätzlichen Abtragmechanismus des Schmelzens bei höheren Entladeenergien weiter zu verdeutlichen, sind in Bild 5.3 REM-Aufnahmen von Einzelentladungen dargestellt. Zur besseren Identifikation wurde die Oberfläche der Keramiken vor den Einzelentladungsversuchen feingeschliffen.

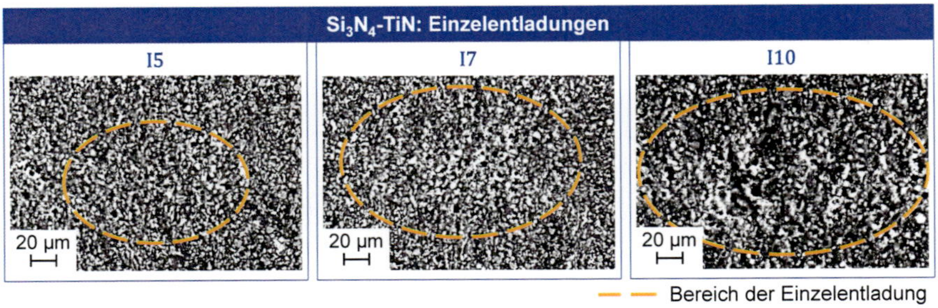


Bild 5.3: REM-Aufnahmen der Topographie von $Si_3N_4$-TiN nach Einzelentladungen
*SEM images of the topography of $Si_3N_4$-TiN after single discharges*

Für die genaue Lokalisierung der Einzelentladungen, die orange gekennzeichnet sind, wurden EDX-Messungen hinzugezogen, auf deren Darstellung an dieser Stelle verzichtet wurde. Der Bereich der Einzelentladung für die Entladestromstufe I5 ist von der umliegenden feingeschliffenen Oberfläche kaum zu unterscheiden. Lediglich leichte poröse Strukturen sind erkennbar. Da keinerlei Schmelzbereiche vorliegen, kann davon ausgegangen werden, dass bei dieser Entladestromstufe die Entladeenergie nicht ausreicht, um das TiN aufzuschmelzen. Nach der Zersetzung liegt schmelzflüssiges Si vor, weshalb davon auszugehen ist, dass die kinematische Energie des entstehenden Gases ($N_2$ und/oder $NH_3$) die Oberflächenenergie des schmelzflüssigen Si übersteigt, wodurch es zu keiner Anhaftung von wiedererstarrtem Si an der Oberfläche kommt. Mit steigender Entladestromstufe bzw. Entladeenergie wird der Bereich der Einzelentladung größer. Zusätzlich nimmt der Anteil der Schmelzzone von I7 (sehr gering) auf I10 signifikant zu, was sich mit den Aufnahmen aus Bild 5.2 deckt. Unter höherer Vergrößerung sind geringfügige Mikrorisse erkennbar, woraus sich ableiten lässt, dass bereits durch die Einzelentladung selbst und nicht erst durch die Überlagerung von konsekutiven Entladungen eine Veränderung der Gefügestruktur erfolgt, die eine sichtbare Schädigung der Oberfläche zur Folge hat. Die Aufnahmen unter höherer Vergrößerung sind aufgrund von zu starker Elektronenbewegung von geringerer Schärfe, weshalb an dieser Stelle auf eine Darstellung verzichtet wurde.

LAUWERS ET AL. haben in ihren Untersuchungen im wasserbasierten Dielektrikum keine Schmelzbereiche identifizieren können [LAUW04]. Dafür konnten sie in Senkerosionsversuchen im ölbasierten Dielektrikum mit deutlich höheren Entladeenergien Schmelzbereiche nachweisen. Da die Forscher keine Parametervariation bezüglich der elektrischen Einstellgrößen durchgeführt haben, können an dieser Stelle keine weiteren Vergleiche gezogen werden.

Zusammenfassend ist festzuhalten, dass bei der Bearbeitung von $Si_3N_4$-TiN der Abtragmechanismus Zersetzung dominiert. Bei geringen Entladeenergien konnte das Herauslösen der TiN-Phase als sekundärer Abtragmechanismus identifiziert werden. Werden höhere Entladeenergien verwendet, wird das Herauslösen der TiN-Phase durch Schmelzvorgänge mit geringfügigen Verdampfungsvorgängen substituiert, weshalb das Schmelzen für diese Entladeenergieniveaus als sekundärer Abtragmechanismus identifiziert wurde. Dies wirkt sich auf die Oberflächenstruktur aus, was am Ende des Kapitels quantifiziert und vergleichend den anderen Keramiken gegenübergestellt wird.

### 5.1.2 Identifikation der Abtragmechanismen von $ZrO_2$-WC

Im Folgenden werden die Oberflächenintegrität und die dominierenden Abtragmechanismen der drahtfunkenerosiv bearbeiteten $ZrO_2$-WC Keramik vorgestellt.

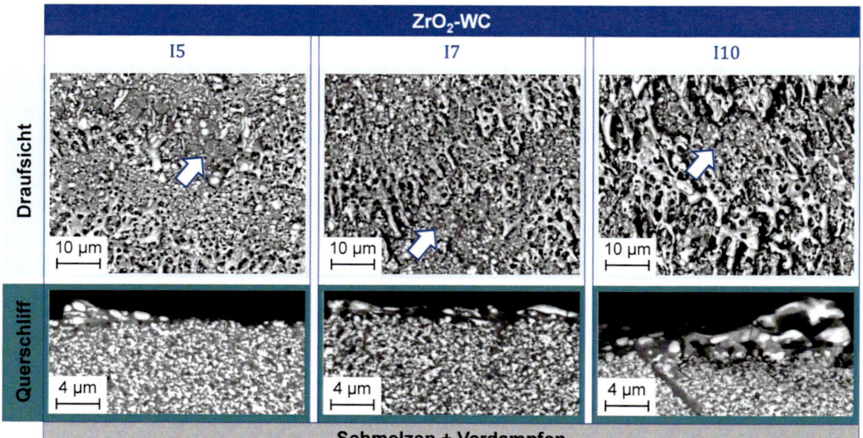


Bild 5.4: Draufsicht- und Querschliffaufnahmen von $ZrO_2$-WC für drei unterschiedliche Entladestromniveaus

*Top-view and cross-sectional images of $ZrO_2$-WC for three different discharge current levels*

Die Oberflächenstruktur der erodierten $ZrO_2$-WC Keramik zeichnet sich unabhängig von der Entladestromstufe hauptsächlich durch wiedererstarrte langgezogene tropfenförmige Schmelzzonen mit sphärischen Poren aus. Unterbrochen werden die wiedererstarrten Schmelzzonen durch schollenförmige Bereiche, die ihre Form durch die mit Pfeilen markierten Mikrorisse erhalten. Im Vergleich zur geschliffenen Oberfläche aus Bild 5.1 sind in der Draufsicht und im Querschliff Segregationen der WC-Phase in der $ZrO_2$-Matrix zu erkennen. Sowohl in der wiedererstarrten Schmelzzone als auch in den schollenförmigen Bereichen liegen Segregationen vor. Die WC-Phase (hellere Phase) bildet nach der Erosion eine kugelförmige Struktur aus, wodurch die Überschreitung der Schmelztemperatur des WC von $T_M = 2.800\ °C$ festgestellt werden kann. WALTER ET AL. haben diesen Effekt bei der senkerosiven Bearbeitung ebenfalls beobachten können [WALT22]. Sie begründen die Segregation und Kugelbildung der WC-Phase in der $ZrO_2$-Schmelze mit einer reduzierten Grenzflächenenergie. Hohe Grenzflächenenergien bewirken ausreichend starke Anziehungskräfte zwischen den Phasen, sodass beim Schmelzen eine Durchmischung stattfinden würde. Weiterhin haben WALTER ET AL. eine Zunahme der wiedererstarrten Schmelzschichtdicke durch höhere Entladeenergien beobachten können. Durch eine weitere Steigerung der Entladeenergie kam es dann zu sehr dünnen wiedererstarrten Schmelzschichten. Diesen Effekt erklären die Autoren über eine erhöhte Viskosität der gesamten Schmelze, die einem Materialabtrag entgegenwirkt. Erst durch die weitere Steigerung der Entladeenergie ist die Temperatur im Entladungsbereich ausreichend, um die Viskosität der Schmelze soweit zu reduzieren, dass diese nach der Entladung umfangreich abgetragen wird. In Bild 5.4 ist festzustellen, dass die wiedererstarrten Schmelzzonen flächen- und volumenbezogen mit steigender Entladeenergie größer werden. Der beobachtete Effekt von WALTER ET AL. kann jedoch nicht bestätigt werden, da eine weitere Steigerung der Entladeenergie infolge von Drahtrissen nicht möglich war, um eine ähnliche Entladeenergie zu erzielen. In den Querschliffaufnahmen ist festzustellen, dass die agglomerierten WC-Phasen tendenziell den Randbereich der wiedererstarrten Schmelze darstellen. Es wirkt, als würde die $ZrO_2$-Schmelze die WC-Phase auftreiben lassen. Generell ist auffällig, dass die wiedererstarrten Schmelzzonen entlang der Drahtablaufrichtung eine Richtungsabhängigkeit aufweisen, die mit steigender Entladeenergie zunimmt. Es sind keine Arbeiten bekannt, die über einen ähnlichen Effekt berichten. Es wird vermutet, dass die Dynamiken der Gasblasen und der Spülung eine Verformung der viskosen $ZrO_2$-Schmelze und somit die Richtungsabhängigkeit verursachen [KOND19]. Ein Verschleppen der Schmelze durch die Drahtvorschubbewegung kann ausgeschlossen werden, da die Richtungsabhängigkeit der Schmelze einen Winkel von ca. $\delta_{RA} = 37°$ aufweist und sich aus der Drahtablaufgeschwindigkeit von $A_W = 10\ m/min$ und der Drahtvorschubgeschwindigkeit von ca. $v_f = 4\ mm/min$ ein Winkel von $\delta_D = 0{,}02°$ ergibt. Die sphärischen Poren in den wiedererstarrten Schmelzzonen sind ein Indiz für Verdampfungsvorgänge, weshalb zumindest lokal die Siedetemperatur von $ZrO_2$ überschritten worden sein muss. Da es in der Literatur keine Hinweise auf Zersetzungsvorgänge bei $ZrO_2$-WC gibt, wird die Entstehung der Poren durch Bildung von Sauerstoff oder Kohlenstoff ausgeschlossen. Aufgrund fehlender

Bruchkanten oder tiefergehender Risse in der wiedererstarrten Schmelze kann ausgeschlossen werden, dass die Mikrorisse zu einem Materialabtrag beitragen. Um das Abtragverhalten dieser Keramik tiefergehend zu analysieren, werden im Folgenden die Einzelentladungen untersucht, die in Bild 5.5 zu sehen sind.

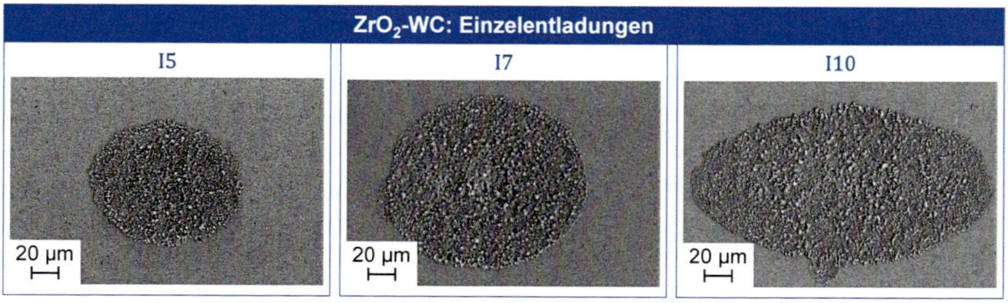


Bild 5.5: REM-Aufnahmen der Topographie von $ZrO_2$-WC nach Einzelentladungen
*SEM images of the topography of $ZrO_2$-WC after single discharges*

Prinzipiell ist die Struktur der Entladebereiche für alle Entladestromstufen ähnlich. Die Dimension wächst mit steigender Entladeenergie an. Dennoch verändert sich die Form von einem nahezu idealen Kreis bei I5 und I7 zu einer Ellipse bei I10. Bei genauer Betrachtung unter höherer Vergrößerung sind zwar keine schollenförmigen Bereiche, aber Mikrorisse zu erkennen. Dies zeigt, dass die Mikrorisse nicht nur durch die Überlagerung konsekutiver Entladungen entstehen, sondern bereits durch die Entladung selbst. Des Weiteren ist bei genauer Betrachtung der Einzelentladungsaufnahmen zu erkennen, dass die WC-Phase die Maxima der Topographie darstellen. Da in der Literatur keine Werte zur Viskosität von WC vorhanden sind, kann nur die Theorie aufgestellt werden, dass das WC im schmelzflüssigen Zustand eine höhere Viskosität besitzt und es deshalb schlechter abgetragen werden kann. Begründet ist diese Theorie in den unterschiedlichen Schmelzenthalpien. Trotz nahezu identischem Schmelzpunkt, vgl. Tabelle 4.1, hat WC mit $h_m = 1800\ kJ/kg$ eine wesentlich höhere Schmelzenthalpie als $ZrO_2$ mit $h_m = 708\ kJ/kg$ [ANDO75, SAMS73]. Ein Aufschwimmen aufgrund unterschiedlicher Dichten ist auszuschließen, da die Dichte von WC im festen Zustand $\rho = 15{,}6\ g/cm^3$ beträgt und somit fast drei Mal höher ist als von $ZrO_2$, das im festen Zustand eine Dichte von $\rho = 5{,}85\ g/cm^3$aufweist [DGUV22]. Eine weitere Theorie basiert auf den unterschiedlichen elektrischen Leitfähigkeiten der Werkstoffe. In Abhängigkeit von der Struktur des $ZrO_2$ ergeben sich elektrische Leitfähigkeiten im Bereich von $\kappa = 1 \cdot 10^{-4} - 0{,}4\ S/m$ [KWON17], die weit unterhalb derer von WC liegen, die $\kappa = 18{,}9 \cdot 10^6\ S/m$ beträgt [GREE10]. Durch den Plasmakanal und den fließenden Strom können elektrostatische Kräfte auftreten, die eine Anziehung der WC-Phase zur Oberfläche bewirken können. Bislang existieren keine Untersuchungen, die diese These stützen, weshalb hier Forschungsbedarf vorliegt.

Aus den Beobachtungen lässt sich schlussfolgern, dass der dominierende Abtragmechanismus Schmelzen ist, der durch Verdampfungsvorgänge ergänzt wird. Andere bzw. sekundäre Abtragmechanismen, die maßgeblich an der Ausprägung der Oberflächenstruktur beteiligt sind, können ausgeschlossen werden. Dieses Abtragverhalten weist eine hohe Vergleichbarkeit zu metallischen Werkstoffen auf. Dennoch ist insbesondere bei der wiedererstarrten Schmelzzonendicke ein signifikanter Unterschied zu Metallen zu erkennen. Mit den verwendeten Messmethoden konnte für die $ZrO_2$-WC Keramik keine Umwandlungszone unterhalb der Schmelzschicht nachgewiesen werden, weshalb hier kein Vergleich zu Metallen gezogen werden kann. In Untersuchungen von KLINK ET AL. und HENSGEN zur Ausprägung der Oberflächenintegrität pulvermetallurgischer Stähle im ölbasierten Dielektrikum wurden nach der Hauptschnittbearbeitung wiedererstarrte Schmelzzonen mit einer Dicke von $d_{WS} = 5 - 10\ \mu m$ gemessen [HENS17, KLIN11]. Für $ZrO_2$-WC liegt die gemittelte wiedererstarrte Schmelzzonendicke nach der höchsten Entladestromstufe bei $d_{WS} = 4\ \mu m$. Zusätzlich können auch Unterschiede in der Gleichmäßigkeit der wiedererstarrten Schmelzzone festgestellt werden. Für $ZrO_2$-WC konnten Bereiche identifiziert werden, in denen das Grundgefüge fast unverändert an die Oberfläche durchdringt, was in den Untersuchungen von KLINK ET AL. und HENSGEN nicht beobachtet wurde. Für die Erklärung der unregelmäßigen Dicke der wiedererstarrten Schmelzzone bei der $ZrO_2$-WC Keramik im Vergleich zu Stahlwerkstoffen können erneut die Schmelzenthalpien herangezogen werden. Bei Stahlwerkstoffen liegt die Schmelzenthalpie im Mittel bei $h_m = 270\ kJ/kg$ und ist damit deutlich geringer als die von $ZrO_2$ und WC [BERG19]. Deshalb wird bei einem Stahlwerkstoff bei vergleichbarem Energieeintrag mehr Material aufgeschmolzen, woraus eine dickere und gleichmäßigere wiedererstarrte Schmelzzone resultiert.

### 5.1.3 Identifikation der Abtragmechanismen von $TiB_2$

Im Folgenden werden die Oberflächenintegrität und die dominierenden Abtragmechanismen der drahtfunkenerosiv bearbeiteten $TiB_2$ Keramik vorgestellt.

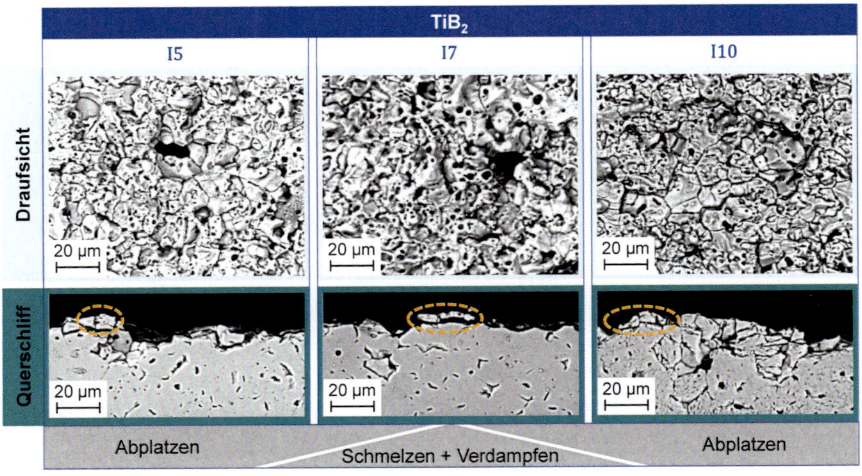


Bild 5.6: Draufsicht- und Querschliffaufnahmen von $TiB_2$ für drei unterschiedliche Entladestromniveaus

*Top-view and cross-sectional images of $TiB_2$ for three different discharge current levels*

Für das Bild 5.6 ist zunächst zu erwähnen, dass aufgrund einer besseren Auswertbarkeit der Randzone andere Vergrößerungen im Vergleich zu den Keramiken $Si_3N_4$-TiN und $ZrO_2$-WC gewählt werden mussten, was bei einem direkten Vergleich berücksichtigt werden muss. Grundsätzlich ist für die $TiB_2$ Keramik festzustellen, dass die Oberflächen eine kantige Struktur aufweisen, was ebenfalls in den Untersuchungen von LAUWERS ET AL. und PANTEN beobachtet wurde [LAUW04, PANT90]. Diese Struktur ist typisch für den Abtragmechanismus Abplatzen, der auf eine geringe Thermoschockbeständigkeit zurückgeführt wird. In Abhängigkeit von der Entladestromstufe kommt es zu einer Veränderung der Oberflächenstruktur. Die Oberfläche von $I5$ ist hauptsächlich durch scharfkantige Bereiche und eine hohe Rissanzahl geprägt. Vereinzelt sind wiedererstarrte Schmelzbereiche mit sphärischen Poren zu erkennen, die auf Verdampfungsvorgänge schließen lassen. Da die wiedererstarrten Schmelzbereiche keinen anderen Kontrast als das Grundmaterial aufweisen, kann es sich nicht um geschmolzenen Drahtwerkstoff handeln. Des Weiteren sind Ausbrüche zu erkennen, die das Grundmaterial freilegen. Bei der Entladestromstufe $I7$ haben die wiedererstarrten Schmelzbereiche einen signifikant höheren Anteil an der Ausprägung der Oberflächenstruktur. Es sind auch wesentlich mehr Poren zu erkennen. Durch die weitere Erhöhung der Entladestromstufe auf $I10$ nimmt der Anteil der wiedererstarrten Schmelzbereiche ab. In den Querschliffaufnahmen sind die Schmelzbereiche farblich gekennzeichnet. Diese Bereiche sind aufgrund der abgerundeten Struktur erkennbar, die sich sowohl in Form als auch Größe deutlich von den Strukturen der Körner im Grundgefüge unterscheiden. Dies bestätigt, dass es sich bei diesen Strukturen nicht um Lücken von herausgebrochenen bzw. abgeplatzten Körnern handelt, sondern um wiedererstarrtes Material. Es ist auffällig, dass die Schmelzbereiche nur wenig an das Grundgefüge angebunden sind und zumeist durch lange horizontale Risse vom Grundgefüge getrennt vorliegen. Dies wird auf thermisch bedingte Rissbildungen durch den Abkühlprozess zurückgeführt. Die langen horizontalen Risse unterhalb der Schmelzbereiche können die Oberflächenintegrität dieser Zonen stark beeinträchtigen, da unter Belastung ein frühzeitiges Abplatzen dieser Schicht zu erwarten ist. Des Weiteren ist in den Querschliffen der Entladestromstufen $I5$ und $I10$ ein hoher Anteil an geschädigtem Material zu sehen. Bei $I5$ liegen tendenziell Ausbrüche vor und bei $I10$ kommt es zu einer regelrechten Zersplitterung des Materials mit Eindringtiefen von ca. $s = 20\ \mu m$. Die Beobachtung von Schmelzbereichen kann nicht durch Untersuchungen anderer Forscher bestätigt werden. LAUWERS ET AL. und PANTEN schließen sogar die Entstehung einer flüssigen Phase kategorisch aus [LAUW04, PANT90]. Somit zeigen sich hier neue Erkenntnisse zum Abtragverhalten von $TiB_2$ im ölbasierten Dielektrikum. Da sich dieses Phänomen hauptsächlich bei einer Entladeenergie von ca. $W_e = 4\ mJ$ zeigt, wären Untersuchungen auf Drahterosionsmaschinen hilfreich, die eine Variation des Entladestroms unabhängig von der Entladedauer ermöglichen. Somit könnte unter Verwendung der gleichen Entladeenergie ermittelt werden, ob eher der Entladestrom oder die Entladedauer ursächlich für das Aufschmelzen des Materials sind. Um das Abtragverhalten dieser Keramik tiefergehend zu analysieren, werden im Folgenden die Einzelentladungen für unterschiedliche Entladestromstufen untersucht.

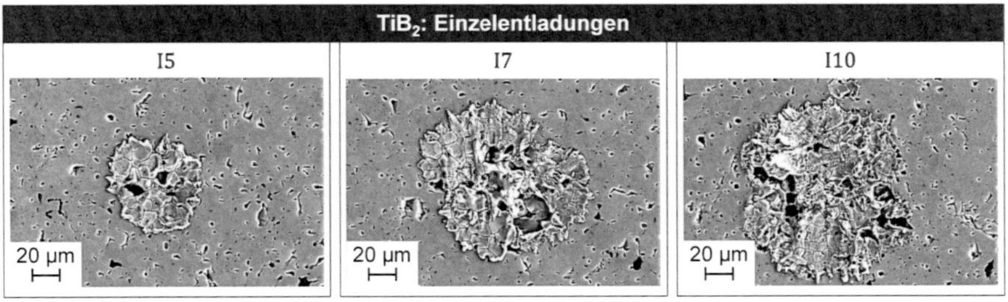


Bild 5.7: REM-Aufnahmen der Topographie von $TiB_2$ nach Einzelentladungen
*SEM images of the topography of $TiB_2$ after single discharges*

Die Einzelentladungen aus Bild 5.7 zeigen, dass die Mikrorisse, die den Materialabtrag und die Ausprägung der Oberflächenstruktur bewirken, hauptsächlich durch die Entladung selber und nicht durch eine Überlagerung von konsekutiven Entladungen entstehen, was bei $ZrO_2$-WC der Fall ist. In allen Entladestellen sind Ausbrüche mit darunterliegendem Grundgefüge zu erkennen. Für die Entladestromstufe I7 ist in der Mitte der Entladestelle ein wiedererstarrter Schmelzbereich mit sphärischen Poren zu erkennen, der einen vergleichsweise hohen Anteil aufweist. Der Entladebereich von I10 enthält ebenfalls einen wiedererstarrten Schmelzbereich mit sphärischen Poren, dessen Anteil an der Gesamtstruktur sehr gering ist. Grundsätzlich sind die Entladestellen im Vergleich zur feingeschliffenen Oberfläche erhaben. Eine Untersuchung der Einzelentladung mittels Laserscanningmikroskop bestätigt diese Beobachtung. Es handelt sich nicht um Aufwürfe durch wiedererstarrtes Material, weil keine Schmelzbereiche zu erkennen sind. Als Erklärung wird der geringe Widerstand gegen Thermoschock herangezogen. Dieser führt dazu, dass bei einer rapiden Erwärmung die entstehenden Spannungen, die sich durch ausdehnendes Material ergeben, nicht kompensiert werden können und es zu einem Herausdrücken des Materials kommt.

Auf Basis der Beobachtungen aus den Einzelentladungen in Kombination mit den Erkenntnissen aus Bild 5.6 lässt sich folgende Theorie aufstellen. Im Falle der Entladestromstufe I5 kommt es durch die thermische Einwirkung der Entladung zu Rissbildungen, die den Materialabtrag bewirken. Bevor der Entladeprozess beendet ist, platzt das erhabene Material ab und das tieferliegende Material wird von der Entladung geringfügig thermisch beeinflusst, sodass Schmelzbereiche entstehen können. Bei der Entladestromstufe I7 kommt es zum gleichen Vorgang. Durch die höhere Entladeenergie, die sich auch aus einer längeren Entladedauer ergibt, platzt das Material schneller ab, weshalb mehr Zeit für das Aufschmelzen des darunterliegenden Materials zur Verfügung steht. Deshalb liegt bei dieser Entladestromstufe ein höherer Anteil an wiedererstarrter Schmelze vor. Im Falle der Entladestromstufe I10 ist die Entladeenergie so hoch, dass es zu einem erheblich größeren Materialabtrag durch Abplatzung kommt und nur ein geringer Bereich aufgeschmolzen wird.

Zusammenfassend lässt sich festhalten, dass das Abplatzen der dominierende Abtragmechanismus ist, der in Abhängigkeit von der Entladestromstufe bzw. der Entladeenergie um das Schmelzen und Verdampfen ergänzt wird. Diese Beobachtung ist eine Erweiterung zu den Erkenntnissen in der einschlägigen Literatur, die einen Schmelzvorgang gänzlich ausschließt. Generell ist die Bedeutung des Schmelzvorgangs beim Materialabtrag als gering einzustufen. Lediglich bei der Ausprägung der Oberflächenstruktur kommt der Schmelzbereich zum Tragen.

### 5.1.4 Übergeordnete Betrachtung der Abtragmechanismen

Als Erklärungsansatz für die verschiedenen Abtragmechanismen können die atomaren Bindungstypen herangezogen werden, die in unterschiedlichen Anteilen in den Werkstoffen vorliegen. Nach Formel (2.1) lassen sich die ionischen (IBA) und kovalenten (KBA) Bindungsanteile berechnen, die in Tabelle 5.2 sowohl für die Matrix- als auch für die Zweitphasenwerkstoffe dargestellt sind.

Tabelle 5.2: Kovalente und ionische Bindungsanteile der Versuchswerkstoffe [CALL20]
*Covalent and ionic bonding proportions of the test materials [CALL20]*

| Bindungsanteil | $Si_3N_4$-TiN | | $ZrO_2$-WC | | $TiB_2$ |
|---|---|---|---|---|---|
| | $Si_3N_4$ | TiN | $ZrO_2$ | WC | |
| Kovalent (KBA) | 72,26 % | 56,98 % | 32,86 % | 99,1 % | 93,94 % |
| Ionisch (IBA) | 27,74 % | 43,02 % | 67,14 % | 0,9 % | 6,06 % |

Wie bereits in Kapitel 2.1 beschrieben wurde, weist eine kovalente Bindung wesentlich höhere Bindungsenergien als eine ionische Bindung auf. Daraus resultieren beispielsweise höhere Schmelzpunkte und geringere Wärmeleitfähigkeiten, die sich wiederum auf das Abtragverhalten während des Erosionsprozesses auswirken. Zusätzlich bewirken die Bindungstypen auch das Viskositätsverhalten eines schmelzflüssigen Werkstoffs. Der hohe kovalente Bindungsanteil von $Si_3N_4$ und die ausgeglichene Bindungsverteilung von TiN sind wahrscheinlich der Hauptgrund für das plötzliche Auftreten von Schmelzzonen ab der Entladestromstufe I7. Da bei $Si_3N_4$ eine Zersetzung auftritt und das schmelzflüssige Silizium eine vergleichsweise geringe Bindungsenergie aufweist, kommt es bei geringen Entladestrom- bzw. Energiestufen zu keiner sichtbaren Anhaftung von Silizium an der Oberfläche. Erst bei höheren Entladeenergien kommt das Schmelzverhalten von TiN durch den erhöhten ionischen Bindungsanteil zum Tragen. Zu erwähnen ist, dass TiN nur einen Anteil von 36 % am Materialvolumen hat, wodurch nur geringe Schmelzzonenbereiche vorliegen. $ZrO_2$ weist den höchsten ionischen Bindungsanteil auf, was vermutlich der Grund für das Schmelzen und Verdampfen als dominierender Abtragmechanismus ist. Der fast ausschließlich kovalente Bindungscharakter von WC kann als Grund für die Agglomeratbildung in der $ZrO_2$-Schmelze gesehen werden. Die sehr hohen Bindungsenergien des WC verhindern eine Durchmischung mit der $ZrO_2$-Phase. Auch hier ist zu erwähnen, dass WC nur 36 % des Materialvolumens umfasst, weshalb dieses Materialverhalten den dominierenden Abtragmechanismus nur geringfügig beeinflusst. Bei dem einphasigen Werkstoff $TiB_2$ verhindert der sehr hohe kovalente Bindungscharakter die Ausbildung einer ausgeprägten Schmelzzone. Des Weiteren ist dieser Bindungscharakter auch der Grund für die Thermoschockempfindlichkeit, die den dominierenden Abtragmechanismus Abplatzen bewirkt. Nichtsdestotrotz ermöglicht der geringe ionische Bindungscharakter die Entstehung von geringfügigen wiedererstarrten Schmelzzonen, die sowohl in den Draufsicht- als auch in den Querschliffaufnahmen zu erkennen sind. In der Literatur werden die Bindungstypen zur Erklärung der Werkstoffeigenschaften von Keramiken herangezogen. Der neuartige Ansatz dieser Arbeit ist die Beschreibung der Abtragmechanismen von Keramiken auf Basis der Bindungstypen.

Um die Auswirkung der unterschiedlichen Abtragmechanismen auf die Oberflächenstruktur zu quantifizieren, sind in der folgenden Abbildung die taktil gemessenen Rauheitswerte dargestellt. Zusätzlich sind die ermittelten Entladeenergien der Normentladungen auf der sekundären Ordinate aufgetragen. Es werden die Ergebnisse für alle Entladestromstufen von I5 bis I10 aufgeführt, um Trends oder andere Effekte besser beobachten und beschreiben zu können.

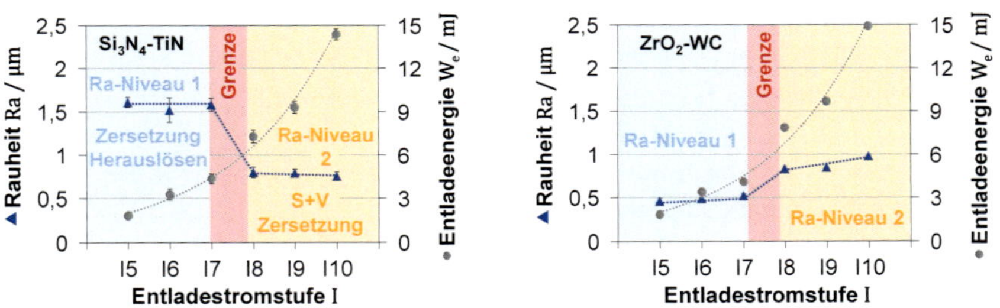


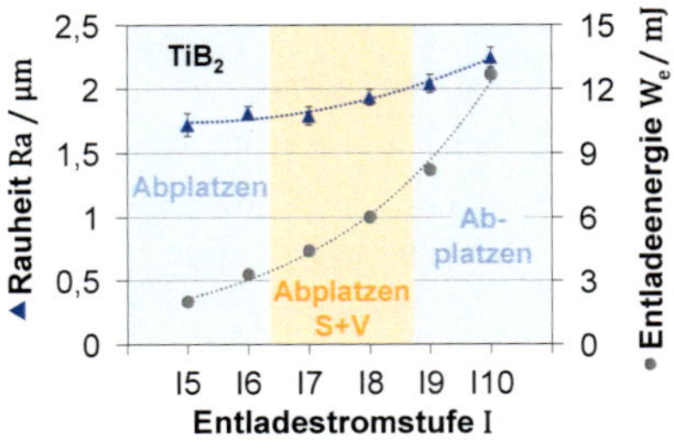


| Abtrag-mechanismus | $Si_3N_4$-TiN | $ZrO_2$-WC | $TiB_2$ |
|---|---|---|---|
| **Dominierend** | Zersetzung | Schmelzen Verdampfen | Abplatzen |
| **Sekundär** | Herauslösen / Schmelzen Verdampfen | - | Schmelzen Verdampfen |

**Legende:** S+V = Schmelzen und Verdampfen

Bild 5.8: Ermittelte Rauheitswerte und Entladeenergien für die drei Keramiken bei unterschiedlichen Entladestromstufen
*Determined roughness values and discharge energies for the three ceramics at different discharge current levels*

Bei $Si_3N_4$-TiN wirkt sich der sekundäre Abtragmechanismus Schmelzen signifikant auf die Rauheit aus, sodass sich zwei Rauheitsniveaus ergeben. So kommt es ab der Entladestromstufe I8 zu einer Reduktion der Rauheit um 50 %, obwohl die Entladeenergie einen exponentiellen Verlauf aufweist. Diese Beobachtung ist konträr zu dem Verhalten von metallischen Werkstoffen [KLOC07]. Zusätzlich ist ein Grenzbereich eingezeichnet, da ab der Entladestufe I7 geringfügige wiedererstarrte Schmelzzonen zu erkennen sind, die ab I8 bereits einen hohen Anteil an der Oberflächenstruktur haben. Darüber hinaus können keine Aussagen zwischen I7 und I8 getroffen werden, weil aufgrund der Hard- und Software der Drahterosionsmaschine keine Entladeenergien dazwischen eingestellt werden können. Für $TiB_2$ ist keine Beeinflussung der Rauheit durch den sekundären Abtragmechanismus festzustellen, obwohl dieser einen relevanten Anteil an der Oberflächenstruktur hat. Die Rauheit folgt in dieser Darstellung einem polynomischen Verlauf zweiten Grades. Eine Korrelation zwischen der Rauheit und der Entladeenergie hat einen linearen Zusammenhang mit einem Bestimmtheitsmaß von $R^2 = 0{,}9817$ ergeben, wodurch es sich klar von den anderen Keramiken unterscheidet, die keine Trends bzw. Korrelation aufweisen. Die Steigung des linearen Zusammenhangs variiert dabei in Abhängigkeit von den MEG $P$ und $S_{Soll}$. Generell ist zu erwähnen, dass der Abtragmechanismus Abplatzen die vergleichsweise höchste Rauheit bewirkt. Da bei der $ZrO_2$-WC Keramik kein sekundärer Abtragmechanismus identifiziert werden konnte, sind hier die zwei ermittelten Rauheitsniveaus farblich gekennzeichnet und durch einen Grenzbereich getrennt. Auch hier kann wegen fehlender Möglichkeiten zur Veränderung der Entladeenergie keine weitere Aussage zum Grenzbereich zwischen den Niveaus getätigt werden. Der übergeordnete Trend, dass mit steigender Entladeenergie die Rauheit erhöht wird, kann hier identifiziert werden. Dennoch ist zu erwähnen, dass insbesondere bei den höheren Entladestromstufen der starke Zuwachs der Entladeenergie durch den exponentiellen Verlauf keine Auswirkung auf die Oberflächenrauheit hat. Bei metallischen Werkstoffen, die den gleichen dominierenden Abtragmechanismus aufweisen, steigt die Rauheit bei exponentieller Erhöhung der Entladeenergie signifikant an [KLOC07], was einen erheblichen Unterschied zur $ZrO_2$-WC Keramik darstellt.

Werden die ermittelten Entladeenergien gegenübergestellt, ist zu sehen, dass bei der $TiB_2$ Keramik mit einer Ausnahme bei $I5$ die geringsten Entladeenergien resultieren. Diese Beobachtung scheint zunächst widersprüchlich, weil bei dieser Keramik die höchste elektrische Leitfähigkeit vorliegt und die Entladeenergie tendenziell mit der elektrischen Leitfähigkeit ansteigt [KLOC07]. Dies kann darauf zurückgeführt werden, dass sich bei $TiB_2$ die geringste mittlere Entladespannung einstellt und der geringste mittlere Entladestrom übertragen wird. Vermutlich bewirkt die höhere elektrische Leitfähigkeit bzw. der geringere Widerstand einen stärkeren Abfall der Entladespannung, wodurch auch ein geringerer Entladestrom übertragen werden kann. Da die $Si_3N_4$-TiN Keramik im Vergleich zu $TiB_2$ und $ZrO_2$-WC eine erheblich geringere elektrische Leitfähigkeit aufweist und die Entladeenergien sich nicht signifikant voneinander unterscheiden, wird die Auswirkung auf die Entladeenergie als geringfügig eingestuft.

Zusammenfassend ist festzuhalten, dass die Keramiken sehr unterschiedlich auf die Entladeenergien reagieren, was in den Abtragmechanismen begründet ist. Dieses Verhalten steht im Kontrast zu den bisherigen Erkenntnissen bei metallischen Werkstoffen. Da nicht nur der Prozess sich auf die Oberflächenintegrität der Werkstoffe auswirkt, sondern die Werkstoffe auch den Prozess beeinflussen, werden im folgenden Kapitel diese Einflüsse genauer untersucht.

## 5.2 Produktivität und Stabilität der Hauptschnittbearbeitung

*Productivity and stability of main cut processing*

Die Produktivität der Drahtfunkenerosion ist im Vergleich zu anderen Fertigungsverfahren als gering einzustufen. Schon seit vielen Jahrzehnten gibt es Bestrebungen, die Produktivität, die anhand der Schnittgeschwindigkeit bewertet wird, zu erhöhen [KLOC07]. Neben der Verwendung von beschichteten Drahtelektroden und additivierten Dielektrika wurden auch die Generatoren weiterentwickelt und Vorschubregelungssysteme mit geringeren Latenzzeiten eingesetzt. Diese Maßnahmen haben unter anderem durch eine erhöhte Prozessstabilität zu einer signifikanten Steigerung der Prozessproduktivität geführt. Da diese Untersuchungen und die Entwicklung entsprechender Erosionstechnologien lediglich für metallische Werkstoffe durchgeführt wurden, besteht Forschungsbedarf hinsichtlich der Bearbeitung von keramischen Werkstoffen. Im Rahmen dieser Arbeit werden unter umfangreicher Variation der Maschineneinstellgrößen (MEG) I, P und $S_{Soll}$ keramikspezifische Einflüsse auf die Prozessproduktivität und -stabilität ermittelt, wozu die in Kapitel 4 vorgestellten Auswertemethoden genutzt werden. Zunächst werden die Ergebnisse bezüglich der resultierenden Schnittrate vorgestellt und diskutiert. In Bild 5.9 sind für jede Keramik die Schnittraten aus allen Versuchen, die keinen Drahtriss aufgewiesen haben, dargestellt.

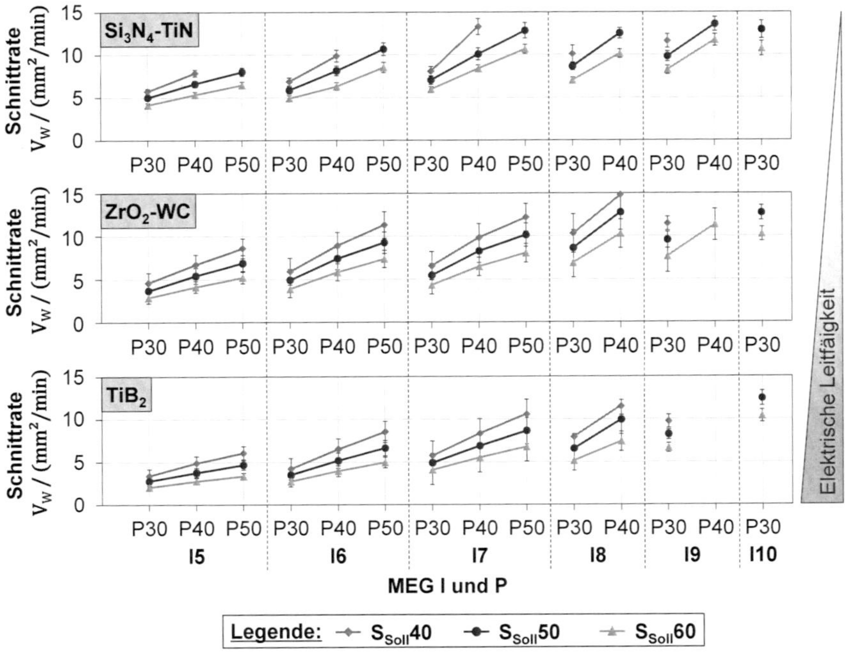


Bild 5.9: Für alle Keramiken ermittelte Schnittraten unter Variation der MEG I, P und $S_{Soll}$
*Cutting rates determined for all ceramics by varying the machine setting variables I, P and $S_{Soll}$*

Neben der Schnittrate ist auch symbolisch die Einstufung der elektrischen Leitfähigkeit dargestellt, weil diese einen signifikanten Einfluss auf die Prozessproduktivität hat [KLOC07]. Auf der Abszisse sind die Variationen der MEG I und P aufgetragen. Die unterschiedlichen $S_{Soll}$-Werte sind im Diagramm farblich gekennzeichnet. Für alle Keramiken lassen sich die gleichen Trends erkennen, was zunächst auf ein materialunabhängiges Prozessverhalten hindeutet. Sowohl mit einer Erhöhung des I- und P-Werts als auch mit einer Reduktion des $S_{Soll}$-Werts kommt es zu einer Steigerung der Schnittrate, was in anderen Versuchen auch für Stahl- und Hartmetallwerkstoffe beobachtet werden konnte. Insbesondere ab einer Entladestromstufe von I6 wirken sich die Effekte von P und $S_{Soll}$ positiv auf die Schnittrate aus. Eine Bearbeitung unter Verwendung der Entladestromstufe I11 mit entsprechender Variation der MEG P und $S_{Soll}$ war für alle Keramiken ohne Drahtrisse nicht möglich. Bei differenzierter Betrachtung der Ergebnisse sind aber Unterschiede zwischen den Keramiken zu erkennen. So ist beispielsweise nur bei der $Si_3N_4$-TiN Keramik für die Entladestromstufe I5-I7 keine Bearbeitung mit dem Parametersatz P50-$S_{Soll}$40 ohne Drahtriss möglich. Des Weiteren kommt es in Abhängigkeit von der Keramik ab der Entladestromstufe I8 zu einer Reduktion der möglichen Parameterkonstellationen. Zusätzlich zeigt sich auch, dass nur für die $TiB_2$ Keramik die höchste Schnittrate mit der höchsten Entladestromstufe I10 erzielt werden kann. Für die anderen beiden Keramiken liegt die höchste Schnittrate bei anderen Parameterkonstellationen vor. Dies zeigt, dass nicht zwangsläufig die höchste Entladeenergie auch die höchste Schnittrate ermöglicht, sondern dass eine Abstimmung der Maschineneinstellgrößen auf die jeweilige Keramik essentiell ist.

Dennoch hat eine Korrelationsanalyse zwischen der ermittelten Entladeenergie und der resultierenden Schnittrate für alle Keramiken einen sehr starken linearen Zusammenhang mit Bestimmtheitsmaßen zwischen $R^2 = 0{,}97$ und $R^2 = 0{,}995$ ergeben. Die Steigung der Linearität variiert in Abhängigkeit von den MEG P und $S_{Soll}$. Die Auswertung erfolgte für konstante Werte der Maschineneinstellgrößen P und $S_{Soll}$. Dies deckt sich mit den Erkenntnissen von KUNIEDA ET AL., die mit steigender Entladeenergie einen Zuwachs des Materialabtrags beobachtet haben [KUNI05]. Jedoch weichen die erzielbaren Schnittraten von $TiB_2$ deutlich von den Schnittraten von $Si_3N_4$-TiN ab. Der Unterschied erlangt Bedeutung, weil die elektrische Leitfähigkeit von $TiB_2$ um fast fünf Größenordnungen höher ist als bei $Si_3N_4$-TiN, vgl. Tabelle 4.1. Dieser Zusammenhang deutet darauf hin, dass die elektrische Leitfähigkeit nur als notwendige Bedingung vorhanden sein muss, aber sonst lediglich von untergeordneter Wichtigkeit ist. Die gleiche Beobachtung macht PANTEN in seinen Untersuchungen, in denen er sechs verschiedene Keramiken mit elektrischen Leitfähigkeiten im Bereich von $\kappa = 10^3 - 10^5$ S/m untersucht hat [PANT90].

### 5.2.1 Einfluss der Entladeenergie und der Entladefrequenz

Wie bereits aus Bild 5.8 hervorgeht, kommt es zwischen den Keramiken zu Abweichungen hinsichtlich der übertragenen Entladeenergien. Um zu verdeutlichen, dass diese Abweichungen nicht die Schnittratenunterschiede bewirken, sind in Bild 5.10 sowohl die Entladeenergien der Normentladungen als auch die Schnittraten normiert auf die Ergebnisse der $ZrO_2$-WC Keramik dargestellt. Es sind nur die Ergebnisse für die

Parameterkonstellation P30-$S_{Soll}$60 dargestellt, weil sich für die anderen Parameterkonstellationen die gleichen Zusammenhänge ergeben.

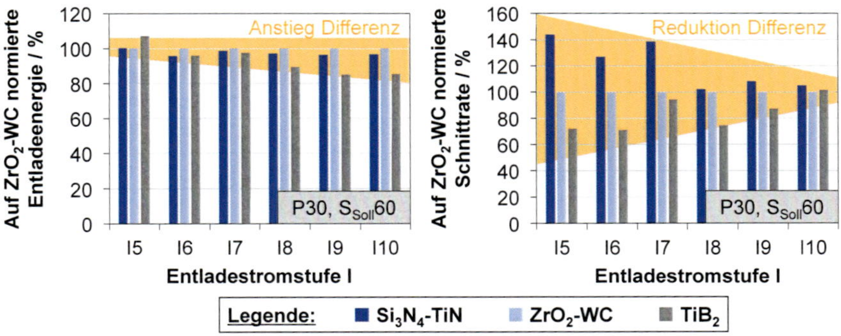


Bild 5.10: Auf $ZrO_2$-WC normierte Entladeenergie (links) und Schnittrate (rechts)
*Relative discharge energy (left) and cutting rate (right) regarding to $ZrO_2$-WC*

Die Normierung der Ergebnisse wurde auf $ZrO_2$-WC vorgenommen, weil für diese Keramik in fast allen Entladestromstufen die höchsten Entladeenergien vorliegen. Es zeigt sich, dass die Differenz der Entladeenergie von $TiB_2$ zur Norm ab der Entladestromstufe I8 stark ansteigt. Der gegenläufige Effekt zeigt sich bei der Schnittrate. Hier kommt es mit steigender Entladestromstufe zu einer deutlichen Reduktion der Schnittratendifferenz. Bei der $Si_3N_4$-TiN Keramik kommt es maximal zu einer um $\Delta W_e = 4\ \%$ geringeren Entladeenergie im Vergleich zur Norm. Dafür sind die Schnittraten in den Entladestromstufen I5-I7 um $\Delta V_W = 27 - 43\ \%$ höher. Dennoch zeigt sich auch für diese Keramik eine deutliche Reduktion der Schnittratendifferenz ab der Entladestromstufe I8. Somit ist eindeutig bewiesen, dass die Entladeenergie nicht als einziger Haupteinflussfaktor auf die Schnittrate gesehen werden kann. Aus diesem Grund müssen weitere Analysen hinsichtlich der Prozesszustände erfolgen, die Aufschlüsse über das unterschiedliche Prozessverhalten der Keramiken liefern.

Der gesamte Materialabtrag erfolgt durch eine Vielzahl von einzelnen elektrischen Entladungen, die, wie in Kapitel 4 beschrieben, in Norm- und Fehlentladungen unterteilt werden. Somit ist die Prozessproduktivität neben der umgesetzten Entladeenergie, die bei Norm- und Fehlentladungen unterschiedlich sind, auch von der Anzahl der Entladungen abhängig. Obwohl der Materialabtrag einer Fehlentladung geringer ist als bei einer Normentladung, ist bei einer Bearbeitung nah an der Stabilitätsgrenze auch der Fehlentladungsanteil entscheidend. Da bei Leerläufen keine Energie umgesetzt wird, tragen diese auch kein Material ab. Aus diesem Grund ist die Prozessproduktivität zusätzlich von dem Anteil der jeweiligen Entladungsform an der Gesamtanzahl der Entladungen abhängig. Um zu analysieren, inwiefern die Verteilung der Entladungsformen eine Auswirkung auf die unterschiedlichen Schnittraten der Keramiken haben, sind in Bild 5.11 die ermittelten Normentladungen, Fehlentladungen und Leerläufe bei dem konstanten Vorschubregelwert $S_{Soll}60$ dargestellt. Es wird wieder nur eine repräsentative Auswahl der Ergebnisse gezeigt, um die generellen Zusammenhänge zu beschreiben.

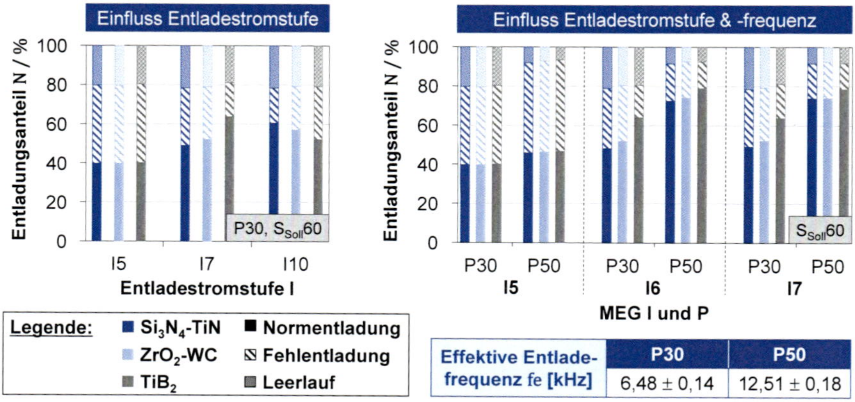


Bild 5.11: Anteil der Entladungsformen für verschiedene Entladestromstufen (links) und -frequenzen (rechts)

*Proportion of pulse shapes for different discharge current levels (left) and frequencies (right)*

Die Zuweisung der verschiedenen Entladungsformen zu den jeweiligen Keramiken erfolgt über die entsprechende Schraffur der Ergebnisbalken, was der Bildlegende zu entnehmen ist. Im linken Teil des Bildes sind die Ergebnisse für unterschiedliche Entladestromstufen bei konstantem P- und $S_{Soll}$-Wert dargestellt. Es zeigt sich, dass lediglich bei der Entladestromstufe I5 die Verhältnisse der Entladeformen für alle Keramiken gleich sind. Die Norm- und Fehlentladungen weisen einen Anteil von je $N = 40\ \%$ und die Leerläufe einen Anteil von $N = 20\ \%$ auf. Da sich dieses Verhältnis für alle $S_{Soll}$-Werte bei I5-P30 ergibt, wird hier auf ein maschinenbedingtes Phänomen geschlossen, das nicht näher untersucht wird. Bei höheren Entladestromstufen erhöht sich der Normentladungsanteil und weil der Anteil der Leerläufe unverändert ist, reduziert sich dementsprechend der Fehlentladungsanteil. Bei der Entladestromstufe I7 weist $TiB_2$ den höchsten Normentladungsanteil auf, was bei I10 wieder der gegensätzliche Fall ist.

Auf der rechten Seite des Bildes ist neben dem Einfluss der Entladestromstufe auch der Einfluss der Entladefrequenz bei konstantem $S_{Soll}$-Wert dargestellt. Für alle Entladestromstufen ist zu beobachten, dass sich der Leerlaufanteil bei P50 auf einen Wert von ca. $N = 8\ \%$ reduziert hat. Zusätzlich kommt es zu einem signifikanten Anstieg des Normentladungsanteils, der für alle Keramiken sehr ähnlich ist. Darüber hinaus konnte beobachtet werden, dass die effektive Entladefrequenz (alle Norm- und Fehlentladungen in einer Sekunde) bei allen Keramiken durch die Erhöhung auf P50 verdoppelt wird. Zusätzlich wird die effektive Entladefrequenz um weitere 50 % erhöht, wenn der

$S_{Soll}$-Wert von 60 auf 40 reduziert wird. Ohnehin weichen die effektiven Entladefrequenzen zwischen den Keramiken weniger als 3 % voneinander ab. Da die Schnittraten und ihre jeweilige Steigerung bei den Keramiken unterschiedlich sind, reicht die effektive Entladefrequenz nicht aus, um den Einfluss auf die Prozessproduktivität ausreichend zu erklären.

Weitergehende Auswertungen haben gezeigt, dass bei dem Vorschubreferenzwert $S_{Soll}40$ im Vergleich zu $S_{Soll}60$ ein geringerer Anteil an Leerläufen und ein hoher Fehlentladungsanteil vorliegen. Des Weiteren erhöht sich die effektive Entladefrequenz bei $S_{Soll}40$ um ca. 60 % gegenüber $S_{Soll}60$ unabhängig von dem Entladefrequenzwert P. Bei höheren Entladefrequenzen kommt es aber zu einem weiteren Anstieg des Fehlentladungsanteils. Da die Vorschubregelung die Zündverzögerungszeit als Eingangsgröße nutzt, um die Drahtvorschubgeschwindigkeit zu regeln und bei Fehlentladungen aufgrund fehlender Leerlaufspannung keine Zündverzögerungszeit vorliegt, müssen erhebliche Einflüsse auf die Prozessstabilität und -produktivität bestehen. Bevor im Folgenden diese Einflüsse dargestellt werden, erfolgt zunächst eine kurze Beschreibung der Stabilitätskriterien der drahtfunkenerosiven Bearbeitung, die für die weitere Analyse des Prozesses ausschlaggebend sind.

### 5.2.2 Bewertung der Prozessstabilität

Neben dem grundlegenden Stabilitätskriterium, dass ein Drahtriss zu vermeiden ist, kann die Prozessstabilität auch über die Vorschubregelung bewertet werden. Dabei wird, wie bereits in Kapitel 4 erwähnt, die Streubreite bzw. die Schwankung der gemessenen Vorschubregelwerte $S_{Ist}$ um den Referenzwert $S_{Soll}$ betrachtet. Zur Veranschaulichung der Stabilitätsbewertung sind in Bild 5.12 exemplarisch eine stabile und eine instabile Bearbeitung dargestellt.

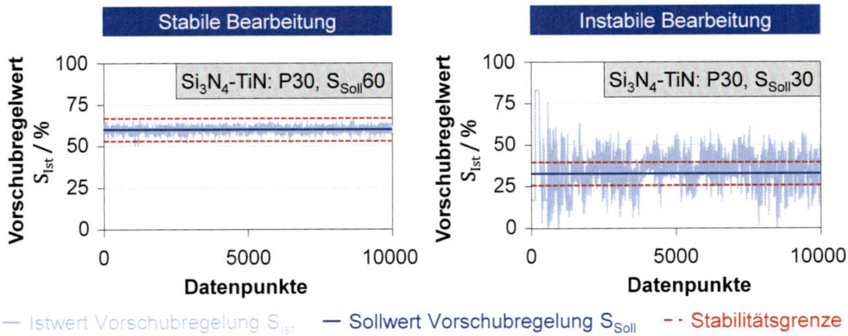


Bild 5.12: Vergleich einer stabilen (links) und instabilen (rechts) Bearbeitung auf Basis der Vorschubregelung
*Comparison of stable (left) and unstable (right) processing based on the feed rate control*

Moderne Drahterosionsmaschinen sind in der Lage, den aktuellen Wert der Vorschubregelung $S_{Ist}$ aufzuzeichnen und als Datenwerte zur Weiterverarbeitung auszugeben. Im linken Teil ist eine Bearbeitung mit nur geringfügigen Schwankungen des $S_{Ist}$-Werts um den $S_{Soll}$-Wert abgebildet, was ein Indiz für eine gleichmäßige und störungsfreie Bearbeitung ist. Im Kontrast dazu steht die Bearbeitung im rechten Teil der Darstellung. Dort kommt es zu erheblichen Schwankungen des $S_{Ist}$-Werts um den $S_{Soll}$-Wert, was in diesem Falle sogar in einem Drahtriss resultierte (hier nicht dargestellt). Die starke Schwankung entsteht durch die Kombination aus unzureichendem Materialabtrag, variierenden Spaltbedingungen und zu schneller Zustellung des Drahts zur Kontur. Dadurch ergibt sich ein zu geringer Abstand des Drahtes zum Werkstück, was eine verkürzte Zündverzögerungszeit zur Folge hat (siehe Kapitel 2.2). Da die Maschine versucht, den eingestellten Referenzwert $S_{Soll}$ zu erreichen, kommt es zu einer Reduktion der Drahtvorschubgeschwindigkeit. Wenn starke Regeleingriffe vorliegen, entsteht ein zu großer Drahtabstand bzw. eine zu lange Zündverzögerungszeit. Um den eingestellten $S_{Soll}$-Wert zu erreichen, wird die Drahtvorschubgeschwindigkeit wieder erhöht, was aufgrund des unzureichenden Materialabtrags zwangsläufig wieder in einer Vorschubreduktion resultiert. Da der Materialabtrag wesentlich vom Werkstoff, der übertragenen Entladeenergie und der effektiven Entladefrequenz abhängt, muss die Vorschubregelung auf diese Einflussgrößen abgestimmt werden. So kann auch ein zu hoher $S_{Soll}$-Wert zu einer erhöhten Schwankung des Vorschubwertes führen. Im linken Teil der Darstellung ist zu sehen wie gering die Schwankung der Vorschubregelung sein kann, wenn ein geeigneter Referenzwert $S_{Soll}$ ausgewählt wird. Als Stabilitätskriterium wird ein maximaler Schwankungsbereich bzw. eine maximale Streubreite um den Referenzwert $S_{Soll}$ festgelegt. Die Festlegung der Stabilitätsgrenzen muss für jeden Werkstoff und für jeden Drahtwerkstoff separat erfolgen.

Wie bereits beschrieben, haben sich bei nahezu identischer effektiver Entladefrequenz unterschiedliche Norm- und Fehlentladungsanteile für die Keramiken ergeben, was eine Auswirkung auf die Prozessstabilität hat. In Bild 5.13 sind die Einflüsse auf die Zündverzögerungszeit und die Schwankung der Vorschubregelung für unterschiedliche Einstellungen der MEG $I$, $P$ und $S_{Soll}$ dargestellt. Hierbei wird wieder nur eine repräsentative Auswahl der Ergebnisse genutzt, um die generellen Beobachtungen und Zusammenhänge zu zeigen. Zum besseren Verständnis der Abbildung sei erwähnt, dass es sich im linken Teil um Ergebnisse handelt, die unter Verwendung der konstanten Entladefrequenzstufe $P30$ ermittelt wurden. Im rechten Teil der Abbildung sind die Ergebnisse unter Verwendung des konstanten Vorschubregelwertes $S_{Soll}60$ dargestellt. Die Schwankung des Vorschubwertes ist als gesamter Streubereich (beidseitig) um den Mittelwert zu verstehen, vgl. Bild 5.12. Des Weiteren wird darauf hingewiesen, dass sich die Zündverzögerungszeit mit steigendem $S_{Soll}$-Wert verlängert, weil der $S_{Soll}$-Wert einen prozentualen Anteil einer hinterlegten Zündverzögerungszeit darstellt. So bedeutet beispielsweise $S_{Soll}40$, dass die zu erreichende Zündverzögerungszeit 40 % des hinterlegten Referenzwertes ($t_d = 0{,}4 \cdot t_{d,ref}$) entsprechen soll.

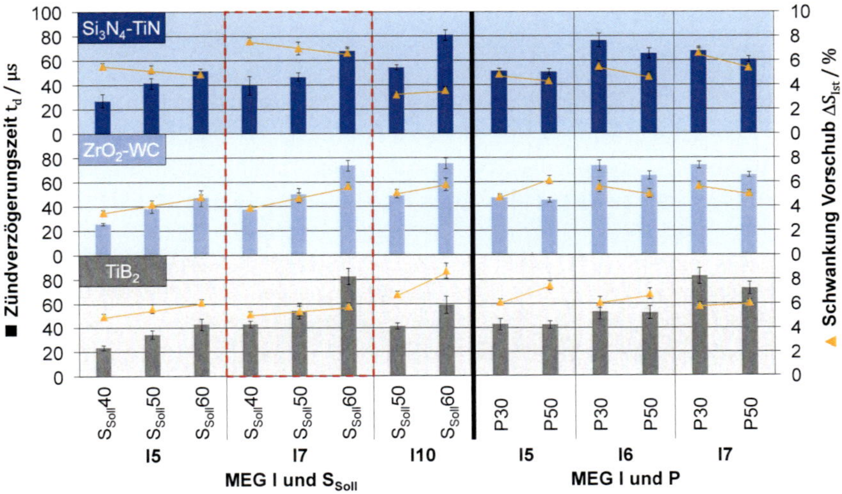


Bild 5.13: Auswirkung auf die Zündverzögerungszeit und die Schwankung der Vorschubregelung unter Variation der MEG I, P und $S_{Soll}$

*Effect on ignition delay time and feed rate control deviation by varying the machine setting variables I, P and SSoll*

Anhand der Ergebnisse ist zunächst festzustellen, dass die Zündverzögerungszeit und die Schwankung der Vorschubregelung stark in Abhängigkeit von der Entladestromstufe und vom keramischen Werkstoff variieren. Wird die Zündverzögerungszeit genauer betrachtet, ist zu sehen, dass für $TiB_2$ unabhängig vom $S_{Soll}$- oder P-Wert die geringsten Zündverzögerungszeiten vorliegen. Lediglich für die Entladestromstufe I7 ist der gegenteilige Effekt zu beobachten. Bei $Si_3N_4$-TiN kommt es durch die Erhöhung von I7 auf I10 zu einer Verlängerung der Zündverzögerungszeit. $ZrO_2$-WC weist eine minimale Verkürzung und $TiB_2$ sogar eine signifikante Verkürzung der Zündverzögerungszeit auf, wenn der Entladestrom von I7 auf I10 erhöht wird. Diese Beobachtungen zeigen den deutlichen Einfluss des Werkstoffs auf die Prozesskenngrößen. Durch die Nutzung einer höheren Entladefrequenz kommt es bei $Si_3N_4$-TiN und $ZrO_2$-WC fast ausschließlich zu einer Reduktion der Zündverzögerungszeit. Bei $TiB_2$ kann dieser Effekt nur für die Entladestromstufen I7 und I8 (hier nicht dargestellt) beobachtet werden. In den Entladestromstufen I5 und I6 hat eine Erhöhung der Entladefrequenz keine Auswirkung auf die Zündverzögerungszeit.

So wie bei der Ermittlung der Abtragmechanismen die Entladestromstufe I7 einen gewissen Grenzwert für $Si_3N_4$-TiN und $TiB_2$ dargestellt hat, kann ähnliches für die Schwankung der Vorschubregelung festgehalten werden. Durch die Verlängerung der Zündverzögerungszeit kommt es bei $Si_3N_4$-TiN in den Entladestromstufen I5-I7 zu einer Reduktion der Vorschubschwankungen. Ab I8 stellt sich trotz Verlängerung der Zündverzögerungszeit bei allen Entladestromstufen mit $\Delta S_{Ist} = 3{,}4$ % ein nahezu konstanter Wert für die Vorschubschwankung ein, der zusätzlich auch noch den geringsten Wert darstellt. Bei $TiB_2$ kommt es durch die Verlängerung der Zündverzögerungszeit zu einem Anstieg der Vorschubschwankung. Lediglich in der Entladestromstufe I7 bleibt die Vorschubschwankung nahezu konstant. In dieser Entladestromstufe wird auch der höchste Anteil an Normentladungen (vgl. Bild 5.11) ermittelt. Dies bewirkt in Kombination mit der geringen Vorschubschwankung den höchsten Schnittratenzuwachs in dieser Entladestromstufe (vgl. Bild 5.9). Bei der Bearbeitung von $ZrO_2$-WC haben sich keine Unterschiede in der Auswirkung der Zündverzögerungszeit auf die Vorschubschwankung ergeben. Die geringsten Schwankungen liegen bei den kürzesten Zündverzögerungszeiten vor. Durch die Erhöhung der Entladefrequenz und der damit verbundenen Verkürzung der Zündverzögerungszeit kommt es zu einer Reduktion der Vorschubschwankung. Dieser Zusammenhang kann auch bei der Bearbeitung von $Si_3N_4$-TiN beobachtet werden. Bei $TiB_2$ kommt es in fast allen Entladestromstufen zu einem Anstieg der Vorschubschwankung. Lediglich für I7 ist keine Beeinflussung der Vorschubschwankung durch eine verkürzte Zündverzögerungszeit festzustellen.

Um Stabilitätsgrenzen für die Bearbeitung der Keramiken festzulegen, wurden in weitergehenden Untersuchungen die Vorschubschwankungen von Bearbeitungen erfasst, die in Drahtrissen resultierten. Dabei hat sich gezeigt, dass sich für die Keramiken jeweils unterschiedlich starke Vorschubschwankungen kurz vor dem Drahtriss ergeben haben. Bei $Si_3N_4$-TiN lag die Vorschubschwankung bei $\Delta S_{Ist} = 11\ \%$. Für die beiden anderen Keramiken wurden höhere Vorschubschwankungen bei den Bearbeitungen mit Drahtrissen festgestellt. Bei $ZrO_2$-WC lag eine Vorschubschwankung von $\Delta S_{Ist} = 15\ \%$ vor und bei $TiB_2$ eine von $\Delta S_{Ist} = 13\ \%$. Da in diesen Versuchen bei gleicher Einstellung der MEG unterschiedliche Vorschubschwankungen ermittelt wurden und bei den stabilen Bearbeitungen alle Vorschubschwankungen unter $\Delta S_{Ist} = 10\ \%$ waren, wird dieser Wert als Stabilitätsgrenze festgelegt.

### 5.2.3 Einfluss der Abtragpartikel

Wie bereits in Kapitel 2.2 beschrieben, wird die Zündverzögerungszeit maßgeblich durch die Spaltbedingungen beeinflusst. Zu den Spaltbedingungen gehören neben der Durchschlagfestigkeit des Dielektrikums und der Spaltbreite auch die entstehenden Abtragpartikel und Gasblasen [KLOC07]. In vielen Arbeiten wurden die Spaltbedingungen untersucht, um Rückschlüsse auf das Prozessverhalten ziehen zu können. So hat schon SCHUMACHER ein Erklärungsmodell zum Einfluss der Abtragpartikel auf die Zündverzögerungszeit erstellt [SCHU90]. Er geht davon aus, dass sich die Abtragpartikel zwischen den entstehenden Gasblasen ansammeln, wodurch lokal die Durchschlagfestigkeit des Dielektrikums reduziert wird, was die Zündung einer Entladung erleichtert. Diese Annahme beruht auf den Erkenntnissen von BOMMELI ET AL., die in ihrer Arbeit den Einfluss von metallischen Partikeln auf die Durchschlagfestigkeit von flüssigen Dielektrika untersucht haben [BOMM79]. KUNIEDA ET AL. haben in ihren Untersuchungen beobachtet, dass sich durch die Abtragpartikel eine Brücke zwischen den Elektroden entlang des elektrischen Feldes bildet, die den Ort der Entladung beeinflusst [KUNI97, KUNI98]. Darauf aufbauend haben YOSHIDA ET AL. mithilfe von Einzelentladungen beobachten können, dass sich die Abtragpartikel an den Rändern der

Gasblasen ansammeln [YOSH97], was dem Erklärungsmodell von SCHUMACHER entspricht. Des Weiteren konnten sie feststellen, dass die Abtragpartikel in einem flüssigen Dielektrikum größer sind als in einem gasförmigen. MORIMOTO ET AL. haben in experimentellen und simulativen Untersuchungen aufgezeigt, dass durch große Abtragpartikel die Zündverzögerungszeit verkürzt wird [MORI09]. Durch Hochgeschwindigkeitskameraaufnahmen an transparenten Elektroden konnten KITAMURA ET AL. für wenige konsekutive Entladungen beobachten, dass 70 % der Elektrodenoberfläche mit Gasblasen bedeckt ist [KITA13, KITA15]. Des Weiteren haben sie feststellen können, dass die Entladungen sowohl im Dielektrikum als auch in der Gasblase und im Grenzbereich zünden. Dabei war die Wahrscheinlichkeit einer Entladung am Grenzbereich am höchsten, was die Autoren auf das Vorhandensein von Abtragpartikeln zurückgeführt haben. Weitere Untersuchungen von Forschern zum Einfluss von pulverförmigen Additiven im Dielektrikum auf das Prozessverhalten haben ähnliche Zusammenhänge gezeigt [KAME12, KANS07, LUO97, PEÇA08, THOM07]. Die Brückenbildung reduziert die Kapazität im Arbeitsspalt, wodurch die Durchschlagfestigkeit schon bei einem höheren Elektrodenabstand erreicht wird, woraus ein größerer Arbeitsspalt resultiert.

Die Erkenntnisse aus diesen Arbeiten beruhen auf einzelnen oder nur wenigen konsekutiven Entladungen, was Fragen hinsichtlich der Auswirkung auf einen kontinuierlichen Prozess aufwirft. PANTEN und SCHIMMELPFENNIG haben während Draht- bzw. Bohrerosionsversuchen an unterschiedlichen Keramiken Abtragpartikel aufgefangen und analysiert [PANT90, SCHI16]. Beide Autoren haben eine Abhängigkeit der Abtragpartikelgröße vom Entladestrom und von der Keramik selber festgestellt. In Kombination mit den Beobachtungen von MORIMOTO ET AL., dass die Abtragpartikelgröße die Zündverzögerungszeit verändert [MORI09], stellt sich bei der Bearbeitung von Keramiken die Frage, ob die unterschiedlich großen Abtragpartikel zu keramikspezifischen Prozessauswirkungen führen. Aus den bisherigen Erkenntnissen lässt sich für die drahtfunkenerosive Bearbeitung von Keramiken das Modell in Bild 5.14 ableiten, dass den Einfluss der Partikelgröße auf die Zündverzögerungszeit beschreibt.

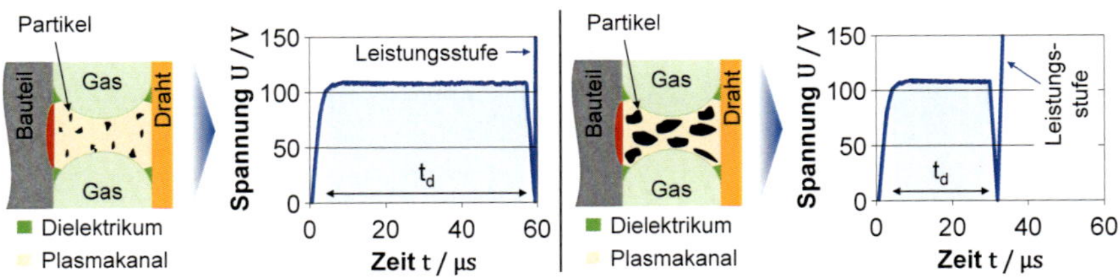


Bild 5.14: Modellvorstellung zur Auswirkung der Partikelgröße auf die Zündverzögerungszeit in Anlehnung an SCHUMACHER, KUNIEDA, MORIMOTO und KITAMURA
*Model for the effect of particle size on ignition delay time based on SCHUMACHER, KUNIEDA, MORIOMOTO and KITAMURA*

Entstehen bei einer Keramik während des Entladeprozesses kleine Abtragpartikel, nehmen die Partikel weniger Volumen im Arbeitsspalt ein, woraus eine geringe Partikelbeladung resultiert. Dadurch wird die Verkettung der Partikel zwischen dem Bauteil und dem Draht zu einer Partikelbrücke erschwert, was ähnlich zu den Bedingungen in einem kontaminationsfreien Arbeitsspalt ist. Wenn die Leerlaufspannung angelegt wird, kommt es nach der vorgesehenen Zündverzögerungszeit zur Entladung bzw. zum Einschalten der Leistungsstufe. Beruhend auf den Beobachtungen von YOSHIDA ET AL., die für Stahl Abtragpartikel im Bereich von $d_P = 5 - 30\ \mu m$ gemessen haben [YOSH97], wird vermutet, dass Keramiken mit Schmelzen als dominierendem Abtragmechanismus kleine Abtragpartikel aufweisen. Demgegenüber stehen große Abtragpartikel, die mehr Volumen im Arbeitsspalt einnehmen und somit eine stärkere Kontamination verursachen. Daraus resultieren geeignetere Bedingungen für eine Partikelbrückenbildung. Wenn in diesem Falle die Leerlaufspannung angelegt wird, kommt es zu einer verkürzten Zündverzögerungszeit oder zu einem größeren Arbeitsspalt [KAME12], weil die Abtragpartikel die Durchschlagfestigkeit des Dielektrikums soweit reduzieren [BOMM79], dass die Entladung früher zündet. Da PANTEN und SCHIMMELPFENNIG für $TiB_2$ Abtragpartikel im Bereich von $d_P = 100 - 200\ \mu m$ gemessen haben [PANT90, SCHI16], ist zu vermuten, dass bei dieser Keramik eine vergleichsweise kurze Zündverzögerungszeit oder ein großer Arbeitsspalt vorliegen müsste.

Um zu überprüfen, ob diese Theorie für den kontinuierlichen Prozess bei der Bearbeitung von Keramiken im CH-basierten Dielektrikum bestätigt werden kann, wurden die Abtragpartikel der Keramiken $Si_3N_4$-TiN, $ZrO_2$-WC und $TiB_2$ entsprechend dem Vorgehen aus Bild 4.4 aufgenommen, gereinigt und im Durchlichtmikroskop gemessen. Zunächst galt es, eine Charakterisierung der Abtragpartikel hinsichtlich ihrer Form, Größe und Oberflächenbeschaffenheit durchzuführen, um spezifische Besonderheiten der jeweiligen Abtragmechanismen zu ermitteln. Danach folgte die Darstellung der ermittelten Partikelgrößenverteilungen, um im Anschluss Rückschlüsse auf die gemessenen Zündverzögerungszeiten ziehen zu können. In Bild 5.15 sind exemplarisch für die $Si_3N_4$-TiN Keramik sowohl Aufnahmen mittels Licht- und Rasterelektronenmikroskop als auch EDX-Messungen eines Abtragpartikels dargestellt. Dieser Abtragpartikel ist unter Verwendung der MEG I7-P30-$S_{Soll}$60 entnommen worden.

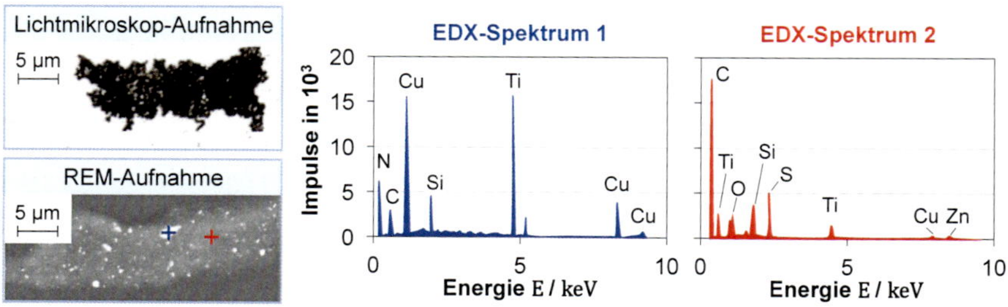


Bild 5.15: Charakterisierung eines Abtragpartikels der $Si_3N_4$-TiN Keramik im Licht- und Rasterelektronenmikroskop
*Characterization of an ablation particle of $Si_3N_4$-TiN ceramic by optical and scanning electron microscope*

Die Aufnahme mittels Lichtmikroskop zeigt ein schwarzes Partikel mit länglicher Form. Es sind keine sphärischen Formen oder scharfe Bruchkanten zu erkennen, von denen

PANTEN, SCHIMMELPFENNIG oder YOSHIDA ET AL. berichten. Im Rasterelektronenmikroskop sind vereinzelt hellgraue Bereiche zu erkennen, die von einem dunkelgrauen Bereich umgeben sind. Eine EDX-Messung dieser Bereiche hat ergeben, dass die hellgrauen Bereiche (EDX-Spektrum 1) hauptsächlich Keramik- oder Drahtwerkstoffbestandteile sind und der dunkelgraue Bereich (EDX-Spektrum 2) hauptsächlich Kohlenstoff ist. Da bei der EDX-Messung zur Erstellung des Spektrums ein Bereich von 2 µm x 2 µm gemessen wird, sind die Messungen mit einer Unsicherheit behaftet. Dennoch kann die qualitative Aussage über die Bestandteile der jeweiligen Bereiche getroffen werden. Es handelt sich bei den aufgenommenen Partikeln um ein Agglomerat einzelner Abtragpartikel, deren Bindeglied Kohlenstoff ist. Die Größe der agglomerierten Partikel variiert zwischen $d_P \approx 3\ \mu m$ und $d_P \approx 40\ \mu m$. Die Abtragpartikel der Keramik und des Drahtes, die sich im Agglomerat befinden, weisen eine Größe im Nanometerbereich auf. KAMENZKY konnte in ihren Untersuchungen zum Einfluss von pulveradditivierten ölbasierten Dielektrika auf den Drahtfunkenerosionsprozess ebenfalls eine Agglomeratbildung der Abtragpartikel feststellen [KAME12]. Insbesondere bei der Nutzung von Graphitpulver war eine erhöhte Agglomeratbildung zu verzeichnen. Wie bereits in Kapitel 5.1 erläutert wurde, kann während der Bearbeitung im ölbasierten Dielektrikum reiner Kohlenstoff entstehen. Dafür sind hohe Temperaturen und Drücke notwendig, sodass der Kohlenstoff zunächst gasförmig vorliegt [WIBE19]. Am Grenzbereich zwischen der Gasblase und dem Dielektrikum, wo sich die Abtragpartikel hauptsächlich sammeln (vgl. Bild 5.14), kühlt der gasförmige Kohlenstoff ab und bindet bei der Umwandlung in den festen Aggregatzustand die dort befindlichen Abtragpartikel. Für alle Keramiken hat sich diese Art der Partikel ergeben, was im Kontrast zu den Beobachtungen der genannten Autoren steht. Da PANTEN Wasser und SCHIMMELPFENNIG Pressluft als Arbeitsmedien nutzten, war kein Kohlenstoff in den Dielektrika vorhanden, der diese Agglomeratbildung hätte verursachen können. YOSHIDA ET AL. führten ihre Versuche unter der Verwendung eines ölbasierten Dielektrikums durch. Da sie nur Einzelentladungen untersucht haben und sie dieses Phänomen nicht beobachten konnten, tritt diese Agglomeratbildung wahrscheinlich nur in einem kontinuierlichen Prozess auf.

Durch die Aufnahme der Abtragpartikel aus dem kontinuierlichen Prozess kann die Partikelgrößenverteilung aus mehr als 5000 Abtragpartikeln je Versuchspunkt erstellt werden, wodurch eine hohe statistische Aussagefähigkeit gegeben ist. In Bild 5.16 ist die prozentuale Häufigkeitsverteilung der Partikelgrößen der drei Keramiken in Abhängigkeit von den Entladestromstufen $I5, I7$ und $I10$ dargestellt. Die Auswahl der Ergebnisse ist auf konstante Werte für die Entladefrequenz $P$ und den Vorschubregelwert $S_{Soll}$ beschränkt, um generelle Trends und Zusammenhänge aufzuzeigen. Da nicht garantiert werden konnte, alle Partikel während des Prozesses aufzufangen und zu untersuchen, kann keine absolute Quantifizierung der Partikel erstellt werden. Dennoch lässt sich eine Häufigkeitsverteilung erstellen, die Aufschluss über die Partikelgrößenverteilung gibt. Dabei werden die gemessenen Partikeldurchmesser in Klassen der Breite $b_K = 2{,}5\ \mu m$ eingeteilt.

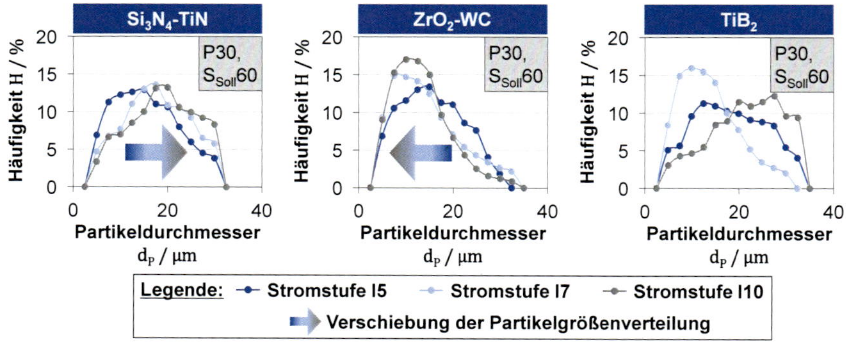


Bild 5.16: Partikelgrößenverteilung in Abhängigkeit von der Entladestromstufe
*Particle size distribution as a function of the discharge current level*

Generell liegt die Partikelgröße der Keramiken in der gleichen Größenordnung, was auf die Agglomeratbildung zurückgeführt wird. Dennoch entstehen keramikspezifische Größenunterschiede in Abhängigkeit von den Entladestromstufen. Es sei erwähnt, dass die Methode zur Aufnahme der Abtragpartikel, die in Kapitel 4 erläutert wird, die Partikelgröße nicht beeinflusst. Bei der $Si_3N_4$-TiN Keramik kommt es mit steigender Entladeenergie zur Verschiebung der Häufigkeitsverteilung hin zu größeren Partikeldurchmessern. Für die Entladestromstufen I5-I6 sowie I7-I10 liegen jeweils sehr ähnliche Partikelgrößenverteilungen vor. Da ab der Entladestromstufe I7 der sekundäre Abtragmechanismus Schmelzen (TiN schmilzt) eintritt und ab I8 signifikant zunimmt, ist anzunehmen, dass die eintretenden Schmelzvorgänge die Partikelgröße erhöhen. Dennoch ist bei $Si_3N_4$-TiN im Vergleich zu den anderen beiden Keramiken die Auswirkung der Entladeenergien auf die Partikelgrößenverteilung am geringsten. Da ähnlich zu den Untersuchungen von LAUWERS ET AL. Blasen in dem Schlauch und der Spritze während der Aufnahme der Partikel beobachtet werden konnten, wird davon ausgegangen, dass durch die Zersetzung entweder reiner Stickstoff oder Ammoniakgas entsteht [LAUW04]. Anders als bei LAUWERS ET AL. konnte kein Ammoniakgeruch wahrgenommen werden, weshalb davon ausgegangen wird, dass nur geringfügige Mengen von Ammoniak entstehen. Diese Gasblasenentwicklung konnte in dem Ausmaß nur für die $Si_3N_4$-TiN Keramik festgestellt werden.

Ein gegenläufiger Zusammenhang ist für die $ZrO_2$-WC Keramik zu beobachten. Dort kommt es mit steigender Entladestromstufe zu einer Verschiebung der Häufigkeitsverteilung hin zu kleinen Partikeldurchmessern. Auch bei dieser Keramik weisen jeweils die Entladestromstufen I5-I6 sowie I7-I10 sehr ähnliche Partikelgrößenverteilungen auf, wobei hier die Unterschiede zwischen den beiden Niveaus erheblicher sind als bei der $Si_3N_4$-TiN Keramik. Bezugnehmend auf die Diskussion über die hochviskosen schmelzflüssigen Werkstoffe $ZrO_2$ und WC in Kapitel 5.1 wird hier vermutet, dass durch höhere Entladeenergien die Viskosität der Schmelzen soweit reduziert wird, dass vermehrt kleinere Abtragpartikel entstehen. Durch die geringere Größe weisen die Abtragpartikel eine höhere Beweglichkeit auf, wodurch nur kleinere Agglomerate zusammen mit dem Kohlenstoff gebildet werden können.

Eine gänzlich andere Abhängigkeit der Partikelgrößenverteilung von der Entladestromstufe zeigt die $TiB_2$ Keramik. Hier kommt es zunächst durch die Erhöhung der Entladestromstufe von I5 auf I7 zu einer Verschiebung der Häufigkeitsverteilung hin zu kleinen Partikeldurchmessern. Bei weiterer Erhöhung der Entladestromstufe auf I10 verschiebt sich die Verteilung deutlich hin zu großen Abtragpartikeln. Somit entstehen bei dieser Keramik drei unterschiedliche Häufigkeitsverteilungen in Abhängigkeit von den Entladestromstufen. Für I5-I6 liegt eine sehr gleichmäßige Häufigkeitsverteilung über die ermittelten Partikeldurchmesser vor. Vergleichsweise kleine Partikel sind nur für die Entladestromstufe I7 festzustellen. Diese Beobachtung lässt sich mit den Erkenntnissen aus den Draufsicht-, Querschliff- und Einzelentladungsaufnahmen aus Bild 5.6 und Bild 5.7 verknüpfen. In diesen Aufnahmen sind hauptsächlich bei der Entladestromstufe I7 Schmelzbereiche festzustellen, die vermutlich ursächlich für die kleineren Abtragpartikel sind. Des Weiteren ist die Häufigkeitsverteilung dieser Entladestromstufe sehr ähnlich zu denen der Entladestromstufen I7-I10 der $ZrO_2$-WC Keramik, was ein weiteres Indiz für die Auswirkung der Schmelzvorgänge auf die Reduktion der Partikelgröße ist. Die Entladestromstufen I8-I10 verursachen bei der $TiB_2$ Keramik nicht nur eine fast identische Häufigkeitsverteilung der Partikelgröße, sondern auch einen sehr hohen Anteil an großen Partikeln. Auch diese Beobachtung deckt sich mit den Erkenntnissen aus den Draufsicht-, Querschliff- und Einzelentladungsaufnahmen. Bei diesen Entladestromstufen entstehen große Ausbrüche mit scharfen Kanten, die ursächlich für große Abtragpartikel sein können. Es wird vermutet, dass sowohl die hohe elektrische Leitfähigkeit als auch der kovalente Bindungscharakter des $TiB_2$ die Agglomeratbildung begünstigen. Somit entstehen beim dominierenden Abtragmechanismus Abplatzen große Abtragpartikel, die zu großen agglomerierten Partikeln führen. Dementsprechend entstehen kleinere Abtragpartikel, wenn der sekundäre Abtragmechanismus Schmelzen eintritt, woraus sich wiederum kleine agglomerierte Partikel ergeben. Neben der Entladestromstufe bzw. der Entladeenergie, ist ein Einfluss der Entladefrequenz auf die Partikelgrößenverteilung zu erwarten. In Bild 5.17 ist exemplarisch für die Entladestromstufe I7 die Partikelgrößenverteilung in Abhängigkeit von der Entladefrequenz dargestellt.

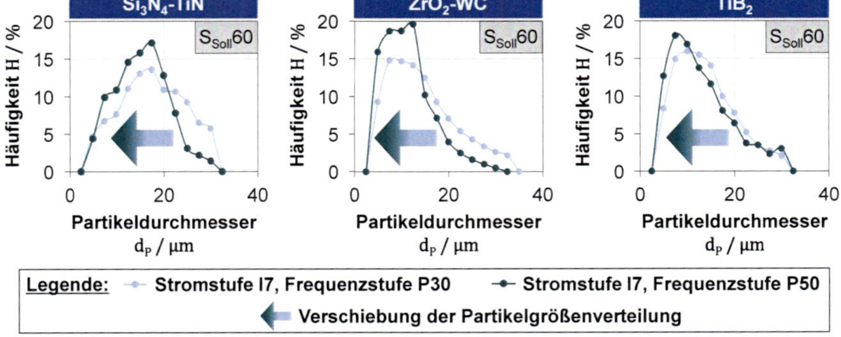


Bild 5.17: Partikelgrößenverteilung in Abhängigkeit von der Entladefrequenz
*Particle size distribution as a function of the discharge frequency*

Eine Erhöhung der Entladefrequenz bewirkt bei allen Keramiken eine Verschiebung der Häufigkeitsverteilung hin zu kleinen Partikeldurchmessern. Für die $Si_3N_4$-TiN und $ZrO_2$-WC Keramiken ist die Auswirkung signifikanter als für die $TiB_2$-Keramik. Dieser Zusammenhang besteht für alle Entladestromstufen. Da sich hier ein Trend unabhängig von den dominierenden Abtragmechanismen zeigt, wird vermutet, dass durch die gesteigerte Entladefrequenz (vgl. Bild 5.11) das Agglomerieren beeinflusst wird. Denkbar ist, dass der Gasblasenanteil im Arbeitsspalt durch die höhere Entladungsanzahl zunimmt, wodurch weniger flüssiges Dielektrikum für die Agglomeratbildung vorhanden ist. Da insbesondere der Anteil an höherenergetischen Normentladungen zugenommen hat, müssen auch mehr großvolumige Gasblasen entstehen. Des Weiteren kann durch den erhöhten Normentladungsanteil ausgeschlossen werden, dass die kleineren Partikel eine Folge von vermehrten niederenergetischen Fehlentladungen sind. Da hier nur ein Effekt beobachtet und keine eindeutige Erklärung gegeben werden kann, sind weitergehende Untersuchungen notwendig. Für eine detailliertere Beobachtung der Entstehung der Abtragpartikel sind Aufnahmen mittels Hochgeschwindigkeitskamera erforderlich, deren Durchführung im Rahmen dieser Arbeit nicht geleistet werden konnte. Dennoch können diese Ergebnisse zusammen mit den Prozessauswertungen für Erklärungsansätze zum Einfluss der Abtragpartikel auf die Stabilität und Produktivität des Prozesses genutzt werden, was in Kapitel 5.4 detailliert diskutiert wird.

## 5.3 Einfluss verschiedener Drahtelektroden

*Influence of different wire electrodes*

Die Produktivität sowohl der Drahtfunkenerosion im Vergleich zu anderen Fertigungsverfahren als auch der drahtfunkenerosiven Keramikbearbeitung gemessen an metallischen Werkstückwerkstoffen sind als gering einzustufen, weshalb jede Maßnahme zur Produktivitätssteigerung essentiell ist. Neben den Werkstoffeigenschaften des Werkstücks und den elektrischen Prozesskenngrößen hat der Draht einen wesentlichen Einfluss auf die Prozessproduktivität [HENS84]. Aus diesem Grund wird der Einfluss unterschiedlicher Drahtwerkstoffe auf die Schnittrate untersucht. Es werden ein kommerziell erhältlicher Draht mit Zink-Beschichtung (gapstar ONE.9) und ein Sonderdraht aus Bronze ohne Beschichtung verwendet, die beide vom Unternehmen Bedra bezogen wurden. Der beschichtete Draht ist laut Hersteller insbesondere durch die Verbesserung der Zündbedingungen im Arbeitsspalt zur Erzielung höchster Produktivität geeignet. Da sich diese Aussage auf metallische Werkstoffe bezieht, soll überprüft werden, ob dieser Draht auch für keramische Werkstoffe geeignet ist. Bronze hat einen um $\Delta T = 100$ °C geringeren Schmelzpunkt als Messing [HANS58], weshalb vermutet wird, dass beim Bronzedraht sowohl deutlich mehr als auch wesentlich kleinere Abtragpartikel entstehen, die zu gleichmäßigeren Spaltbedingungen führen. Diese Drähte weisen mit $d_D = 0{,}2$ mm den gleichen Durchmesser wie der Messingblankdraht bercocut Pro auf, wodurch gezielt der Einfluss des Drahtwerkstoffs auf die Produktivität untersucht werden kann. Da die maximal übertragbare Entladeenergie vom Drahtquerschnitt abhängig ist [KLOC07], wird zusätzlich der Messingblankdraht bercocut Pro mit dem Durchmesser $d_D = 0{,}3\ \text{mm}$ genutzt. Neben dem Einfluss auf die Produktivität soll auch die Auswirkung höherer Entladeenergien auf den Abtragmechanismus bzw. die Oberflächenausprägung der Keramiken untersucht werden. In Bild 5.18 sind für eine eingeschränkte Auswahl an Parameterkombinationen die erzielten Schnittraten im Vergleich zu dem bislang verwendeten Messingblankdraht bercocut Pro mit $d_D = 0{,}2\ \text{mm}$ Durchmesser dargestellt.

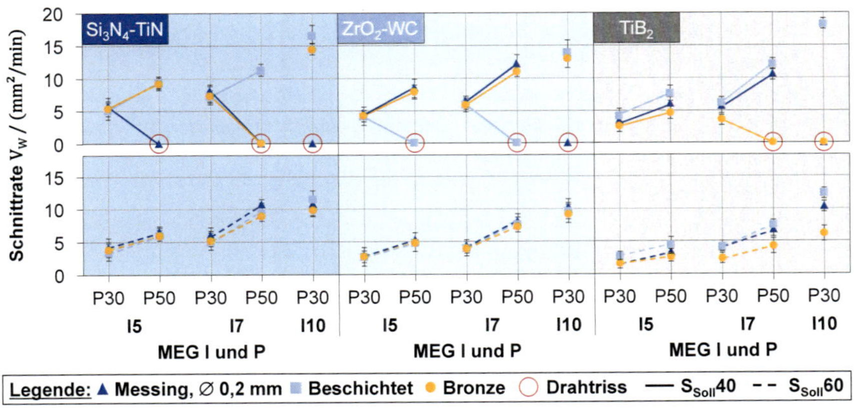


Bild 5.18: Auswirkung unterschiedlicher Drahtelektroden auf die Schnittrate
*Effect of different wire electrodes on the cutting rate*

Zum Verständnis der Abbildung sei erwähnt, dass im oberen Teil die Ergebnisse unter Verwendung des Vorschubregelwerts $S_{Soll}40$ und im unteren Teil unter der Verwendung von $S_{Soll}60$ dargestellt sind. Für den Vorschubregelwert $S_{Soll}40$ ist der Einfluss der Drahtwerkstoffe auf die Schnittrate für alle Keramiken sehr unterschiedlich. Bei der $Si_3N_4$-TiN Keramik haben der beschichtete Draht und der Bronzedraht einen sehr ähnlichen Einfluss. Es wird vermutet, dass bei den Entladestromstufen I5 und I7 die stärkere Kontamination insbesondere durch die Zinkbeschichtung den Einfluss des hohen Gasanteils kompensiert. Durch die verbesserten Spaltbedingungen können somit höhere Entladefrequenzen und kürzere Zündverzögerungszeiten genutzt werden. Auch bei der Entladestromstufe I10, die große Partikel verursacht, bewirkt eine weitere Spaltkontamination durch den Drahtwerkstoff bessere Bedingungen. Dies spiegelt sich in der Nutzung einer kürzeren Zündverzögerungszeit, einer geringen Vorschubschwankung ($\Delta S_{Ist} \approx 4{,}4\ \%$) und der höchsten Schnittrate wider. Bei der $ZrO_2$-WC Keramik haben die beiden Drahtwerkstoffe entweder zu einer leichten Verschlechterung der Schnittrate oder sogar zu Drahtrissen (beschichteter Draht) geführt. Die Reduktion der Schnittrate kann durch eine im Schnitt um $\Delta t_d \approx 10\ \mu s$ kürzere Zündverzögerungszeit erklärt werden, die eine erhöhte Vorschubschwankung zur Folge hat. Es wird vermutet, dass durch die vergleichsweise kleinen Partikel, die während der Bearbeitung dieser Keramik entstehen, die Spaltbedingungen sehr gut sind, sodass eine weitere Kontamination durch die Drahtelektrode nur Instabilitäten erzeugt. Die Vermutung wird durch die geringfügig schmalere Schnittspurbreite im Vergleich zum Messingdraht bestärkt, die eine Dekontamination des Arbeitsspalts erschwert. Bei der höchsten Entladestromstufe I10 ermöglicht die Kombination aus ausreichend breitem Arbeitsspalt und stärkerer Kontamination durch die Drahtwerkstoffe die Nutzung von kürzeren Zündverzögerungszeiten. Dabei führt die sehr geringe Vorschubschwankung ($\Delta S_{Ist} \approx 2{,}7\ \%$) zu einer hohen Schnittrate. Den größten Einfluss auf die Produktivität hat der beschichtete Draht bei der $TiB_2$ Keramik. Neben dem generellen Anstieg der Schnittrate kann auch eine Bearbeitung mit der Technologie I10-P30-$S_{Soll}$40 ermöglicht werden, die sogar die höchste Schnittrate aller Versuche darstellt. Die Kombination aus kürzerer Zündverzögerungszeit und breiterem Arbeitsspalt werden als ursächlich für den Schnittratenanstieg angesehen. Da bei der Bearbeitung der $TiB_2$ Keramik mit hohen Entladeenergien große Partikel entstehen, ist ein größerer Arbeitsspalt durch die stärkere Kontamination mit der Zinkbeschichtung für die Produktivität förderlich. Der Bronzedraht ist für die Bearbeitung von $TiB_2$ ungeeignet, da er die Zündverzögerungszeit im Schnitt um $\Delta t_d \approx 10\ \mu s$ verlängert, was die Vorschubschwankung sogar deutlich erhöht und die Schnittrate erheblich reduziert. Vermutlich kommt hier die geringere elektrische Leitfähigkeit der Bronze im Vergleich zum Messing und Zink zum Tragen [HANS58]. Für den Vorschubregelwert $S_{Soll}$60 ist zu beobachten, dass die Drahtwerkstoffe keinen wesentlichen Einfluss auf die Schnittrate haben, da es nur zu einer geringfügigen Veränderung der Zündverzögerungszeit kommt. Lediglich bei der $TiB_2$ Keramik verlängert der Bronzedraht die Zündverzögerungszeit im Schnitt um $\Delta t_d \approx 5\ \mu s$, was die Vorschubschwankung erhöht und die Schnittrate reduziert.

Generell ist festzuhalten, dass ein beschichteter Messingdraht nicht zwangsläufig zu einer Verbesserung der Schnittrate führt, wie es bei metallischen Werkstoffen der Fall ist. Dieser Drahtwerkstoff eignet sich hauptsächlich für die Bearbeitung mit hohen Entladeströmen und kurzen Zündverzögerungszeiten. Insbesondere bei elektrisch sehr leitfähigen Materialien mit großen Abtragpartikeln hat die Zinkbeschichtung durch die erhöhte Spaltkontamination und -breite einen Produktivitätsvorteil. Der Bronzedraht bietet im Vergleich zum Messingdraht einen Mehrwert, wenn eine Keramik bearbeitet wird, bei der eine zusätzliche Gasentstehung möglich ist. Da die Schnittspurbreiten des Bronze- und des Messingdrahtes nahezu identisch sind und die elektrische Leitfähigkeit von Bronze nur halb so hoch ist wie die von Messing, wird vermutet, dass die Spaltbedingungen für eine produktive Bearbeitung nicht optimal sind. Nichtsdestotrotz reduziert der Bronzedraht bei der $Si_3N_4$-TiN und der $ZrO_2$-WC Keramik bei hohen Entladeenergien die Vorschubschwankung, wodurch eine erhöhte Schnittrate vorliegt. Hier wird die Vermutung, dass der geringere Schmelzpunkt kleinere Abtragpartikel bewirkt und somit gleichmäßigere Spaltbedingungen entstehen, als Erklärungsansatz genutzt. Im Rahmen dieser Arbeit konnte diese Theorie jedoch nicht überprüft werden.

Für alle Drahtwerkstoffe hat sich gezeigt, dass unabhängig vom Vorschubregelwert keine Bearbeitung mit der Technologie I10-P50 oder mit höheren Entladestromstufen bzw. Entladeenergien möglich war. Scheinbar schädigt die hohe Entladeenergie den Draht soweit, dass eine weitere Entladeenergie- oder Entladefrequenzerhöhung den kritischen Punkt überschreitet, der zu einem Drahtriss führt. Da gezeigt wurde, dass die Entladeenergie einen wesentlichen Einfluss auf die Produktivität und die Oberflächenausprägung hat, wird der Messingdraht bercocut Pro mit dem Durchmesser $d_D = 0{,}3\ \mathrm{mm}$ eingesetzt. In Bild 5.19 sind die erzielten Schnittraten im Vergleich zum dünneren Messingdraht dargestellt.

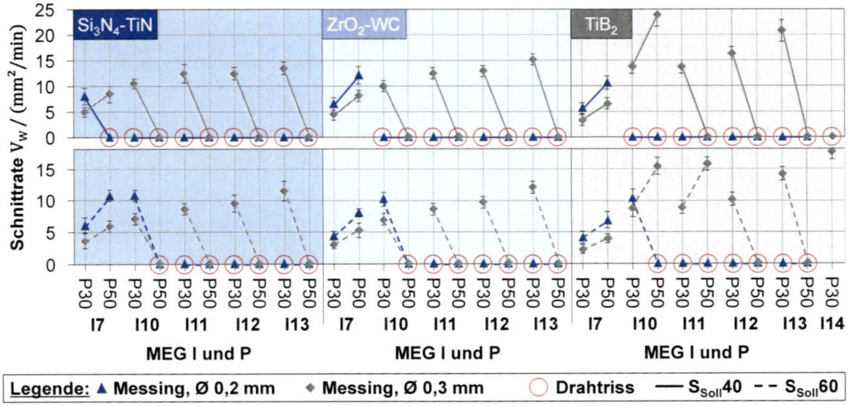


Bild 5.19: Auswirkung eines größeren Drahtdurchmessers und einer höheren Entladeenergie auf die Schnittrate

*Effect of larger wire diameter and higher discharge energy on cutting rate*

Aus den Ergebnissen ist ersichtlich, dass in den Entladestromstufen I7 und I10 unter Verwendung des dickeren Drahtes eine wesentlich geringere Schnittrate vorliegt. Aufgrund des größeren Querschnitts und der daraus resultierenden breiten Schnittspur, muss mehr Material abgetragen werden. Bei gleicher Entladeenergie führt dies zu einer reduzierten Schnittrate. Erst wenn höhere Entladeenergien genutzt werden, kommt es zu einer Steigerung der Schnittrate. Bei den Keramiken $Si_3N_4$-TiN und $ZrO_2$-WC ist der Anstieg der Schnittrate im Vergleich zu dem dünneren Draht mit geringeren Entladeenergien nur geringfügig. Vor allem wenn eine lange Zündverzögerungszeit als Referenzwert ($S_{Soll}60$) verwendet wird, kann erst mit der Entladestromstufe I13 eine höhere Schnittrate erzielt werden. Diese Beobachtung erlangt insbesondere eine hohe Gewichtung, wenn die Entladeenergien miteinander verglichen werden. In der Entladestromstufe I10 wird eine Entladeenergie von ca. $W_e = 14\ \mathrm{mJ}$ und in der Entladestromstufe I13 von ca. $W_e = 30\ \mathrm{mJ}$ übertragen. Obwohl die Entladeenergie mehr als doppelt so hoch ist, kann trotz höherer Abtragrate keine signifikant höhere Schnittrate erzielt werden. Als ursächlich werden die wesentlich stärkeren Vorschubschwankungen ($\Delta S_{Ist} > 10\ \%$) angesehen, die laut dem festgelegten Stabilitätskriterium in Kapitel 5.2 über dem Grenzwert liegen. Der größere Drahtquerschnitt ermöglicht bei diesen Keramiken auch keine Nutzung von höheren Entladefrequenzen. Werden die Schnittratenergebnisse aus Bild 5.9 hinzugezogen, ist ersichtlich, dass unter Anwendung geringerer Entladeenergien mit kürzeren Zündverzögerungszeiten und höheren Entladefrequenzen die gleiche Produktivität zu erreichen ist. Im Gegensatz zu den Keramiken $Si_3N_4$-TiN und $ZrO_2$-WC kann bei der $TiB_2$ Keramik die Schnittrate signifikant durch den dickeren Draht gesteigert werden. Da in der Entladestromstufe I10 sowohl eine höhere Entladefrequenz als auch eine kürzere Zündverzögerungszeit als Referenzwert genutzt werden kann, steigt die Schnittrate um mehr als 100 % im Vergleich zum dünneren Draht an. Auch die Verwendung höherer Entladeenergien bewirkt eine Schnittratensteigerung, da die Vorschubschwankung mit $\Delta S_{Ist} < 9\ \%$ in den Entladestromstufen I10 - I14 wesentlich geringer ist als bei den anderen beiden Keramiken. Somit zeigt sich, dass nur bei elektrisch sehr leitfähigen Keramiken die Nutzung von hohen Entladeenergien zur Steigerung der Schnittrate sinnvoll ist.

Da in Kapitel 5.1 eine Abhängigkeit der Abtragmechanismen von der verwendeten Entladeenergie identifiziert werden konnte, soll im Folgenden untersucht werden, ob eine weitere Steigerung der Entladeenergie zu einer Veränderung der Abtragmechanismen führt. Aus diesem Grund sind in Bild 5.20 Draufsicht- und Querschliffaufnahmen der Keramiken unter Verwendung der Entladestromstufe I13 dargestellt.

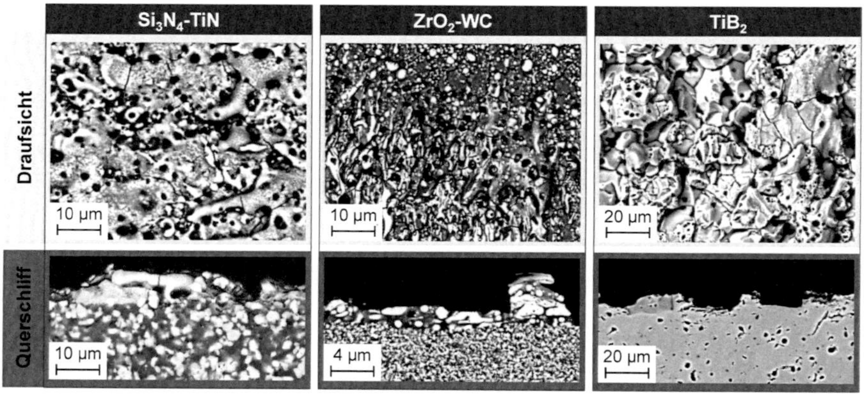


Bild 5.20: Draufsicht- und Querschliffaufnahme der Keramiken unter Verwendung der Entladestromstufe I13

*Top view and cross-section images of the ceramics using the discharge current level I13*

Die Aufnahmen haben unterschiedliche Maßstäbe, um die Vergleichbarkeit zu den Aufnahmen in Kapitel 5.1 zu gewährleisten. Für die $Si_3N_4$-TiN Keramik ist zu erkennen, dass ähnlich zur Entladestromstufe I10 Schmelzbereiche vorliegen, die aber einen wesentlich größeren Anteil an der Oberfläche einnehmen und mit einer höheren Rissanzahl versehen sind. Zusätzlich sind die Schmelzbereiche schärfer voneinander durch Bereiche getrennt, die stärker durch Zersetzung gekennzeichnet sind. Bei der Entladestromstufe I10 sind die Übergänge fließender, was sich in einer geringeren Oberflächenrauheit (I10 → Ra = 0,7 µm, I13 → Ra = 1 µm) widerspiegelt. Des Weiteren ist in den Querschliffaufnahmen zu sehen, dass die Schmelzbereiche doppelt so dick sind und ebenfalls hauptsächlich aus TiN bestehen. Für die $ZrO_2$-WC Keramik sind keine Unterschiede in der Ausprägung der Oberfläche zu erkennen. Bei der Entladestromstufe I13 nehmen die schollenförmigen Bereiche einen größeren Anteil an der Oberfläche ein. Dies führt zu einer Zunahme der Oberflächenrauheit von $Ra_{I10} = 0{,}95$ µm auf $Ra_{I13} = 1{,}35$ µm. Die Segregation der $ZrO_2$- und WC-Phasen liegt hier ebenfalls sowohl in den Schmelzbereichen als auch in den schollenförmigen Bereichen vor. Obwohl durch die Steigerung der Entladestromstufe von I10 auf I13 die Entladeenergie mehr als verdoppelt wurde, kann in den Querschliffaufnahmen keine Zunahme der Schmelzzonendicke identifiziert werden. Somit reicht die Entladeenergie immer noch nicht aus, um die Beobachtungen von WALTER ET AL. zu bestätigen [WALT22]. Auch bei der $TiB_2$ Keramik unterscheiden sich die grundlegenden Strukturen der Oberflächen nur geringfügig voneinander. Durch die Entladestromstufe I13 kommt es zu mehr freigelegtem Grundmaterial und weniger Schmelzbereichen, was für stärkere Abplatzvorgänge spricht. Bestätigt wird dies sowohl durch die Querschliffaufnahmen, die scharfkantigere Bereiche zeigen, als auch durch die wesentlich höhere Oberflächenrauheit (I10 → Ra = 2,2 µm, I13 → Ra = 2,9 µm). Somit lässt sich für alle Keramiken festhalten, dass eine weitere Steigerung der Entladeenergie keine Veränderung der Abtragmechanismen oder der Oberflächenstruktur zur Folge hat.

## 5.4 Zwischenfazit

*Intermediate conclusion*

Dem identifizierten Forschungsdefizit, dass für die Drahtfunkenerosion im CH-basierten Dielektrikum keine Untersuchungen zu den Abtragmechanismen von Keramiken vorliegen, wurde mit umfangreichen Versuchen begegnet. Dabei wurden neben materialografischen Untersuchungen und der Erstellung einer Größenverteilung der Abtragpartikel auch die Prozessproduktivität und -stabilität bewertet. Durch die folgende Zusammenführung und übergeordnete Betrachtung der Ergebnisse ist ein besseres Verständnis über die Bearbeitbarkeit elektrisch leitfähiger Keramiken mit unterschiedlichen dominierenden Abtragmechanismen möglich. Bei der $Si_3N_4$-TiN Keramik kommt es unter der Nutzung geringer Entladeenergien (I5-I7), bei denen hauptsächlich Zersetzung als Abtragmechanismus vorliegt, zu kleinen Partikeln und zu vergleichsweise starken Schwankungen der Vorschubregelung. Die Vorschubschwankung erhöht sich mit steigender Entladeenergie. Da während der Zersetzung Stickstoff entsteht und vermehrt kleine Partikel vorliegen, wird vermutet, dass der Arbeitsspalt wesentlich durch den Stickstoff oder durch entstehendes Ammoniakgas kontaminiert ist. Durch die isolierenden Eigenschaften von Stickstoff und Ammoniak liegen Bedingungen im Arbeitsspalt vor, die eine elektrische Entladung nicht begünstigen, was durch einen erhöhten Fehlentladungsanteil in diesen Entladestromstufen weiter untermauert wird. Der unzureichende Materialabtrag der Fehlentladungen führt bei einer kurzen Zündverzögerungszeit als Referenzwert ($S_{Soll}40$), aus der eine erhöhte Drahtvorschubgeschwindigkeit resultiert, zu starken Schwankungen der Vorschubregelung. Die schlechten Spaltbedingungen und der hohe Fehlentladungsanteil führen dazu, dass bei der Verwendung der Entladefrequenzstufe P50 keine Bearbeitung ohne Drahtriss möglich war. Um geringe Vorschubschwankungen und somit eine hohe Prozessstabilität zu gewährleisten, muss bei dieser Keramik eine lange Zündverzögerungszeit als Referenzwert ($S_{Soll}60$) gewählt werden. Ab der Entladestromstufe I8 nimmt der sekundäre Abtragmechanismus Schmelzen stark zu und die Partikelgröße steigt weiter an. Bezugnehmend auf die Schmelzzonendicke in Bild 5.2 wird vermutet, dass durch das Aufschmelzen des TiN eine Agglomeratbildung sattfindet, wodurch größere Abtragpartikel entstehen als durch das Herauslösen der TiN-Körner bei den geringeren Entladeenergien. Dies wiederum ermöglicht die Bildung von großen agglomerierten Partikeln. Durch die größeren Partikel wird die Arbeitsspaltkontamination weniger durch den Stickstoff oder das Ammoniakgas, sondern stärker durch die Partikel beeinflusst. Für die Partikel ist, aufgrund der Zusammensetzung aus Kohlenstoff und den Elektrodenwerkstoffen, eine wesentlich höhere elektrische Leitfähigkeit zu vermuten als für Stickstoff oder Ammoniakgas. Dadurch entstehen gleichmäßigere Arbeitsspaltbedingungen, die eine Entladung begünstigen, weshalb auch der Normentladungsanteil signifikant zunimmt. Der effizientere Materialabtrag der Normentladungen ermöglicht die Nutzung kürzerer Zündverzögerungszeiten als Referenzwert, was die Produktivität zusätzlich steigert. Aufgrund der gleichmäßigeren Spaltbedingungen ist die Vorschubschwankung für die Entladestromstufen I8-I10 nahezu identisch, sogar für unterschiedliche $S_{Soll}$-Werte. Die Verwendung höherer Entladefrequenzen bewirkt die Entstehung von Partikeln geringerer Größe, was zusätzlich zur Gleichmäßigkeit der Spaltbedingungen beiträgt. Daraus resultieren geringere Vorschubschwankungen, die für eine Produktivitäts- und Stabilitätssteigerung förderlich sind. Somit ist für eine möglichst produktive und stabile Bearbeitung die Verwendung von hohen Entladeenergien mit langer Zündverzögerungszeit und erhöhter Entladefrequenz empfehlenswert (bspw.: I9-P40-$S_{Soll}$50).

Für die $ZrO_2$-WC Keramik haben sich andere Auswirkungen der Partikelgrößenverteilung auf die Prozessproduktivität und -stabilität ergeben. Mit steigender Entladeenergie bzw. Entladestromstufe wird die Partikelgröße zwar reduziert, es kommt aber zu keiner Reduktion der Vorschubschwankung. Dennoch müssen die vergleichsweise kleinen Partikel zu sehr gleichmäßigen Spaltbedingungen führen, da bei dieser Keramik (mit Ausnahme von $Si_3N_4$-TiN bei den Entladestromstufen I8-I10) die geringsten Vorschubschwankungen vorliegen. Diese Beobachtung deckt sich mit der Theorie aus Bild 5.14. Dies wird darauf zurückgeführt, dass nach der Segregation der $ZrO_2$- und WC-Phasen sehr kleine WC-Agglomerate mit hoher elektrischer Leitfähigkeit ($\kappa = 4{,}5 \cdot 10^6$ S/m) vorliegen [PIER96], die sich wiederum sehr gleichmäßig in den agglomerierten Partikeln verteilen können. Die gleichmäßigen Spaltbedingungen werden durch den sukzessiven Anstieg des Normentladungsanteils mit steigender Entladeenergie bzw. reduzierender Partikelgröße weiter bestätigt. Der hohe Materialabtrag der Normentladungen und die gleichmäßigen Spaltbedingungen ermöglichen die Nutzung einer kurzen Zündverzögerungszeit als Referenzwert, woraus sich sogar eine reduzierte Vorschubschwankung ergibt. Durch längere Zündverzögerungszeiten als Referenzwert kommt es bei dieser Keramik sogar zu einem Anstieg der Vorschubschwankung. Dies lässt sich nur damit begründen, dass die sehr gleichmäßigen Zündbedingungen ein frühzeitiges Zünden der Entladungen bewirken und die Maschine durch wiederholende Reduktion der Drahtvorschubgeschwindigkeit versucht die lange Zündverzögerungszeit einzuhalten. Auch bei dieser Keramik führen die höheren Entladefrequenzen zu kleineren Abtragpartikeln, woraus gleichmäßigere Spaltbedingungen und kürzere Zündverzögerungszeiten resultieren. Mit Ausnahme bei der Entladestromstufe I5 bewirkt die reduzierte Zündverzögerungszeit in Kombination mit dem hohen Materialabtrag der Normentladungen eine Reduktion der Vorschubschwankung. Für eine möglichst produktive und stabile Bearbeitung ist bei dieser Keramik die Verwendung einer mittleren Entladeenergie mit kurzer Zündverzögerungszeit und hoher Entladefrequenz erforderlich (bspw.: I8-P40-$S_{Soll}$40).

Bei der $TiB_2$ Keramik bewirken die im Vergleich zu den anderen Keramiken wesentlich größeren Partikel die kürzesten Zündverzögerungszeiten, was sich ebenfalls mit der Theorie aus Bild 5.14 deckt. Lediglich bei der Entladestromstufe I7 kommt es zu längeren Zündverzögerungszeiten. Dies wird auf die vergleichsweise kleinen Partikel zurückgeführt, die sich aus dem sekundären Abtragmechanismus Schmelzen ergeben. Da diese Keramik weder ein Zwei-Phasen-Werkstoff ist noch während der Bearbeitung vermehrt Gase entstehen, liegen vermutlich wesentlich zündfähigere Bedingungen im Arbeitsspalt vor als bei den anderen Keramiken. In weitergehenden Untersuchungen konnte bei dieser Keramik trotz des höchsten Schmelzpunktes für alle MEG-Kombinationen die breiteste Schnittspur gemessen werden, was bezugnehmend auf die Beobachtungen von KAMENZKY, KANSAL ET AL., LUO UND PEÇAS ein weiteres Indiz für eine erhöhte Zündfähigkeit des Arbeitsspaltes ist [KAME12, KANS07, LUO97, PEÇA08]. In Kombination mit der Größe der agglomerierten Partikel resultieren für die Entladestromstufen I5-I7 hohe Normentladungsanteile mit geringer Vorschubschwankung und für die Entladestromstufen I8-I10 geringe Normentladungsanteile mit hoher Vorschubschwankung. Dieser Zusammenhang zeigt auf, dass die sehr großen Partikel ab der Entladestromstufe I8 vermutlich zu einer zu kurzen Zündverzögerungszeit führen, was die Prozessstabilität negativ beeinflusst. Die reduzierte Prozessstabilität wirkt sich wiederum negativ auf die Schnittratensteigerung aus, denn in diesen Entladestromstufen ist der Zuwachs der Schnittrate moderater im Vergleich zu den anderen Keramiken. Generell ermöglichen aber die zündfähigeren Spaltbedingungen die Nutzung kürzerer Zündverzögerungszeiten als Referenzwert, was sich in einer Reduktion der Vorschubschwankung gegenüber den längeren Zündverzögerungszeiten widerspiegelt. Um eine möglichst produktive und stabile Bearbeitung in dieser Keramik zu gewährleisten, ist die Verwendung einer mittleren Entladeenergie mit kurzer Zündverzögerungszeit und hoher Entladefrequenz empfehlenswert (bspw.: I7-P50-$S_{Soll}$40).

Die Ergebnisse zeigen, dass die drahtfunkenerosive Bearbeitung der Keramiken, bedingt durch die unterschiedlichen Abtragmechanismen, sehr individuell ist und sich von den bisherigen Modellvorstellungen metallischer Werkstoffe wesentlich unterscheidet. Insbesondere die $Si_3N_4$-TiN Keramik grenzt sich durch die Zersetzungsreaktion von den anderen Keramiken und den metallischen Werkstoffen ab. Darüber hinaus konnte für die $Si_3N_4$-TiN und die $TiB_2$ Keramiken in Abhängigkeit von der Entladeenergie ein sekundärer Abtragmechanismus festgestellt werden, der als Schmelzen identifiziert wurde. Diese Beobachtungen stehen im Widerspruch zu den zitierten Forschungsarbeiten, was bezüglich der Keramikbearbeitung neue Erkenntnisse liefert. In Bild 5.21 sind die wesentlichen erlangten Erkenntnisse zur drahtfunkenerosiven Bearbeitung elektrisch leitfähiger Keramiken im CH-basierten Dielektrikum mit unterschiedlichen Abtragmechanismen veranschaulicht zusammengefasst.

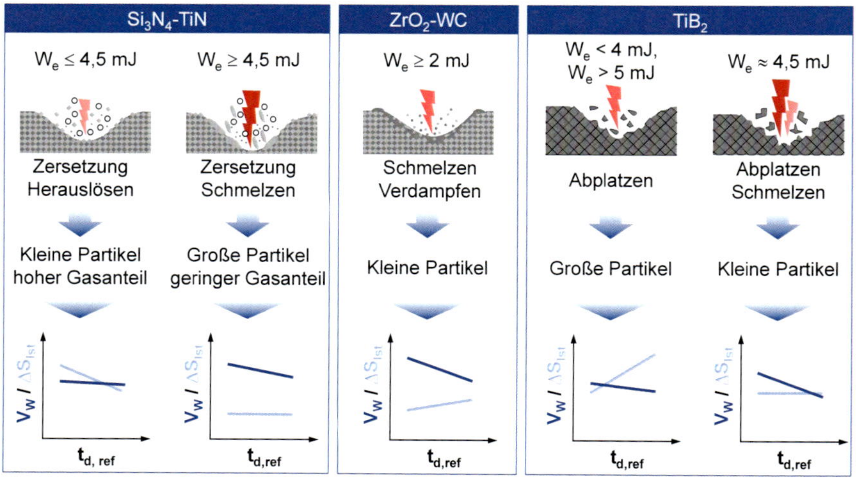


Bild 5.21: Synthese der Ergebnisse im CH-basierten Dielektrikum
*Synthesis of the results in CH-based dielectric*

Die Versuche mit unterschiedlichen Drahtwerkstoffen haben gezeigt, dass nur bei Keramiken mit großen Abtragpartikeln wie bei $TiB_2$ oder bei denen zusätzlich Gase entstehen wie bei $Si_3N_4$-TiN eine stärkere Spaltkontamination durch den Draht die Produktivität steigern. Bei der $ZrO_2$-WC Keramik war die weitere Spaltkontamination sogar von Nachteil, was gegensätzlich zu den Erkenntnissen von metallischen Werkstoffen ist. Durch einen dickeren Drahtdurchmesser können zwar höhere Entladeenergien übertragen werden, was aber nur bei der $TiB_2$ Keramik zu signifikant höheren Schnittraten führt. Aus diesen Erkenntnissen lässt sich ableiten, dass eine höhere Prozessproduktivität eher durch die Vorschubregelung als durch die Drahtmaterialien erzielt werden kann.

# 6 Biegefestigkeit drahtfunkenerodierter Keramiken

*Bending strength of wire electrical discharge machined ceramics*

Aufgrund des spröden Bruchverhaltens von Keramiken hat die Zugfestigkeit für die konstruktive Auslegung eine höhere Bedeutung als die Druckfestigkeit [TIET94]. Da der Fertigungsaufwand von keramischen Zugproben sehr hoch ist, wird die Biegefestigkeit mithilfe des Biegebruchversuchs ermittelt [MUNZ89]. Für metallische Werkstoffe konnte in diversen Arbeiten gezeigt werden, dass die Festigkeit durch den Drahterosionsprozess beeinflusst wird [HENS17, SIEG94, WELL15]. Neben Rauheitsspitzen wurden auch thermisch induzierte Zugeigenspannungen und Mikrorisse in der Randzone als Ursachen identifiziert. Die Verwendung niederenergetischer Nachschnitte reduzierte die Randzonenschädigung und steigerte die Festigkeit. Für Keramiken wurden bislang keine Untersuchungen bezüglich der Reduktion von Randzonenschädigungen durch Nachschnitte sowie deren Auswirkung auf die Festigkeit durchgeführt. Da aus den verschiedenen Abtragmechanismen unterschiedliche Oberflächenintegritäten resultieren, wird in diesem Kapitel untersucht, ob diese Abtragmechanismen individuelle Nachschnittstrategien zur Rauheits- und Rissreduktion erfordern. Anhand von Biegebruchprüfungen wird der Einfluss sowohl von den optimierten Nachschnitten als auch von Hauptschnitten mit unterschiedlichen Entladeenergien bewertet. Zusätzlich wird ein erster Ansatz für ein Simulationsmodell verfolgt, mit dem a priori die Tiefe der thermischen Einwirkung und die daraus resultierenden mechanischen Spannungen im Material abgeschätzt werden, die ein frühzeitiges Bauteilversagen bewirken können. Mit dieser Möglichkeit sollen aufwändige Untersuchungen der Oberflächenstruktur vermieden werden.

## 6.1 Keramikspezifische Nachschnittbearbeitung

*Ceramic specific trim cut processing*

Aufgrund der unterschiedlichen Oberflächenintegritäten, die aus den verschiedenen Abtragmechanismen resultieren, wird vermutet, dass die Nachschnittbearbeitung auf den jeweiligen Abtragmechanismus angepasst werden muss und keine einheitliche Bearbeitungstechnologie verwendet werden kann. Deshalb wird untersucht, welche Verbesserung der Oberflächenrauheit in Abhängigkeit von der Nachschnittbearbeitung und den jeweiligen Abtragmechanismen erzielt werden kann. Die Vorgehensweise zur Optimierung der Nachschnittbearbeitung ist Bild 6.1 zu entnehmen. Zunächst wird auf Basis der Untersuchung in Kapitel 5.2 eine Hauptschnitttechnologie ausgewählt, deren resultierende Oberflächengüte es zu verbessern gilt. Da bei allen Keramiken die Schädigung der Randzone bei der Entladestromstufe I10 am höchsten war, wird diese Einstellung für alle Hauptschnittbearbeitungen verwendet. Damit soll aufgezeigt werden, dass durch die Nachschnitte auch die stärkste zu erwartende Randzonenschädigung reduziert werden kann. Bei der $Si_3N_4$-TiN Keramik liegt für diese Entladestromstufe zwar die geringste Rauheit vor, dennoch deutet die hohe Rissanzahl auf eine stark geschädigte Randzone hin, was bei den geringen Entladeenergien nicht in dem Maße festgestellt wurde. Unter anderem konnte mit dieser Entladestromstufe bei allen Keramiken eine vergleichsweise hohe Schnittrate erzielt werden, was in Bezug zur gesamten Prozessproduktivität ein wichtiges Kriterium ist.

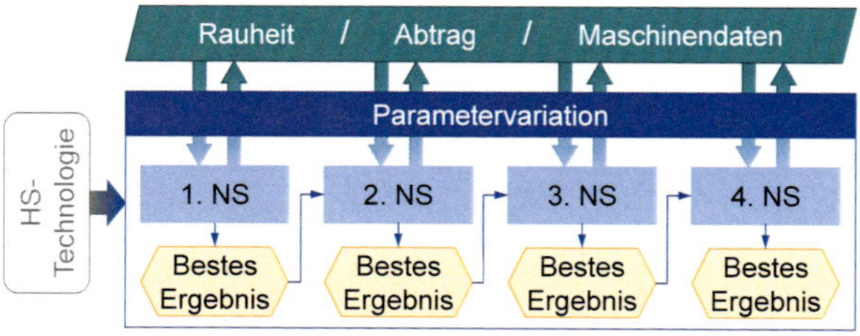


| Nach-schnitt | Variation MEG | Zu erfüllende Kriterien |
|---|---|---|
| 1. NS<br>2. NS | I, P | Abtrag $\geq$ Rt<br>$Ra_{Nach} < Ra_{Vor}$ |
| 3. NS | P | Rissreduktion |
| 4. NS | $v_s$ | Abtrag $\geq 2 \cdot$ Ra<br>$Ra_{Nach} < Ra_{Vor}$ |

**Legende:** HS = Hauptschnitt, NS = Nachschnitt

Bild 6.1: Vorgehensweise zur Optimierung der Nachschnittbearbeitung
*Procedure for optimizing the trim cut processing*

Zur Optimierung der Nachschnittbearbeitung wird in jedem Nachschnitt eine Parametervariation der MEG durchgeführt, die der Tabelle im rechten Teil des Bildes zu entnehmen sind. Für detaillierte Informationen sei auf Kapitel 4 verwiesen. Die jeweils besten Ergebnisse der Parametervariation stellen die Eingangssituation für die folgende Nachschnittbearbeitung dar. Zur Bewertung der Ergebnisse werden der arithmetische Mittenrauwert Ra, der Materialabtrag a sowie die Maschinendaten in Form der Schnittrate $V_W$ und der Vorschubregelung $S_{Ist}$ erfasst. Da die Erfassung der Schnittrate lediglich zur Sicherstellung einer akzeptablen Produktivität dient, wird eine Bewertungsfunktion aufgestellt, in der die Rauheit und die Schnittrate gewichtet werden. Dabei wird die Rauheit mit dem Faktor drei und die Schnittrate mit dem Faktor eins gewichtet, wodurch bei der Ergebnisdarstellung der Fokus auf der Rauheit liegt. Die Vorschubregelung wird erfasst, um sicherzustellen, dass die ersten drei Nachschnitte das Stabilitätskriterium aus Kapitel 5.2.2 erfüllen. Eine Erfassung der Vorschubregelung bzw. eine Betrachtung der Stabilitätskriterien im vierten Nachschnitt ist irrelevant, weil ein konstanter Vorschub eingestellt wird. Zusätzlich werden mithilfe von REM-Aufnahmen die Veränderungen der Oberflächenintegrität ermittelt.

Um die optimale Parameterkombination auswählen zu können, müssen die Nachschnitte neben der Rauheitsreduktion noch weitere Kriterien erfüllen. So muss der jeweilige Nachschnitt ausreichend Material abtragen, damit die Randzone des vorherigen Schnittes entfernt wird. Für die ersten drei Nachschnitte wird als Kriterium die höchste Rautiefe Rt herangezogen. Somit kann sichergestellt werden, dass eine neue Oberfläche erzeugt wurde und es nicht zu Überlagerungen der Rauheitsprofile kommt. Zusätzlich müssen die ersten drei Nachschnitte eine qualitative Reduktion der Rissanzahl im Vergleich zu dem jeweiligen vorherigen Schnitt bewirken. Denn das spröde Bruchverhalten der Keramiken lässt vermuten, dass Mikrorisse in der Randzone einen negativen Einfluss auf die Biegefestigkeit haben. Durch die geringen Entladeenergien kann der vierte Nachschnitt lediglich die Rauheitsspitzen reduzieren und keine neue Oberfläche erzeugen. Aus diesem Grund wird für den Materialabtrag im vierten Nachschnitt das Kriterium so angepasst, dass der Materialabtrag mindestens dem zweifachen arithmetischen Mittenrauwert Ra entsprechen muss. Darüber hinaus ist der Materialabtrag des vierten Nachschnitts nicht ausreichend um eventuelle Mikrorisse zu reduzieren, weshalb hier dieses Kriterium entfällt. Die Vorstellung und Diskussion der Ergebnisse erfolgt separat für die einzelnen Keramiken.

### 6.1.1 Nachschnittbearbeitung der $Si_3N_4$-TiN Keramik

Im Folgenden werden die Ergebnisse der Nachschnittoptimierung für die $Si_3N_4$-TiN Keramik vorgestellt. Die orangen Werte markieren jeweils das beste Ergebnis der Parametervariation in Bezug auf die zu erfüllenden Kriterien, siehe Bild 6.2.

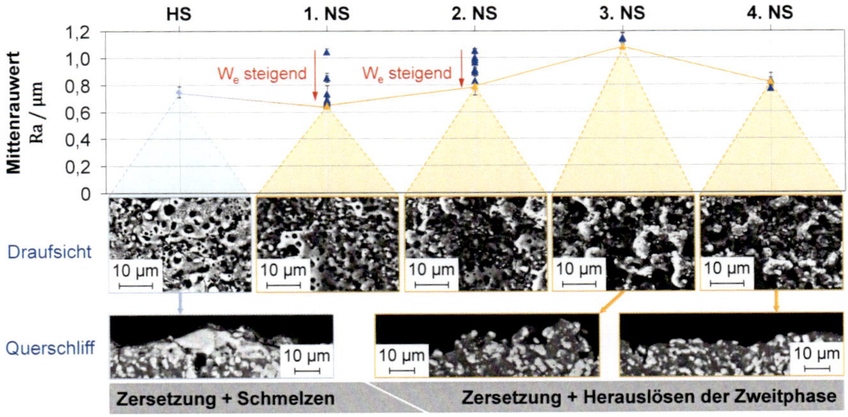


Bild 6.2: Ergebnisse der Nachschnittbearbeitung von $Si_3N_4$-TiN
*Results of the trim cut processing of $Si_3N_4$-TiN*

Für die $Si_3N_4$-TiN Keramik musste im ersten Nachschnitt das Kriterium für den Materialabtrag verändert werden, weil der Hauptschnitt zwar eine Rautiefe von $Rt \approx 7\ \mu m$ erzeugt hat, aber die wiedererstarrte Schmelzzone $d_{WS} \approx 10\ \mu m$ dick ist. Aus diesem Grund wurde der Materialabtrag von $a = 10\ \mu m$ festgelegt. Generell ist zu sehen, dass die Rauheit durch die Nachschnittbearbeitung nicht verbessert wird, was im Widerspruch zu den vorgestellten Kriterien und den Erkenntnissen der Bearbeitung von Metallen steht. Dies ist auf den Wechsel des sekundären Abtragmechanismus von „Schmelzen“ zu „Herauslösen der Zweitphase“ zurückzuführen. Der hohe Anteil der wiedererstarrten Schmelze nach dem Hauptschnitt, der zu einer gleichmäßigen und glatten Oberfläche führt, wird in den ersten beiden Nachschnitten reduziert. In diesen Nachschnitten sinkt auch die Rauheit mit steigender Entladeenergie. In den Nachschnitten drei und vier ist kein wiedererstarrtes Material zu finden. Es kommt zu der bereits bekannten porösen Struktur mit hervorstehenden Bereichen, was eine hohe Rauheit zur Folge hat. Der vierte Nachschnitt trägt die hervorstehenden Bereiche ab, sodass eine geringere Rauheit ohne wiedererstarrte Schmelzbereiche vorliegt. Lediglich der dritte Nachschnitt konnte die Rissanzahl reduzieren, sodass sie im REM optisch nicht sichtbar sind. Der vierte Nachschnitt führt zu keinen neuen Rissen in der Randzone. Da die ersten beiden Nachschnitte das gleiche Generatormodul verwenden wie der Hauptschnitt, liegen auch die Entladeenergien in der gleichen Größenordnung wie die Entladeenergien der Stromstufen I5 und I7 (vgl. Tabelle 5.1). Trotz ähnlicher Entladeenergien ist die Rauheit in den Nachschnitten mit $Ra = 0{,}55 - 0{,}88\ \mu m$ geringer als $Ra \approx 1{,}6\ \mu m$, was sich für I5 und I7 ergeben hat (vgl. Bild 5.8). Dies ist darauf zurückzuführen, dass bei der Nachschnittbearbeitung trotz der Erzeugung einer neuen Oberfläche wiedererstarrte Schmelzbereiche vorliegen. Eine Theorie dazu ist, dass bei identischem Energieeintrag andere Energieverluste durch die wiedererstarrten Schmelzbereiche entstehen als bei der Zersetzung von $Si_3N_4$. Bild 6.3 zeigt die Modellvorstellung zu den Energieverlusten infolge der unterschiedlichen Oberflächen.

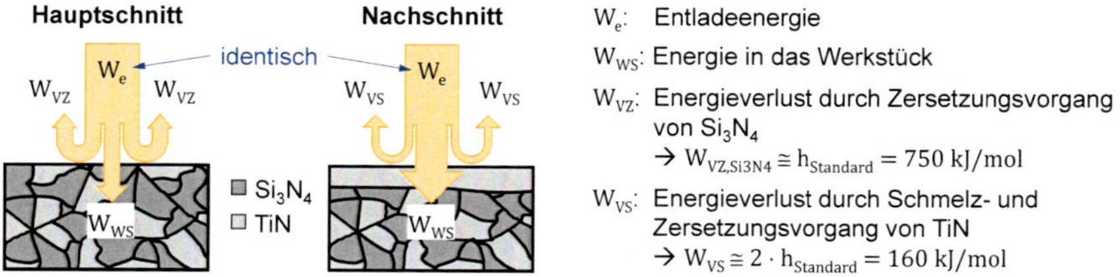


Bild 6.3: Modellvorstellung zum Energieverlust infolge unterschiedlicher Oberflächen
*Model concept for energy loss due to different surfaces*

Im Hauptschnitt wird der größte Teil der Entladeenergie für den Zersetzungsvorgang von $Si_3N_4$ benötigt. Während des Zersetzungsvorgangs wird $Si_3N_4$ in seine Elemente Si und $N_2$ zersetzt, weshalb dies den gegenteiligen Prozess zur Bildung von $Si_3N_4$ darstellt. Somit kann für den Zersetzungsvorgang die Standardbildungsenthalpie angenommen werden. Da das gasförmige $N_2$ unmittelbar nach der Zersetzung entweicht und kein reines Si an der Oberfläche festgestellt werden konnte (siehe Kapitel 5.1.1), dissipiert ein großer Anteil der Entladeenergie nach dem Zersetzungsvorgang. Zum einen ist somit nicht mehr ausreichend Energie vorhanden, um das TiN aufzuschmelzen. Zum anderen ist die Matrix durch den Zersetzungsvorgang soweit geschwächt, dass die TiN-Phase herausgelöst wird. Wird eine Oberfläche, die bereits eine wiedererstarrte Schmelze aus TiN aufweist, mit einem Nachschnitt identischer Entladeenergie bearbeitet, muss das TiN für den Materialabtrag sowohl aufgeschmolzen als auch zersetzt werden. Da in der Literatur keine Angaben zur Schmelzenthalpie von TiN zu finden sind, wird für beide Vorgänge die Standardbildungsenthalpie von $h_{Standard} = 80\ kJ/mol$ angenommen. Aus der niedrigeren Enthalpie lässt sich ein geringerer Energieverlust ableiten, der durch den Abtrag der wiedererstarrten Schmelzzone entsteht. Daraus resultiert ein höherer Energieanteil, der in das Werkstück fließt, weshalb in diesem Fall mehr Energie für den Schmelzvorgang zur Verfügung steht. Um diese Theorie zu bestätigen oder zu widerlegen, sind weitere Untersuchungen notwendig, die im Rahmen dieser Arbeit nicht durchgeführt werden konnten.

In weiteren Versuchen wird überprüft, ob ein Auslassen der ersten beiden Nachschnitte zu den gleichen Ergebnissen führt, denn die Rauheit konnte durch diese Nachschnitte nicht signifikant verbessert werden. Dazu wird direkt nach dem Hauptschnitt sowohl der dritte und vierte als auch nur der vierte Nachschnitt durchgeführt.

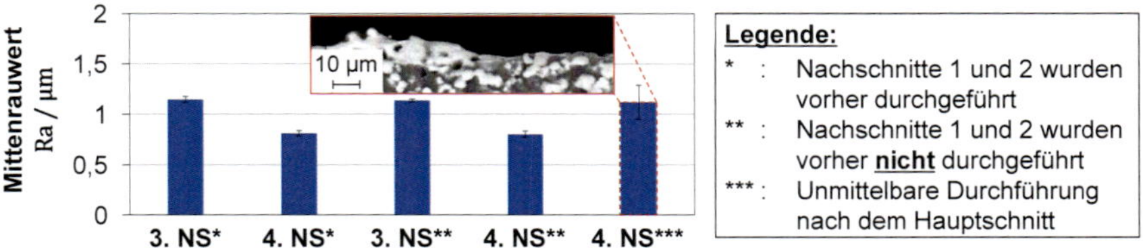


Bild 6.4: Vergleich der Rauheit bei Variation der zuvor durchgeführten Nachschnittanzahl
*Comparison of roughness by varying number of previously performed trim cuts*

Es können die gleichen Rauheitswerte erzielt werden, auch wenn die ersten beiden Nachschnitte ausgelassen werden. Des Weiteren konnten keine Risse nachgewiesen werden, weshalb unter diesen Bedingungen eine direkte Verwendung der Nachschnitte drei und vier für diese Keramik empfohlen werden kann. Wird der vierte Nachschnitt direkt nach dem Hauptschnitt verwendet, kommt es zu einer Erhöhung der Rauheit. Scheinbar reicht die Entladeenergie nicht aus, um die wiedererstarrte Schmelze komplett abzutragen und eine neue Oberfläche zu erzeugen. Die REM-Aufnahme zeigt sowohl Bereiche mit als auch ohne eine wiedererstarrte Schmelze, was auf eine Überlappung der Oberflächenprofile hindeutet, die eine hohe Rauheit zur Folge hat. Die Ergebnisse zeigen, dass lediglich durch die Interaktion des dritten und vierten Nachschnitts die wiedererstarrten Schmelzbereiche entfernt werden, ohne eine Rauheitserhöhung im Vergleich zum Hauptschnitt zu bewirken. Vergleichsversuche in einem wasserbasierten Dielektrikum haben gezeigt, dass eine Nachschnittbearbeitung ab dem dritten Nachschnitt nicht möglich war, da die Bildung von $SiO_2$ die elektrische Leitfähigkeit zu sehr reduziert hat. Dies zeigt die Notwendigkeit eines CH-basierten Dielektrikums für die Bearbeitung einer $Si_3N_4$-TiN Keramik auf.

### 6.1.2 Nachschnittbearbeitung der $ZrO_2$-WC Keramik

Im Folgenden werden die Ergebnisse der Nachschnittoptimierung für die $ZrO_2$-WC Keramik vorgestellt. Die orangen Werte markieren jeweils das beste Ergebnis der Parametervariation in Bezug auf die zu erfüllenden Kriterien, siehe Bild 6.5.

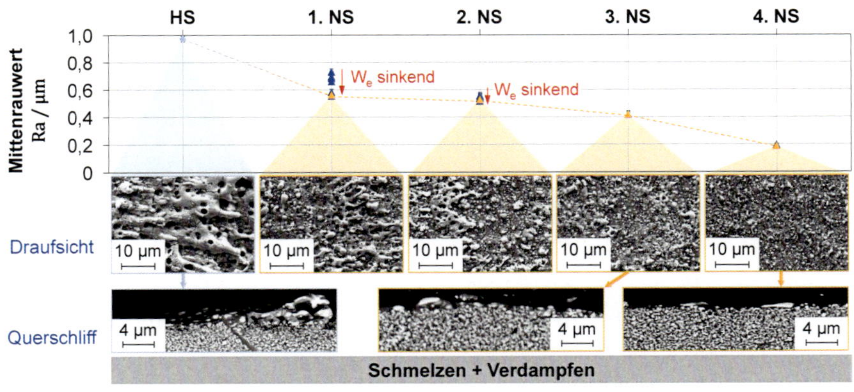


Bild 6.5: Ergebnisse der Nachschnittbearbeitung von $ZrO_2$-WC
*Results of the trim cut processing of $ZrO_2$-WC*

Bei der $ZrO_2$-WC Keramik führen die Nachschnitte zu einer sukzessiven Reduktion der Rauheit, was ein ähnliches Materialverhalten zu metallischen Werkstoffen darstellt. In den Nachschnitten eins und zwei sinkt die Rauheit mit sinkenden Entladeenergien. Dies ist darauf zurückzuführen, dass die flächigen wiedererstarrten Schmelzbereiche, die insbesondere im Hauptschnitt eine Richtungsabhängigkeit aufweisen, reduziert werden. Lediglich nach dem vierten Nachschnitt ist eine umfangreiche Reduktion dieser Bereiche zu verzeichnen, weshalb eine sehr gleichmäßige Oberfläche mit geringer Rauheit vorliegt. Darüber hinaus können auch erst nach dem vierten Nachschnitt optisch keine Risse mehr im REM nachgewiesen werden. Somit erfüllt erst der vierte Nachschnitt alle zuvor aufgestellten Kriterien. Trotz der sehr geringen Entladeenergien des vierten Nachschnitts kommt es zu einer Segregation der WC-Phase. Dies zeigt, dass bereits geringe thermische Einwirkungen ausreichen, um das Material an der Oberfläche zu verändern. Auch wenn es sich nur um marginale Materialveränderungen handelt, wird dennoch vermutet, dass sich diese auf die Biegefestigkeit auswirken. Da sowohl die Nachschnitte eins und zwei zu einer sehr ähnlichen Oberflächenstruktur und Rauheit führen als auch die wiedererstarrte Schmelzzone im Generellen sehr dünn ist, wird überprüft, ob ein Auslassen dieser Nachschnitte zu dem gleichen Endresultat führen.

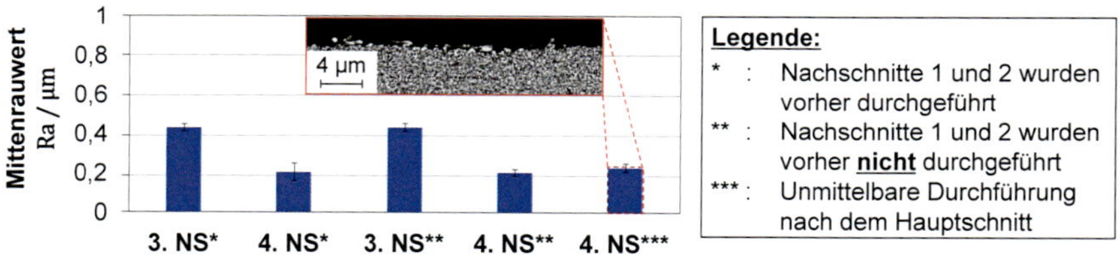


Bild 6.6: Vergleich der Rauheit bei Variation der zuvor durchgeführten Nachschnittanzahl
*Comparison of roughness by varying number of previously performed trim cuts*

Es zeigt sich, dass die gleichen Rauheitswerte erzielt werden können, auch wenn die Nachschnitte eins und zwei ausgelassen werden. Des Weiteren sind auch sehr ähnliche Rauheitswerte bei gleicher Produktivität erzielbar, wenn der vierte Nachschnitt unmittelbar nach dem Hauptschnitt durchgeführt wird. Im Vergleich zur $Si_3N_4$-TiN Keramik ist dies in der geringeren Dicke der wiedererstarrten Schmelze begründet. Darüber hinaus sind für beide Varianten keine Risse in der Oberfläche optisch nachweisbar, weshalb alle Kriterien erfüllt werden. Somit kann für die Bearbeitung der $ZrO_2$-WC Keramik festgehalten werden, dass nach einem Hauptschnitt lediglich ein vierter Nachschnitt ausreicht, um das gleiche Rauheitsniveau wie mit vier Nachschnitten zu erreichen.

### 6.1.3 Nachschnittbearbeitung der $TiB_2$ Keramik

Im Folgenden werden die Ergebnisse der Nachschnittoptimierung für die $TiB_2$ Keramik vorgestellt. Die orangen Werte markieren jeweils das beste Ergebnis der Parametervariation in Bezug auf die zu erfüllenden Kriterien, siehe Bild 6.7.

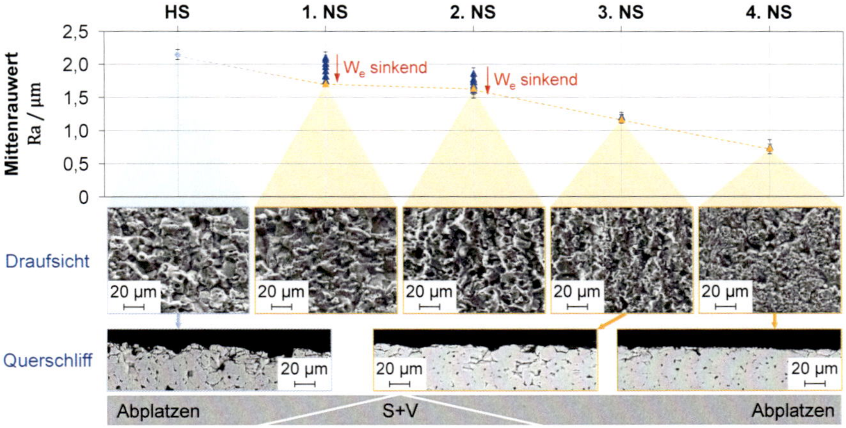


Bild 6.7: Ergebnisse der Nachschnittbearbeitung von $TiB_2$
*Results of the trim cut processing of $TiB_2$*

Die Ergebnisse der Nachschnittbearbeitungen zeigen eine erhebliche Reduktion der Rauheit. Insbesondere in den ersten beiden Nachschnitten kann dies durch geringe Entladeenergien erzielt werden. Ähnlich wie bei der $ZrO_2$-WC Keramik führt der zweite Nachschnitt nicht zu einer geringeren Rauheit gegenüber dem ersten Nachschnitt, was in der sehr ähnlichen Oberflächenstruktur begründet ist, die neben Abplatzungen auch Schmelzbereiche aufweist. Durch den dritten Nachschnitt kann zwar eine deutliche Rauheitsreduktion erreicht werden, dennoch ist die Oberfläche noch von Abplatzungen geprägt. Erst durch den vierten Nachschnitt können diese Ausbrüche bzw. Abplatzungen eingegrenzt werden. Trotzdem sind Risse in der Oberfläche zu finden, die bis zu einer Tiefe von $d_{Riss} = 10\ \mu m$ in das Material eindringen. Es ist zwar das Kriterium erfüllt, dass die Rissanzahl reduziert wurde, dennoch ist die Anzahl im Vergleich zu den anderen Keramiken nicht unerheblich. Auch bei dieser Keramik wurde überprüft, ob gewisse Nachschnitte ausgelassen werden können. Da alle Ergebnisse schlechter waren als die aus Bild 6.7, wird auf eine Darstellung dieser Ergebnisse verzichtet. Hervorzuheben ist, dass der zweite Nachschnitt in der Bearbeitungsfolge notwendig für die Reduktion der Rauheit ist, obwohl im Vergleich zum ersten Nachschnitt keine bessere Oberfläche erzeugt werden konnte. Aus dieser Feststellung lässt sich ableiten, dass die Entladeenergie des ersten Nachschnitts eine erhebliche Schädigung bzw. Schwächung der Randzone bewirkt. Durch die Vorschädigung kommt es trotz der Bearbeitung mit einem niederenergetischen dritten Nachschnitt zu starken Abplatzungen. Somit lässt sich für die Bearbeitung der $TiB_2$ Keramik festhalten, dass alle Nachschnittoperationen zur Rauheitsreduktion notwendig sind.

### 6.1.4 Übergeordnete Betrachtung der Nachschnittbearbeitung

Bei allen Keramiken hat sich keine Korrelation zwischen der Oberflächenrauheit und der Entladefrequenz P in den ersten drei Nachschnitten sowie der Vorschubgeschwindigkeit im vierten Nachschnitt gezeigt. Aus diesem Grund wurde auf eine Darstellung der Ergebnisse verzichtet. Lediglich für die Entladeenergie konnte ein Zusammenhang festgestellt werden, der in Bild 6.8 für die Keramiken dargestellt ist.

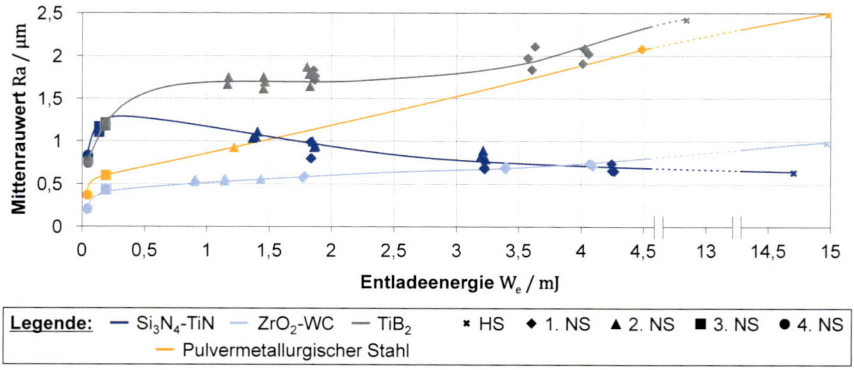


Bild 6.8: Zusammenhang zwischen der Entladeenergie und der Oberflächenrauheit
*Relationship between the discharge energy and the surface roughness*

Zusätzlich sind Ergebnisse aus der Bearbeitung eines pulvermetallurgischen Stahls X140CrVMo-5-4-4 PM dargestellt, um eine Vergleichbarkeit zu einem metallischen Werkstoff zu haben. Die Gegenüberstellung der Entladeenergie und der Oberflächenrauheit zeigt, dass die Abtragmechanismen einen wesentlichen Einfluss auf das Bearbeitungsergebnis haben. So kann für die $ZrO_2$-WC Keramik ein ähnlicher Zusammenhang zwischen der Entladeenergie und der Rauheit wie bei einem metallischen Werkstoff festgestellt werden. Es kommt zu einer kontinuierlichen Reduktion der Rauheit bei Verringerung der Entladeenergie. Für die $TiB_2$ Keramik kann ein ähnlicher Verlauf identifiziert werden. Dennoch kommt es in dem Bereich von $W_e = 1 - 2$ mJ zur Ausbildung eines Plateaus, was für keinen der getesteten Werkstoffe zu beobachten ist und somit ein Spezifikum dieser Keramik darstellt. Im Falle der $Si_3N_4$-TiN Keramik steigt die Oberflächenrauheit mit sinkender Entladeenergie, was im Gegensatz zu dem metallischen Werkstoff steht und somit eine völlig neue Erkenntnis in der drahtfunkenerosiven Bearbeitung ist. Insbesondere die unterschiedliche Verwendung von Nachschnitten zeigt auf, dass die herkömmliche Nachschnittbearbeitung nicht für alle Keramiken genutzt werden kann.

Bei metallischen Werkstoffen hat sich gezeigt, dass durch die Verwendung von Nachschnitten die Festigkeit eines Bauteils im Vergleich zum Hauptschnitt erhöht werden kann. Aus diesem Grund wird im folgenden Kapitel überprüft, inwiefern sich die jeweilige Oberflächenqualität auf die Biegefestigkeit der Keramiken auswirkt.

## 6.2 Einfluss der Randzone auf die Biegefestigkeit

*Influence of rim zone on bending strength*

Aufgrund der sehr unterschiedlichen Oberflächenintegritäten, resultierend aus den Entladeenergien und den verschiedenen Abtragmechanismen, ist eine Überprüfung der Auswirkung auf die Biegefestigkeit mithilfe der Biegebruchprüfung erforderlich. Es existieren zwar Forschungsarbeiten, die den Einfluss der Drahterosion auf die Biegefestigkeit untersuchen, aber dabei wurde kein Zusammenhang zu den Abtragmechanismen hergestellt. Des Weiteren handelt es sich hauptsächlich um Erkenntnisse aus Hauptschnittbearbeitungen im wasserbasierten Dielektrikum. Die Forschungsgruppe des IFKB aus Stuttgart hat Untersuchungen an erodierbaren $Al_2O_3$ und $ZrO_2$ Keramiken sowohl im wasser- als auch im CH-basierten Dielektrikum durchgeführt, wobei aber der Fokus auf der Werkstoffentwicklung und nicht auf dem Drahterosionsprozess lag [GOMM21, LAND14, SCHM19]. Sie ermittelten eine Festigkeitsreduktion um ca. 30 % im Vergleich zu geschliffenen Proben, was sie auf die hohe Rissanzahl in der Randzone zurückgeführt haben. LIU ET AL. haben für eine im wasserbasierten Dielektrikum drahterodierten $Si_3N_4$-TiN Keramik ebenfalls eine Festigkeitsreduktion um 40 % im Vergleich zu geschliffenen Proben festgestellt [LIU03b].

In Bild 6.9 sind die resultierenden Biegefestigkeiten für unterschiedliche Entladeenergien im Hauptschnitt und für die optimierten Nachschnittbearbeitungen im CH-basierten Dielektrikum dargestellt. Zusätzlich sind als Referenzwerte die Biegefestigkeiten geschliffener Proben abgebildet. Da keine Rauheitswerte zu den geschliffenen Proben vorliegen, ist nur ein indirekter Vergleich zu den erodierten Proben zulässig. Die Biegefestigkeitswerte der $Si_3N_4$-TiN und der $TiB_2$ Keramiken wurden vom Werkstoffhersteller zur Verfügung gestellt. Bei der $ZrO_2$-WC Keramik handelt es sich um Werte, die im Rahmen der Untersuchung des Einflusses der Drahterosion und der Werkstoffzusammensetzung auf die Biegefestigkeit ermittelt wurden [OLIV21]. Die Offsets der jeweiligen Haupt- und Nachschnitte wurden zur Einhaltung der Balkendicke entsprechend angepasst. Darüber hinaus wurden die gefertigten Maße für eine möglichst hohe Vergleichbarkeit in der Berechnung der Biegefestigkeit berücksichtigt.

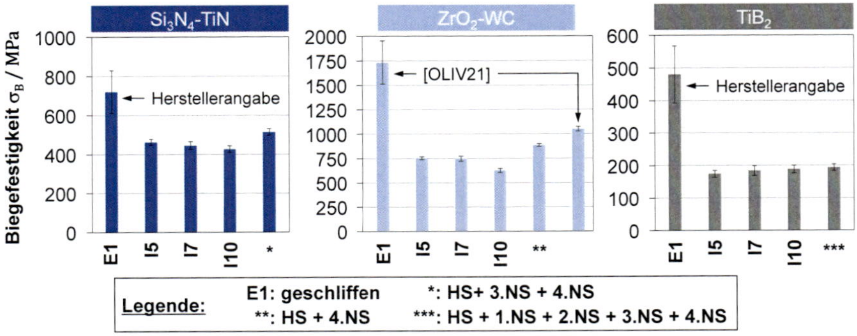


Bild 6.9: Resultierende Biegefestigkeit in Abhängigkeit von der Bearbeitungsstrategie
*Resulting bending strength depending on the machining strategy*

Bei allen Keramiken ist zu sehen, dass die Biegefestigkeit der erodierten Proben wesentlich geringer ist als die der geschliffenen Proben. Durch die fehlenden Rauheitsinformationen kann nur ein qualitativer Vergleich zwischen den Fertigungsprozessen erfolgen. Die Ergebnisse der geschliffenen Proben streuen breiter als die erodierten Proben, was auf das spröde Bruchverhalten der Keramiken zurückzuführen ist [DIN08].

Da die drahtfunkenerosiv erzeugte Randzone in Abhängigkeit von der verwendeten Entladeenergie Mikrorisse aufweist, kann die Randzone als Schwachstelle angesehen werden, die gleichmäßige Bedingungen für ein frühzeitiges Bauteilversagen verursacht. Die Festigkeit der $Si_3N_4$-TiN und der $ZrO_2$-WC Keramiken nimmt mit steigender Entladeenergie ab. Für die $Si_3N_4$-TiN Keramik ist diese Reduktion nur geringfügig, weshalb festgehalten werden kann, dass der Einfluss des sekundären Abtragmechanismus Schmelzen nur minimal ist. Durch die Nachschnittbearbeitung kann die Festigkeit der $Si_3N_4$-TiN und $ZrO_2$-WC Keramiken gesteigert werden, was bei beiden Keramiken in der reduzierten Rissanzahl nach dem vierten Nachschnitt begründet ist. In den Untersuchungen zum Einfluss der Drahtfunkenerosion und der Werkstoffzusammensetzung auf die Biegefestigkeit der $ZrO_2$-WC Keramik wurde in der Hauptschnittbearbeitung die Entladestromstufe I7 verwendet [OLIV21]. Bei diesen Untersuchungen konnte in Kombination mit dem gleichen vierten Nachschnitt eine Biegefestigkeit von $\sigma_B = 1148\ \mathrm{MPa}$ für die $ZrO_2$-WC Keramik erreicht werden. Dies entspricht einer um 18 % höheren Biegefestigkeit im Vergleich zur Bearbeitung mit der Entladestromstufe I10 und dem Nachschnitt. Somit zeigt sich, dass die Schädigung infolge des Hauptschnitts mit der Entladestromstufe I10 nicht durch den Nachschnitt so kompensiert werden konnte wie bei der Entladestromstufe I7. Bei der $TiB_2$ Keramik kam es in den Hauptschnittbearbeitungen zu sehr ähnlichen Biegefestigkeitswerten. Des Weiteren konnte trotz verbesserter Oberflächengüte keine signifikante Steigerung der Biegefestigkeit durch die Nachschnittbearbeitung erzielt werden. Eine Bruchflächenanalyse der mit den Nachschnitten bearbeiteten $TiB_2$ Proben hat gezeigt, dass die hohe Rissanzahl in der Randzone als Rissausgangspunkte fungiert haben. Außerdem ist zu vermuten, dass sich die hohe Defektdichte im Grundgefüge (vgl. Bild 5.1) zusätzlich negativ auf die Festigkeit auswirkt. Somit lässt sich festhalten, dass die Nachschnittbearbeitung für die Keramiken anwendungsbezogen eingesetzt werden muss, da nicht bei jeder Keramik eine Rauheitsverbesserung oder Festigkeitserhöhung erzielt werden kann.

## 6.3 Simulationsmodell zur Schädigungsabschätzung

*Simulation model for damage estimation*

Obwohl die Nachschnitte bei allen Keramiken die Rissanzahl reduziert und die Schmelzbereiche abgetragen haben, konnte die Biegefestigkeit nicht auf ein Niveau vergleichbar zur Schleifbearbeitung gesteigert werden. Deshalb wird davon ausgegangen, dass thermisch induzierte Spannungen vorliegen, die ein frühzeitiges Bauteilversagen verursachen. Da eine experimentelle Ermittlung von Eigenspannungen beispielsweise mittels Röntgenbeugung bei Keramiken sehr aufwändig und teilweise gar nicht möglich ist, wird ein erster Ansatz zur Simulation von thermisch induzierten Spannungen infolge des Erosionsprozesses verfolgt. Die Eindringtiefe des simulierten Wärmeverlaufs ermöglicht die Abschätzung der Spannungszone, die mittels Sekundär- und Rückstreuelektronenmessung im REM nicht sichtbar ist. Um die generelle Machbarkeit aufzuzeigen, wird das Modell zunächst nur für eine Einzelentladung erstellt. Untersuchungen von SCHNEIDER haben gezeigt, dass Einzelentladungen für eine Aussage über die Tiefenschädigung der Randzone ausreichen können [SCHN21]. Zur Erstellung des gesamten Simulationsmodells werden die Ergebnisse eines Wärmesimulationsmodells als Eingangsgrößen für die mechanische Spannungssimulation in einem zweiten Modell verwendet. Eine simultane Simulation des thermischen Materialabtrags und den daraus resultierenden mechanischen Spannungen ist derzeit noch zu komplex. Für die gesamte Simulation sind viele Einzelschritte notwendig, deren Interaktionen umfangreiche Definitionen von Anfangs- und Randbedingungen erfordern. Dafür sind neben Informationen zu den mechanischen und thermischen Werkstoffeigenschaften auch Erkenntnisse aus bisherigen Forschungsarbeiten bezüglich der Simulation des Funkenerosionsprozesses notwendig. Die grundlegende Struktur des Simulationsmodells zur Schädigungsabschätzung ist Bild 6.10 zu entnehmen.

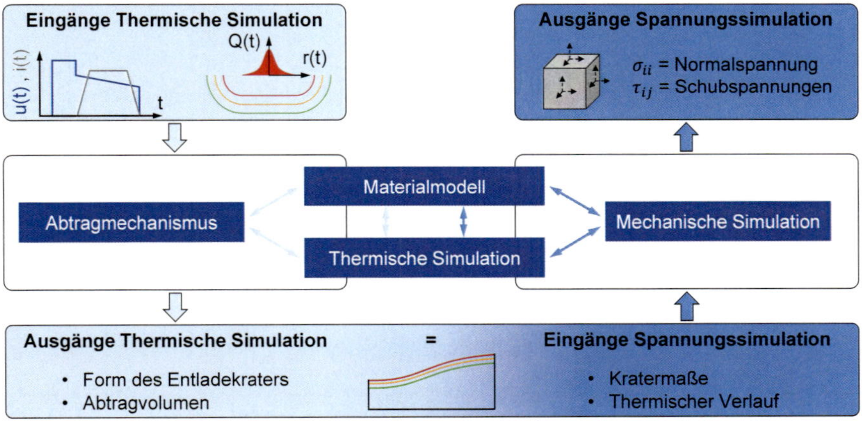


Bild 6.10: Zusammenwirken der Simulationsmodelle zur Schädigungsabschätzung
*Interaction of simulation models for damage estimation*

Die Grundlage für das Gesamtmodell stellt die thermische Simulation einer Einzelentladung dar. Als Eingangsgrößen dienen die Eigenschaften der Werkstoffe, die Strom- und Spannungsverläufe sowie alle Informationen über den Plasmakanal als Wärmequelle. In dem erstellten Modell wirken ein Materialmodell, der implementierte Abtragmechanismus und die thermische Simulation zusammen. Als Ergebnisse bzw. Ausgangsgrößen liegen die idealisierte Entladekraterform, das abgetragene Volumen und der thermische Verlauf innerhalb des Werkstoffs vor. Diese Ausgangsgrößen fungieren bei der Spannungssimulation als Eingangsgrößen. Innerhalb der Spannungssimulation werden das Materialmodell und die thermische Simulation der ersten Einzelentladungssimulation übernommen. Der Abtragmechanismus wird jedoch nicht berücksichtigt, sondern durch eine mechanische Simulation zur Spannungsermittlung ersetzt.

### 6.3.1 Theoretische Grundlagen zur Simulation des Funkenerosionsprozesses

Das in dieser Arbeit verwendete Modell zur Simulation der Einzelentladung basiert maßgeblich auf dem Wärmesimulationsmodell für den Vergütungsstahl 42CrMo4 von SCHNEIDER [SCHN21]. Er diskutierte in seiner Arbeit verschiedene Modelle, die beispielsweise den Plasmakanal als Wärmequelle charakterisieren oder die Energieverteilung im Arbeitsspalt modellieren. Für detailliertere Informationen zu den Modellen und dem Grundaufbau des hier eingesetzten Wärmesimulationsmodells sei deshalb auf die Arbeit von SCHNEIDER verwiesen. Im Folgenden wird nur die Energieverteilung im Arbeitsspalt vorgestellt, weil die Entladeenergie nicht vollumfänglich in das Werkstück übertragen wird, sondern teilweise in die Umgebung dissipiert. Nur durch die genaue Betrachtung der Energieverteilung ist eine exakte Bestimmung des Materialabtrags möglich. XIA ET AL. entwickelten einen Ansatz zur Beschreibung der Energieverteilung im Arbeitsspalt (vgl. Bild 6.11 links), der heute noch Gültigkeit besitzt [XIA94]. Dieser besagt, dass sich nach dem Zünden der Entladung die Entladeenergie auf das Werkstück, das Werkzeug und das Dielektrikum aufteilt. Die Energie, die in das Werkstück fließt, unterliegt wiederum Verlusten, die sich durch Strahlung, Wärmeleitung und Abtragpartikel ergeben.

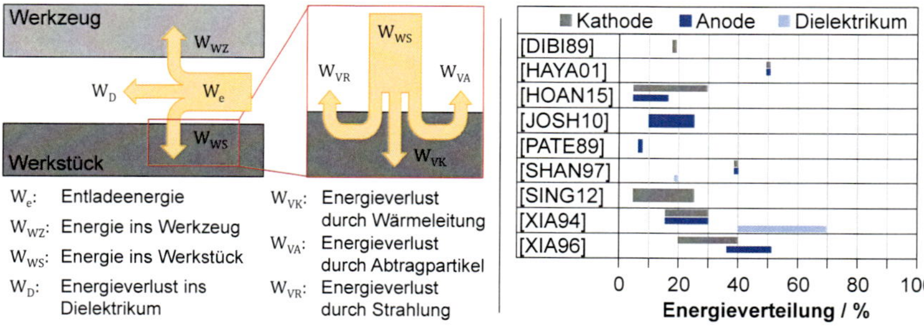


Bild 6.11: Energieverteilung nach [XIA94] (links) und Gegenüberstellung unterschiedlicher Energieverteilungsfaktoren (rechts)
*Energy distribution according to [XIA94] (left) and comparison of different energy distribution factors (right)*

Bisher ist es nicht gelungen, durch Experimente oder Simulationen einen exakten Faktor zu bestimmen, der den Anteil der Gesamtenergie in das Werkstück angibt. Bisherige Arbeiten liefern eine Vielzahl an möglichen Werten. Hierbei muss darauf hingewiesen werden, dass innerhalb dieser Arbeiten unterschiedliche Einflüsse thematisiert wurden. Es konnte nachgewiesen werden, dass die Höhe der eingebrachten Entladeenergie einen Einfluss auf den Energieverteilungsfaktor besitzt [JITH18]. HOANG ET AL. und SINGH ET AL. konnten den Einfluss des Entladestroms und der Entladedauer zwar nachweisen, aber ihre Erkenntnisse waren widersprüchlich [HOAN15, SING12]. HOANG ET AL. berichteten über eine Reduktion des Energieeintrags mit Erhöhung des Entladestroms und der Entladedauer, wohingegen SINGH ET AL. eine Zunahme des Energieeintrags aufzeigten. Neben der Entladeenergie besitzt auch das verwendete Material einen deutlichen Einfluss. So konnte bereits durch XIA ET AL. in zwei identischen Experimenten nachgewiesen werden, dass sich die Energieverteilungsfaktoren bei der Verwendung von Stahl und Kupfer als Elektrodenwerkstoffe deutlich unterscheiden [XIA94, XIA96]. Somit zeigt sich, dass sich die ermittelten bzw. angenommenen Werte stark voneinander unterscheiden und somit keine einheitliche Theorie zur

Wahl dieser Faktoren existiert. Eine Gemeinsamkeit zwischen den Arbeiten besteht darin, dass ausschließlich metallische Werkstoffe untersucht wurden. Eine ausführliche Untersuchung des Energieverteilungsfaktors speziell für keramische Werkstoffe wurde noch nicht durchgeführt.

### 6.3.2 Thermische Simulation einer Einzelentladung

In diesem Abschnitt wird zunächst das Vorgehen für die Simulation beschrieben, das in Simulationsziel, Randbedingungen, Geometrieerstellung und Vernetzung, Modellierung der Wärmequelle und des Wärmetransfers sowie Modellierung der Abtragmechanismen unterteilt ist. Im Anschluss werden die Simulationsergebnisse vorgestellt.

*Simulationsziel*

Das Simulationsziel ist die Ermittlung der zeitlichen und räumlichen Temperaturverläufe sowie die Abschätzung der Entladekratermorphologie in Folge einer Einzelentladung. Durch die Kopplung der Temperaturverläufe mit der Entladekraterform können in einer weiteren Simulation die mechanischen Spannungen in dem Entladekraterbereich bestimmt werden, was das übergeordnete Ziel der gesamten Simulation darstellt.

*Randbedingungen*

Eine Randbedingung der vorliegenden Simulation ist die reine Betrachtung einer Einzelentladung und somit die Abgrenzung zur Interaktion von konsekutiven Entladungen. Zusätzlich wird nur das abgetragene Volumen und keine Materialanhaftungen betrachtet, weil nur der Materialabtrag für die Spannungssimulation relevant ist. Des Weiteren müssen für die thermische Simulation die Dichte $\rho$, die Wärmekapazität $c_p$ und die Wärmeleitfähigkeit $\lambda$ der Werkstoffe berücksichtigt werden. Aufgrund fehlender Datenbasis können keine Temperaturabhängigkeiten dieser Eigenschaften hinterlegt, sondern nur konstante Werte angenommen werden. Die gleiche Einschränkung gilt auch für die mechanischen Werkstoffeigenschaften. Eine wesentliche Randbedingung des Simulationsmodells ist die fehlende Interaktion zwischen den Matrixwerkstoffen und den Zweitphasen. Für die Keramiken $Si_3N_4$-TiN und $ZrO_2$-WC wurde jeweils ein homogenisiertes einphasiges Werkstoffmodell auf Basis der Verteilung und der Eigenschaften der Phasen erstellt. Da die generelle Machbarkeit der Simulation von thermisch induzierten Spannungen infolge von Einzelentladungen in dieser Arbeit aufgezeigt wird, wurde die zeitaufwändige Modellierung der Phaseninteraktionen nur indirekt berücksichtigt. Darüber hinaus werden alle Materialien als isotrop dargestellt, sodass fehlerhafte Strukturen oder Sinteradditive, die in einem realen Werkstoff immer vorliegen, vernachlässigt werden. Mögliche Phasenumwandlungen, die basierend auf den Phasendiagrammen aus Bild 4.1 auftreten können, werden im Simulationsmodell in Form von Umwandlungsenthalpien berücksichtigt. Die Umsetzung der Phasenumwandlungen wird im Folgenden diskutiert.

Sowohl für die $Si_3N_4$-TiN als auch für die $TiB_2$ Keramik liegen keine Phasenumwandlungen unterhalb der Zersetzungs- bzw. Schmelztemperatur vor. Bei $Si_3N_4$ ist eine Umwandlung der $\alpha$- und $\beta$- Modifikationen ausgeschlossen, da es sich um einen irreversiblen Prozess handelt, der bei hohen Temperaturen, die bereits im Herstellungsprozess gegeben sind, stattfindet [SALM07]. Lediglich bei $ZrO_2$-WC treten Phasenumwandlungen auf, die in der Simulation berücksichtigt werden müssen. $ZrO_2$ kann drei verschiedene reversible Modifikationen einnehmen, bis der Schmelzpunkt erreicht ist. Entweder kann eine monokline, eine tetragonale oder eine kubische Struktur eingenommen werden. Zu erwähnen ist, dass bei einer Umwandlung der tetragonalen in die monokline Struktur eine Scherung der Elementarzelle auftritt, die durch eine Volumenexpansion während des Abkühlvorgangs entsteht. Im Material ist zwar der Stabilisator $Y_2O_3$ vorhanden, der diese Volumenänderung unterdrückt, dennoch kann nicht gänzlich ausgeschlossen werden, dass bei den vorherrschenden Temperaturänderungen durch die drahtfunkenerosive Bearbeitung keine Volumenänderung auftritt. Während der Umwandlung der kubischen in die tetragonale Struktur entsteht eine Streckung der Elementarzelle. Bei den beiden vorher genannten Phasenumwandlungen entstehen unterschiedliche Enthalpien, die im Simulationsmodell entsprechend den Untersuchungen von ARROYAVE ET AL. berücksichtigt werden [ARRO02]. Bei WC kann eine hexagonale ($\delta$-WC) oder eine kubische Struktur ($\gamma$-$WC_{1-x}$) vorliegen. Im Bereich von $T = 2500 - 3000$ K finden zwar Phasenumwandlungen statt, aber aufgrund fehlender Untersuchungen können die Enthalpien dieser Umwandlungen im Simulationsmodell nicht hinterlegt werden [KURL06]. Die Enthalpien der Phasenumwandlungen von $ZrO_2$ können über ein Phasenumwandlungsinterface in die Simulation eingebunden werden. Untersuchungen von WEINGÄRTNER ET AL. [WEIN12] und ESCOBAR ET AL. [ESCO13] zeigen, dass dadurch eine höhere Ergebnisgüte im Vergleich zu Simulationen, welche die Enthalpien in der spezifischen Wärmekapazität berücksichtigen, erzielt werden kann [ASSA17, HOSS13].

*Geometrieerstellung und Vernetzung*

Die Entladung wird in idealisierter Form als axialsymmetrisch angenommen, weshalb eine zweidimensionale rotationssymmetrische Rechteckgeometrie (vgl. Bild 6.12) gewählt werden kann. Durch eine Rotation der Geometrie um die Mittelachse entsteht ein dreidimensionaler Ausgangskörper. Da lediglich die Randzone modelliert werden soll, reicht es aus, das Werkstück als halbunendlichen Körper zu definieren.

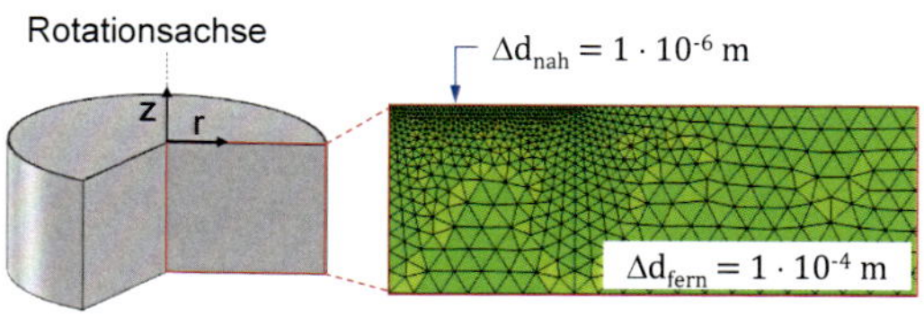


| Kennwerte der Vernetzung | |
|---|---|
| Anzahl Netzelemente m | 3234 |
| Verhältnis Netzelemente r | 1,55 |
| Wachstumsrate $(\partial d/\partial \vec{x})_{max}$ | 1,1 |
| ∅ Netzqualität $q_{net,avg}$ | 0,86 |

Bild 6.12: Geometrie und Vernetzung des Werkstücks nach [SCHN21]
*Geometry and meshing of the workpiece according to [SCHN21]*

Entsprechend der Simulation von SCHNEIDER wird eine Dreiecksvernetzung gewählt [SCHN21]. Am Ort der Entladung muss das Netz fein diskretisiert sein, wohingegen Bereiche, die weit entfernt von der Entladung sind, eine gröbere Vernetzung erlauben. Somit kann Rechenzeit eingespart werden, ohne den erforderlichen Detaillierungsgrad für die Ergebnisse signifikant zu reduzieren. SCHNEIDER hat im Rahmen seiner Arbeit eine umfangreiche Netzstudie durchgeführt. Er hat für die feine Netzauflösung im Bereich der Wärmeeinbringung einen Punkteabstand von $\Delta d_{nah} = 1 \cdot 10^{-6}$ m und für die grobe Netzauflösung im entladungsfernen Bereich einen Punkteabstand von $\Delta d_{fern} = 1 \cdot 10^{-4}$ m ermittelt. Die Wachstumsrate des Netzabstandes wurde in alle Richtungen auf $(\partial d/\partial \vec{x})_{max} = 1{,}1$ begrenzt.

*Modellierung der Wärmequelle und des Wärmetransfers*

Für die Wärmequelle, die der Plasmakanal darstellt, müssen die eingebrachte Leistung berechnet und die geometrische Form festgelegt werden. Als Energieverteilungsfaktor wird in allen Simulationen ein konstanter Wert von $F_{WS} = 15$ % gewählt, da dieser bezugnehmend auf Bild 6.11 (rechts) einen geeigneten Mittelwert aus den bisher ermittelten Werten für die Anode darstellt. Zur Modellierung der Geometrie der Wärmequelle hat SCHNEIDER den Ansatz von PATEL ET AL. um den Term $C_0$ erweitert.

$$R_p(t) = C_1 \cdot t^{n_p} + C_0 \quad \text{mit} \quad C_1 = \frac{R_{p,max} - C_0}{t_e^{n_p}} \tag{6.1}$$

Der Term $C_0$ definiert den Anfangsradius des Plasmakanals, damit unrealistisch hohe Energiedichten zu Beginn der Simulation vermieden werden. Der Faktor $C_1$ ist nicht auf eine spezielle geometrische Größe zurückzuführen, sondern ist so definiert, dass die Wärmequelle zum Entladungsende $t_e$ den maximalen Plasmakanalradius $R_{p,max}$ erreicht. Der Parameter $n_p$ wird so gewählt, dass der Funktionsverlauf des Radius dem First Stage Expansion Model von NATSU ET AL. möglichst genau entspricht [NATS06]. Basierend auf dem Modell von SCHNEIDER werden die Werte $n_p = 0{,}2$ und $C_1 = 10$ µm festgelegt und bleiben für alle Simulationen konstant. Die maximalen Radien $R_{p,max}$ werden so angepasst, dass die simulierten Kratergrößen den Einzelentladungskratern aus den Versuchen entsprechen. Für die Wärmeverteilung über der Fläche wird eine Gauß-Normalverteilung genutzt, die SCHNEIDER basierend auf der Arbeit von MALY zu:

$$\varphi_{Gauß}(r) = \frac{1}{2} \cdot n^2 \cdot e^{-\frac{r^2 \cdot n^2}{2 \cdot R_p^2(t)}} \quad \text{mit} \quad n = \frac{R_p(t)}{\sigma} \tag{6.2}$$

annahm [MALY13]. Die Modellierung des Wärmetransfers erfordert die mathematische Definition des Wärmeflusses, der neben der Geometrie in Bild 6.13 dargestellt ist.

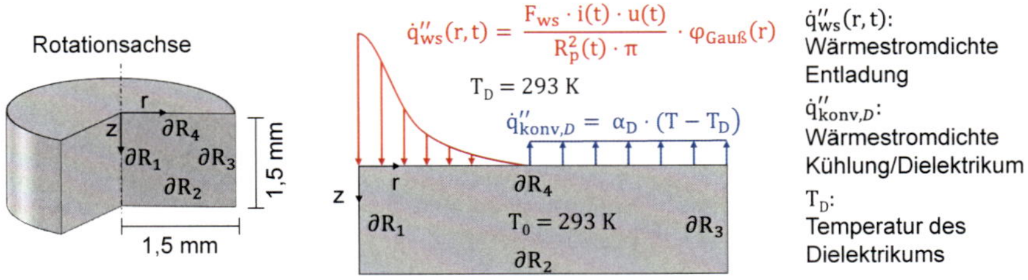


Bild 6.13: Randbedingungen des Modells und Wärmequelle als Randbedingung $\partial R_4$ nach [SCHN21]

*Boundary conditions of the model and heat source as boundary condition $\partial R_4$ according to [SCHN21]*

Wie zuvor beschrieben ist das Geometriemodell rotationssymmetrisch, womit die Randbedingung für den Rand ($\partial R_1$) als Symmetriebedingung gegeben ist. Die Ränder $\partial R_2$ und $\partial R_3$ werden als adiabat ($\dot{q}=0$) angenommen, wodurch kein Wärmefluss über die Ränder erfolgt, was aufgrund der kurzen Betrachtungszeit zulässig ist. Die Randbedingung $\partial R_4$ setzt sich aus der Wärmestromdichte der Entladung und der Kühlung durch das Dielektrikum zusammen, deren mathematische Beschreibung Bild 6.13 zu entnehmen sind. Die Wärmestromdichte $\dot{q}''_{WS}$ ist unter anderem von den Strom- und Spannungswerten der Einzelentladung abhängig, die entsprechend für die jeweiligen Entladestromstufen mithilfe des Oszilloskops aufgenommen wurden. Die Wärmestromdichte $\dot{q}''_{konv,D}$ beschreibt als Wärmesenke die Kühlung durch das Dielektrikum. Basierend auf der Simulation von PAPAZOGLOU ET AL. wird für Öl als Dielektrikum ein Wärmeübergangskoeffizient von $\alpha_D = 100\ \mathrm{kW/(m^2K)}$ angenommen [PAPA19].

*Modellierung der Abtragmechanismen*

Die bisherigen Simulationsmodelle sind ausschließlich für Metalle erstellt worden, die den Abtragmechanismus Schmelzen und Verdampfen aufweisen. Da sich bei Keramiken sowohl weitere Abtragmechanismen ergeben haben als auch eine Zweitphase vorliegen kann, müssen diese Zusammenhänge auch in der Simulation berücksichtigt werden. Während der Entladung wird Material schichtweise abgetragen, wodurch die Oberfläche verändert wird und die Wärmequelle weiter in das Werkstückinnere vorrückt. Bei der Simulation wird diese Oberflächenveränderung über eine deformierbare Geometrie modelliert, an die sich die Vernetzung anpassen muss. Dafür muss auf Basis eines virtuellen Wärmestroms $\dot{q}''_{virtuell}$ eine Netzgeschwindigkeit $v_{Netz,n}$ in Normalenrichtung der Oberfläche definiert werden, die entsprechend der jeweiligen Abtragmechanismen angepasst werden muss. Der virtuelle Wärmestrom ergibt sich im Falle des Schmelzens und Verdampfens aus der Multiplikation des Wärmeübergangskoeffizienten $\alpha_{virtuell} = 10^9\ \mathrm{W/(m^2{\cdot}K)}$ mit der Differenz zwischen der Verdampfungstemperatur $T_V$ und der vorliegenden Temperatur $T$. Wenn die Temperatur unterhalb der Verdampfungstemperatur liegt, nimmt der virtuelle Wärmestrom den Wert Null an.

$$\begin{aligned} \dot{q}''_{virtuell} &= 0 && \text{für } T \leq T_V \\ \dot{q}''_{virtuell} &= \alpha_{virtuell} \cdot (T_V - T) && \text{für } T > T_V \end{aligned} \tag{6.3}$$

Wird der virtuelle Wärmestrom auf die lokale Dichte $\rho$ und die Verdampfungsenthalpie $h_V$ normiert, kann dann die Geschwindigkeit der Netzverschiebung $v_{Netz,n}$ bestimmt werden. Da die $ZrO_2$-WC Keramik ein Zweiphasenwerkstoff ist, muss der Ansatz von SCHNEIDER zur Berechnung der Netzgeschwindigkeit erweitert werden. Es muss berücksichtigt werden, dass die Siedetemperaturen von $ZrO_2$ und WC ca. $T_B = 2000\ \mathrm{K}$ auseinanderliegen. Um die Simulation zu vereinfachen wird angenommen, dass das Material abgetragen ist, wenn die Siedetemperatur von $ZrO_2$ erreicht wurde. Somit wird für die Berechnung der Netzgeschwindigkeit die Verdampfungsenthalpie von $ZrO_2$ mit $h_V = 5{,}23 \cdot 10^3\ \mathrm{kJ/mol}$ angenommen [LINS99]. Zur Kompensation dieser Vereinfachung wird der Partielle Verdampfungsfaktor (PVF) eingeführt, der die Netzgeschwindigkeit reduziert, um so die Verzögerung des Materialabtrags durch die höhere Siedetemperatur der Zweitphase zu berücksichtigen. Dieser Faktor wird anhand der reellen Kratergeometrie iterativ angepasst. Damit ergibt sich die Netzgeschwindigkeit für den Abtragmechanismus Schmelzen und Verdampfen zu:

$$v_{Netz,n} = \frac{\dot{q}''_{virtuell}}{\rho \cdot h_V} \cdot PVF \text{ mit } PVF \in (0{,}1) \tag{6.4}$$

Bei $Si_3N_4$-TiN muss der dominierende Abtragmechanismus Zersetzung so berücksichtigt werden, dass das Material als abgetragen gilt, wenn die Zersetzungstemperatur überschritten ist. Während der Zersetzung des $Si_3N_4$ erfolgt kein Aufschmelzen oder Verdampfen von Material. Deshalb wird für die Berechnung der Netzgeschwindigkeit die Standardbildungsenthalpie mit $h_{Standard} = 750\ kJ/mol$ angenommen, die, wie bereits erläutert, im Umkehrschluss die Zersetzungsenthalpie darstellt [BRIE21]. Da die Zweitphase bei dieser Temperatur noch nicht schmilzt, wird angenommen, dass die Matrix um das Korn der TiN-Phase soweit abgetragen wird, dass keine Bindung mehr zum restlichen Material besteht, weshalb die Zweitphase dann als abgetragen gilt. Der in Kapitel 5.1.1 identifizierte weitere sekundäre Abtragmechanismus Schmelzen wird zur Reduktion der Komplexität vernachlässigt. Da dieser Abtragmechanismus aber ebenfalls Wärmeenergie erfordert, was den Materialabtrag reduziert, muss auch für die Modellierung des Abtrags durch Zersetzung die Netzgeschwindigkeit verringert werden. Diese Kompensation erfolgt durch den Partiellen Zersetzungsfaktor (PZF). Damit ergibt sich die Netzgeschwindigkeit für den Abtragmechanismus Zersetzung zu:

$$v_{Netz,n} = \frac{\dot{q}''_{virtuell}}{\rho \cdot h_{Standard}} \cdot PZF \text{ mit } PZF \in (0{,}1) \tag{6.5}$$

Um den Abtrag der $TiB_2$ Keramik zu simulieren, gibt es den thermoelastischen Ansatz, der besagt, dass eine Rissbildung auftritt, wenn die entstehenden Spannungen die Bruchfestigkeit überschreiten [HASS63, HASS69]. Somit kann eine Temperatur ermittelt werden, die den Beginn des Bruchs symbolisiert. Dazu wird der Thermoschockparameter $\Delta T_{krit}$ (vgl. Formel (2.2)) hinzugezogen, der auf einem hohen Temperaturgradienten beruht. Dieser wird zur Berechnung des virtuellen Wärmestroms genutzt. Nach TRUEMAN UND HUDDLESTON entsteht der Materialabtrag erst, wenn sich horizontale und vertikale Risse ergänzen [TRUE00]. Somit ist der Beginn des Materialabtrags nicht mit dem Beginn der Rissentstehung gleichzusetzen. Da bei diesem Abtragmechanismus kein Schmelzen oder Verdampfen stattfindet, muss für die Berechnung der Netzgeschwindigkeit die Standardbildungsenthalpie mit $h_{Standard} = 279{,}49\ kJ/mol$ angenommen werden [SALM07]. Um den Einfluss einer zu frühen Rissentstehung und der geringen Standardbildungsenthalpie zu kompensieren, muss der Partielle Abplatzungsfaktor (PAF) eingeführt werden. Somit ergibt sich für eine Keramik mit Abplatzen als dominierendem Abtragmechanismus die Netzgeschwindigkeit zu:

$$v_{Netz,n} = \frac{\dot{q}''_{virtuell}}{\rho \cdot h_{Standard}} \cdot PAF \text{ mit } PAF \in (0{,}1) \tag{6.6}$$

Für die neu eingeführten Faktoren wurden in Abhängigkeit von der verwendeten Entladeenergie und der resultierenden maximalen Entladekratertiefe Richtwerte festgelegt, die über ein iteratives Vorgehen ermittelt wurden. Da die Ergebnisse der thermischen Simulation als Eingangsgrößen für die Spannungssimulation dienen, ist eine genaue Festlegung der Richtwerte auf Basis der Kratergeometrie essentiell.

*Ergebnisse der thermischen Simulation*

Zur Kalibrierung bzw. Validierung der thermischen Simulation der Einzelentladungen wurde mithilfe eines Laserscanningmikroskops von allen Entladekratern ein 3D-Modell erstellt. Aus diesem 3D-Modell können die maximale Entladekratertiefe $z_{max}$ und die Querschnittsfläche $A_A$ bestimmt werden. In Bild 6.14 sind repräsentativ für die Entladestromstufe I7 die gemessenen Entladekrater und das resultierende Querschnittsprofil dargestellt.

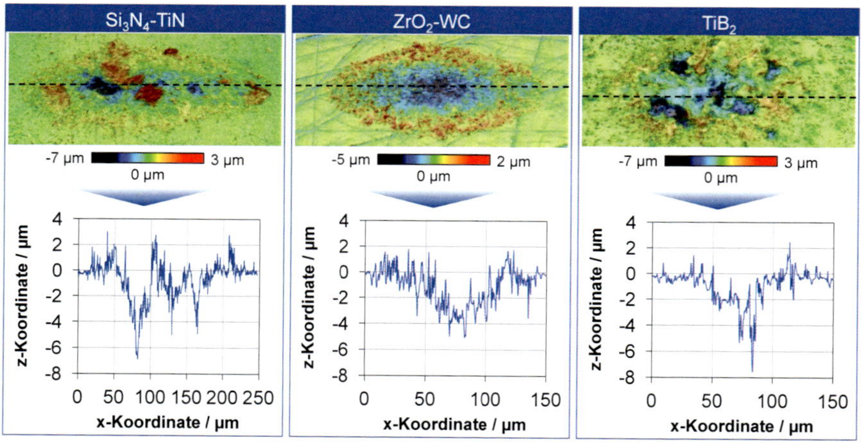


Bild 6.14: 3D-Modelle der Einzelentladekrater (oben) und das abgeleitete Querschnittprofil (unten) für die Entladestromstufe I7

*3D models of the single discharge craters (top) and the derived cross-section profile (bottom) for discharge current level I7*

Wie in Kapitel 5.1 beschrieben wurde, können die Querschnittsflächen der Einzelentladungen kreisrunde, kreisähnliche oder elliptische Geometrien aufweisen. Die 3D-Erfassung der Entladekrater der Keramiken hat gezeigt, dass sich das Entladekraterprofil wesentlich von dem der metallischen Werkstoffe unterscheidet. Es besteht aus einer Vielzahl von kleinen Kraterstrukturen, deren Ausprägung vom Abtragmechanismus abhängt. So kommt es bei den Keramiken $Si_3N_4$-TiN und $TiB_2$ scheinbar an mehreren Stellen zu einem Materialaufwurf, der höher ist als die polierte Referenzoberfläche. Das Entladekraterprofil der $ZrO_2$-WC Keramik zeigt einen Materialaufwurf an dem Randbereich des Kraters auf. SCHNEIDER konnte in seinen Untersuchungen auf einer Senkerosionsmaschine ein ideales kontinuierliches Kraterprofil inklusive eines Materialaufwurfbereichs am Kraterrand für den Vergütungsstahl 42CrMo4 identifizieren [SCHN21]. Somit weist der Krater in der $ZrO_2$-WC Keramik zwar ein ähnliches Profil zu dem eines metallischen Werkstoffs auf, dennoch unterliegt dieses Profil gewissen Schwankungen. Die Messungen zeigen, dass bei Keramiken der Materialabtrag nicht kontinuierlich über die gesamte Fläche stattfindet. Da das Simulationsmodell von SCHNEIDER auf der Annahme einer kreisrunden Entladekraterfläche mit kontinuierlich verlaufendem Profil beruht, ist eine exakte Beschreibung der Kraterprofile der Keramiken nur eingeschränkt möglich. Dennoch ermöglichen die Korrekturfaktoren eine Kompensation dieser Abweichung, was den Kalibrierungsergebnissen aus Bild 6.15 zu entnehmen ist.

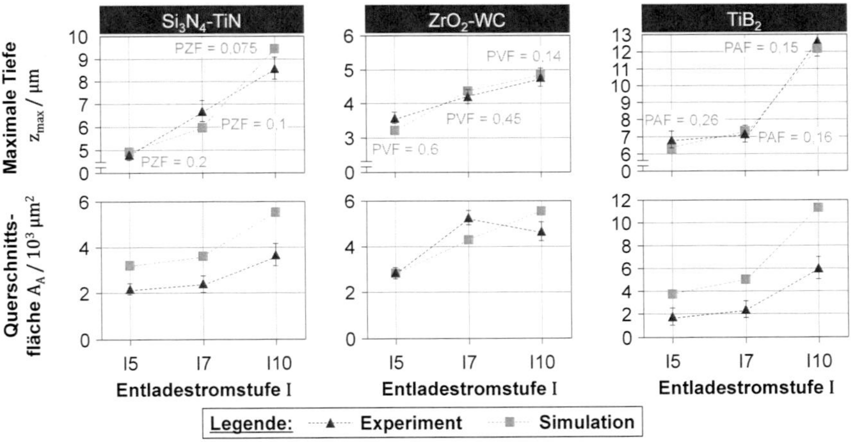


Bild 6.15: Ergebnisse der Einzelentladungssimulation inklusive der Validierung
*Results of the single discharge simulation including validation*

Es musste für jede Entladestromstufe ein separater Wert bestimmt werden, denn der Energieverteilungsfaktor $F_{WS}$ aus Bild 6.13 wurde für alle Entladungen konstant gehalten. Da sich in Abhängigkeit von dem Entladestrom die Arbeitsspaltweite verändert und somit der Energieverlust in das Dielektrikum variiert, muss auch die Abweichung des Energieverteilungsfaktors durch die Bestimmung von den einzelnen Korrekturfaktoren kompensiert werden. Die resultierenden Faktoren, die sich aus der iterativen Anpassung ergeben, sind den jeweiligen Entladestromstufen zugeordnet. Somit handelt es sich bei den simulativ ermittelten Tiefe- und Querschnittswerten in Bild 6.15 bereits um die korrigierten Werte. In der Simulation wird der Plasmakanal als ideale kreisrunde Form angenommen, weshalb aus den Entladekraterflächen Kreisäquivalente zu bestimmen sind. Daraus resultieren auch die größeren Querschnittsflächen für die Simulation im Vergleich zu den experimentell ermittelten Flächen. Aus diesem Grund wurden die Faktoren hauptsächlich über die maximale Tiefe $z_{max}$ angepasst, was zur wesentlich höheren Genauigkeit der Simulationsergebnisse für die Entladekratertiefe führt. Da die Einzelentladungen der $ZrO_2$-Keramik eine ähnliche Struktur zu denen von Metallen aufweisen, können hier die besten Ergebnisse sowohl für die Tiefe als auch für die Querschnittsfläche erzielt werden. Trotz der Abweichungen von der Realität liefert die Simulation eine ausreichende Genauigkeit, um den Materialabtrag zu bestimmen. Zum Ende der Entladung erfolgt nicht nur der Materialabtrag und die Entstehung des Entladekraters, sondern auch ein Temperaturfeld im Material unterhalb des Entladekraters. Mithilfe der Wärmesimulation können für dieses Temperaturfeld isotherme Linien berechnet werden, deren Ausprägung sich ähnlich zur Entladekraterstruktur verhält. Im linken Teil von Bild 6.16 ist für ein zweidimensionales rotationssymmetrisches Entladekratermodell der $TiB_2$ Keramik ein Temperaturfeld inklusive Isothermen bei der Entladestromstufe I7 dargestellt. Die Isothermen können sowohl zur Abschätzung der Spannungszone als auch zur Berechnung der mechanischen Spannungen selbst genutzt werden. Durch die Erfassung der Verläufe der Isothermen, was im rechten Teil von Bild 6.16 exemplarisch dargestellt ist, können diese Werte zur weiteren Verarbeitung in das mechanische Spannungsmodell überführt werden.

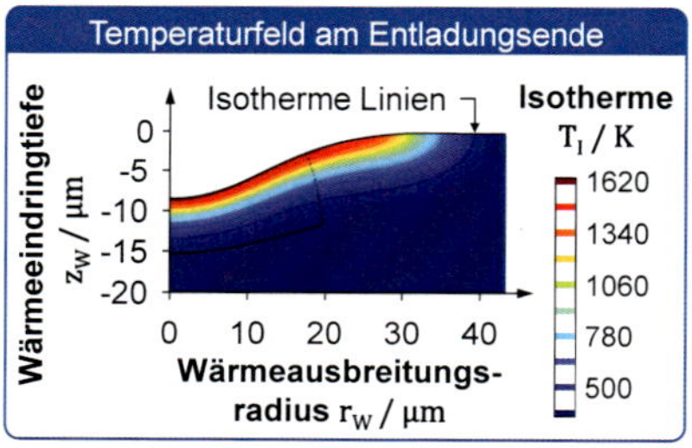


| Keramik | Wärmeradius $r_W = 0$ µm | | Wärmeradius $r_W$ = XX µm | |
|---|---|---|---|---|
| | Isotherme $T_I$ | Tiefe $z_W$ | Isotherme $T_I$ | Tiefe $z_W$ |
| $TiB_2$ | 360 K | -13 µm | 360 K | ... |
| | ... | ... | ... | ... |
| | 1620 K | -7,8 µm | 1620 K | ... |
| $ZrO_2$-WC | ... | ... | ... | ... |
| $Si_3N_4$-TiN | ... | ... | ... | ... |

Bild 6.16: Temperaturfeld der $TiB_2$ Keramik am Entladungsende bei der Entladestromstufe I7 (links) und exemplarische Darstellung der berechneten Isothermen (rechts)
*Temperature field of $TiB_2$ ceramic at the end of discharge at discharge current level I7 (left) and exemplary representation of the calculated isotherms (right)*

Damit eine höhere Vorhersagefähigkeit des Simulationsmodells in Zukunft erwirkt werden kann, müssen insbesondere die Modellierung der Abtragmechanismen Zersetzung und Abplatzen überarbeitet sowie die Energieverteilungsfaktoren mithilfe von weiteren Einzelentladungsexperimenten angepasst werden. Darüber hinaus muss untersucht werden, ob mithilfe anderer experimenteller Methoden die Eigenspannungen in den Keramiken gemessen werden können, damit eine vollständige Validierung der Simulationsergebnisse erfolgen kann. Die aufgezeigten Eingrenzungen, Vereinfachungen sowie Problematiken verdeutlichen die Komplexität der thermischen Simulation von Einzelentladungen bei Keramiken. Mithilfe der Kompensationsfaktoren ist es möglich, die simulativ ermittelten Entladekratermaße und die Temperaturverläufe in die mechanische Spannungssimulation zu übernehmen. Somit besteht die Grundlage, um die Machbarkeit zur Berechnung thermisch induzierter Spannungen infolge einer Einzelentladung aufzuzeigen und die Auswirkung auf die Randzonen abzuschätzen.

### 6.3.3 Simulation der thermisch induzierten Spannungen

In diesem Abschnitt wird zunächst das Vorgehen für die Simulation beschrieben, das in Simulationsziel, Randbedingungen, Geometrieerstellung und Vernetzung sowie Modellierung der thermisch induzierten Spannungen unterteilt ist. Im Anschluss werden die Simulationsergebnisse vorgestellt.

*Simulationsziel*

Das Simulationsziel ist die Ermittlung der thermisch induzierten Spannungen in Folge einer Einzelentladung. Damit soll abgeschätzt werden, ob die zulässigen Spannungen der Werkstoffe überschritten werden und Mikrorisse in der Randzone entstehen. Darüber hinaus dient die Simulation als Modellierungsbasis, um in weitergehenden Simulationen zukünftig die Spannungen resultierend aus konsekutiven Entladungen zu simulieren, damit sowohl die mechanischen Spannungen als auch die Schädigungen in der Randzone genauer berechnet werden können.

*Randbedingungen*

Für die Simulation der Spannung wird eine stationäre Simulation verwendet. Als grundlegender Mechanismus zur Entstehung der Spannungen wird die thermische Ausdehnung des Materials im Entladungsbereich angenommen. Analog zur thermischen Simulation werden aufgrund einer fehlenden Datenbasis keine Temperaturabhängigkeiten der mechanischen Werkstoffeigenschaften berücksichtigt und die Materialien als homogen und isotrop angenommen. Im Eingangszustand gilt das Werkstück als Spannungsfrei. Darüber hinaus werden fehlerhafte Strukturen oder Sinteradditive außer Acht gelassen. Wie bereits erwähnt (vgl. Bild 6.10), werden die Kratermaße und die thermischen Verläufe als Eingangsgröße verwendet.

*Geometrieerstellung und Vernetzung*

Zuerst wird die aus der vorangegangenen Simulation resultierende 2D-Geometrie um die Rotationsachse extrudiert, um eine dreidimensionale Geometrie des Entladekraters zu erhalten, welche in Bild 6.17 zu finden ist. Da der Entladekrater von der Keramik und von der Entladeenergie abhängt, ergeben sich neun unterschiedliche Geometrien. In dieser Abbildung ist die Entladekratergeometrie der $TiB_2$ Keramik für die Entladestromstufe I7 dargestellt. Die Vernetzung im entladungsnahen Bereich wurde analog zur thermischen Simulation angelegt, vgl. Bild 6.12. Die Spannungen im entladungsfernen Bereich sind zur Ermittlung von Rissen irrelevant, weshalb zur Reduktion der Simulationszeit eine geringere Netzqualität gewählt wurde.

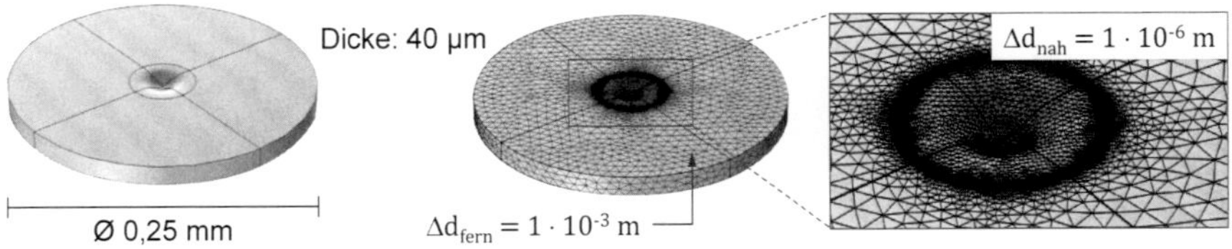


Bild 6.17: Geometrie und Vernetzung des Werkstücks
*Geometry and meshing of the workpiece*

*Modellierung der thermisch induzierten Spannungen*

Damit die Informationen zwischen den Simulationsmodellen ausgetauscht werden können, müssen in der Simulationssoftware die Physik-Interfaces des Wärmetransports in Feststoffen und der Festkörpermechanik miteinander verknüpft werden. Dabei gilt die thermische Last als Ursprung für die thermische Dehnung, was unter Einbezug der nicht erwärmten Bereiche um die Entladestelle den Ausgangspunkt der Spannung darstellt. Die Oberflächentemperatur $T_{max}$ nach der Entladung dient als Randbedingung, die zur Approximation des Temperaturverlaufs am Werkstoffrand dient. Bei dieser Temperatur liegen die maximalen Spannungen vor, die bei spröden Materialien die Rissentstehung verursachen. Die Festlegung einer Isotherme, die den finalen Temperaturverlauf vorgibt, beschränkt als weitere Randbedingung die Ausbreitung der Wärme. Dabei wird eine stationäre Berechnung durchgeführt, sodass keine Zeitabhängigkeit vorliegt. Eine Abkühlung durch das Dielektrikum nach der Entladung wird nicht berücksichtigt, weil die maximalen Spannungen bereits bei der Erwärmung auftreten. Das Abkühlen bewirkt lediglich eine Umkehrung des Vorzeichens und keinen zusätzlichen Anstieg der Spannungen.

Anhand von Prüfverfahren wie dem Zugversuch werden für Werkstoffe Festigkeitswerte ermittelt. Diese Festigkeitswerte beschreiben einen einachsigen Spannungszustand, der in der Realität für die meisten Bauteilbeanspruchungen nicht vorliegt. Um entscheiden zu können, ob eine bestimmte Spannung zum Bauteilversagen führt, werden Festigkeitshypothesen eingesetzt. Dazu wird eine Vergleichsspannung berechnet, die den dreiachsigen Spannungszustand auf einen fiktiven eindimensionalen Zustand reduziert und somit die Basis für einen Vergleich mit der zulässigen Spannung ermöglicht. Wird die Vergleichsspannung mit der zulässigen Spannung verglichen, so tritt Versagen auf, wenn die Vergleichsspannung einen höheren Wert aufweist. Es existieren eine Vielzahl an möglichen Festigkeitshypothesen. Die bekanntesten Hypothesen sind die Normalspannungs-, die Schubspannungs- und die Gestaltänderungsenergiehypothese. Für die Simulation wird die Normalspannungshypothese angewendet, da diese Hypothese für spröde Werkstoffe eingesetzt wird. Sowohl die Schubspannungs- als auch die Gestaltänderungsenergiehypothese führen ein Versagen durch Bruch auf Fließvorgänge im Material zurück, die innerhalb einer Keramik nicht möglich sind. Die Normalspannungshypothese basiert auf der Annahme, dass das Werkstück aufgrund der höchsten Normalspannung versagt. [SPUR19]

Für das Festkörpermechanik-Interface von Comsol wird das linear-elastische Materialmodell mit isotropem Materialverhalten ausgewählt. Damit ist es möglich, alle wichtigen Materialeigenschaften mithilfe des E-Moduls $E$ und der Poisson-Zahl $\mu$ zu beschreiben. Als weitere Randbedingung für das Materialmodell werden die Ränder als Festlager modelliert, damit bei einer Erwärmung eine thermische Ausdehnung in das Unendliche verhindert wird und somit mechanische Spannungen entstehen können. Mögliche Schichten wie eine flüssige Schmelzzone oder wiedererstarrtes Material können hierbei nicht berücksichtigt werden. Damit das Interface auf Basis der Normalspannungshypothese berechnen kann, ob ein Materialversagen auftritt, müssen die Zug- und die Druckfestigkeit hinterlegt werden. Die Biegefestigkeit kann als gute Näherung für die Zugfestigkeit angenommen werden [CALL20]. Mithilfe der verwendeten Festigkeitswerte, vgl. Tabelle 4.1, kann der Versagensindex $F_V$ angegeben werden, der sich aus der Division der berechneten Spannung und der Festigkeit bildet.

*Ergebnisse der Spannungssimulation*

Mithilfe der Temperaturverläufe aus der thermischen Simulation können für die jeweiligen Abtragmechanismen und die Entladeenergien, die durch die Entladestromstufen repräsentiert werden, sowohl die Normalspannung als auch die Schubspannung ermittelt werden. Bedingt durch die Kratergeometrie weisen die mechanischen Spannungen auf der Oberfläche der Keramiken sehr ähnliche Verläufe auf. Aus diesem Grund sind in Bild 6.18 die Normalspannung und die Schubspannung lediglich für die $TiB_2$ Keramik bei der Entladestromstufe I7 dargestellt.

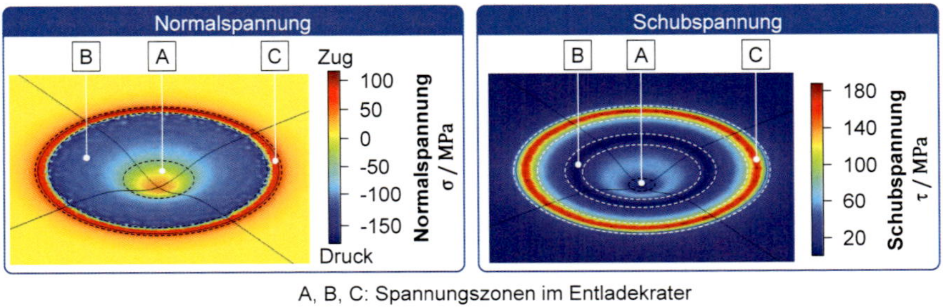


Bild 6.18: Normal- (links) und Schubspannung (rechts) an der Krateroberfläche für $TiB_2$
*Normal (left) and shear stress (right) at the crater surface for $TiB_2$*

Der Entladungsbereich ist sowohl für die Normalspannung als auch für die Schubspannung in drei Zonen eingeteilt, die jeweils durch gestrichelte Linien voneinander abgegrenzt werden. Für die Normalspannungen resultieren sowohl Zug- als auch Druckspannungen. Im restlichen Bereich herrschen keine Spannungen, was in der Randbedingung eines spannungsfreien Werkstücks begründet ist. In Zone A liegen Zugspannungen vor, die mit steigendem Radius abnehmen und am Randbereich in Druckspannungen übergehen. Diese Druckspannungen steigen in Zone B mit zunehmendem Radius weiter an, bis sie am Randbereich abrupt ihr Maximum erreichen. Danach fällt die Druckspannung in Zone C auf einem kleinen Segment ab, um dann in einen Zugspannungsbereich mit den höchsten Werten überzugehen. Diese Zugspannungen bauen sich ebenfalls auf einem kleinen Segment ab, sodass der spannungsfreie Zustand des umgebenden Materials erreicht wird. Der vorliegende Verlauf lässt sich auf die Interaktion der unterschiedlich ausgedehnten Schichten des Kristallgitters zurückführen. Während die Materialbereiche besonders in Zone B eine starke Dehnung erfahren, dehnen sich die Kristallgitter in der Zone C geringer aus. Somit wirken auf die Atome der Zone C die Kräfte in Folge einer Ausdehnung und die Widerstandskräfte des restlichen Materials ein.

Der Verlauf der Schubspannungen weist eine Abhängigkeit von der Geometrie des Entladekraters auf. Innerhalb der Zone A liegen geringe Schubspannungen vor, die mit steigendem Radius anwachsen und mit Erreichen der Zone B stark abfallen. Mit weiterem Anstieg des Radius wächst die Schubspannung kontinuierlich wieder an, bis sie in Zone C ihren Maximalwert erreicht. Danach fällt die Schubspannung innerhalb eines kleinen Segments auf den spannungsfreien Zustand ab. Trotz ähnlichem Verlauf ergeben sich für die Keramiken Unterschiede in den Maximalwerten für die Spannungen, die in Bild 6.19 für die jeweiligen Entladestromstufen dargestellt sind.

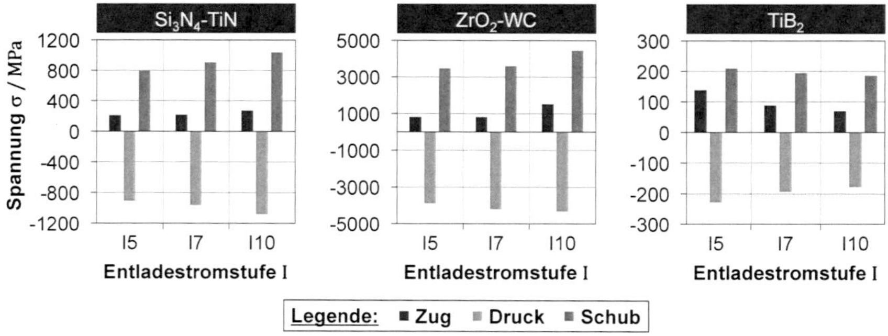


Bild 6.19: Maximalspannungen an der Oberfläche bei den Entladestromstufen I5, I7, I10
*Maximum stresses on the surface at discharge current levels I5, I7, I10*

Die Unterschiede in den maximalen Spannungen sind hauptsächlich auf die jeweiligen Abtragmechanismen zurückzuführen, da die Wärme beim Materialabtrag unterschiedlich umgewandelt wird. Deshalb entstehen bei $TiB_2$ die höchsten Temperaturen an der Oberfläche, da keine Wärme zur Änderung eines Aggregatzustandes benötigt wird. Des Weiteren ist festzustellen, dass sowohl die Normal- aus auch die Schubspannungen unterschiedliche Abhängigkeiten von der Entladeenergie aufweisen. So kommt es bei den Keramiken $Si_3N_4$-TiN und $ZrO_2$-WC zu den Maxima bei I10, wohingegen bei der $TiB_2$ Keramik die Maxima bei I5 liegen. Diese Beobachtungen werden zum einen auf die unterschiedlichen Kratertiefen und Querschnittsflächen zurückgeführt, die einen maßgeblichen Einfluss auf die Interaktion zwischen den wärmebeeinflussten Bereichen haben. Zum anderen wirken sich die Wärmeleitfähigkeiten und Wärmedehnungen der Materialien auf die entstehenden Spannungen aus. Die sehr hohen Druck- und Schubspannungen in der $ZrO_2$-WC Keramik deuten bereits auf ein Werkstoffversagen hin, was anhand der Normalspannungshypothese bestimmt werden kann. Zur Auswertung der Normalspannungshypothese werden in der Simulationssoftware die Normal- und Schubspannungen zu einer Vergleichsspannung verrechnet. Wird die Vergleichsspannung durch die Biegefestigkeit (vgl. Tabelle 4.1) dividiert, ergibt sich der Versagensindex $F_V$, dessen Ergebnisse in Tabelle 6.1 dargestellt sind. Für die Keramiken wird ausschließlich die Zugfestigkeit bzw. wie in Kapitel 6 beschrieben die Biegefestigkeit als Vergleichsgröße genutzt, da dieser Materialwert bei spröden Werkstoffen am kritischsten ist.

Tabelle 6.1: Ermittelte Versagensindizes auf Basis der Normalspannungshypothese
*Determined failure indices based on the normal stress hypothesis*

| Versagens-index | $Si_3N_4$-TiN | | | $ZrO_2$-WC | | | $TiB_2$ | | |
|---|---|---|---|---|---|---|---|---|---|
| | I5 | I7 | I10 | I5 | I7 | I10 | I5 | I7 | I10 |
| $F_V$ | 1,35 | 1,37 | 1,4 | 4,25 | 4,27 | 4,4 | 0,35 | 0,33 | 0,27 |

Zur Feststellung, ob ein Riss durch die Entladung entsteht, muss der Versagensindex $F_V > 1$ sein. Somit entstehen bei den Keramiken $Si_3N_4$-TiN und $ZrO_2$-WC bereits Risse durch die einzelnen Entladungen. Der geringe Versagensindex von $Si_3N_4$-TiN lässt eine geringere Rissanzahl vermuten als für die $ZrO_2$-WC Keramik. Die Berechnungen decken sich mit den Einzelentladungsuntersuchungen in den Kapiteln 5.1.1 und 5.1.2. In Bild 6.20 sind zum besseren Vergleich Detailansichten der Einzelentladekrater der $Si_3N_4$-TiN und der $ZrO_2$-WC Keramik für die Entladestromstufe I10 dargestellt.

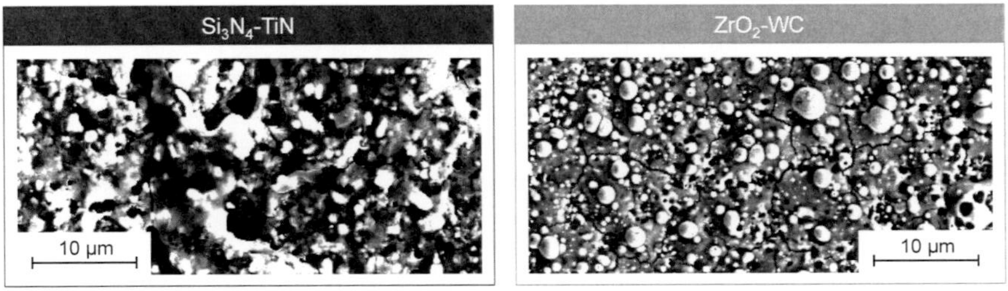


Bild 6.20: Detailansicht der Einzelentladekrater der $Si_3N_4$-TiN und $ZrO_2$-WC Keramik für die Entladestromstufe I10
*Detail view of the single discharge craters of $Si_3N_4$-TiN and $ZrO_2$-WC ceramics for discharge current level I10*

Bei der $ZrO_2$-WC Keramik ist eine wesentlich höhere Rissanzahl in der Oberfläche der Einzelentladekrater festzustellen als für die $Si_3N_4$-TiN Keramik. Da bei der $ZrO_2$-WC Keramik die Druck- und Schubspannungen sehr hoch sind, ist dies bereits ein Indiz für ein Werkstoffversagen. Die Werte entsprechen nicht der Realität, da im Falle der Rissentstehung die Spannungen abgebaut werden, was in der Simulation nicht berücksichtigt werden konnte. Dennoch kann festgehalten werden, dass die Simulation bei diesen Keramiken eine Werkstoffschädigung vorhersagen kann. Bei der $TiB_2$ Keramik sollen laut Versagensindex keine Risse entstehen. Basierend auf den Einzelentladungen aus Kapitel 5.1.3 entspricht dies definitiv nicht der Realität. Zurückzuführen ist dies auf die Modellierung des Abtragmechanismus. Dabei wird angenommen, dass der Materialabtrag beginnt, wenn der Riss eintritt, was beim Überschreiten der Thermoschocktemperatur der Fall ist. Somit muss für eine realitätsnähere Bestimmung der Spannungen die Modellierung des Abtragmechanismus umfangreich angepasst werden.

Eine Validierung der Ergebnisse konnte nicht durchgeführt werden, da es bei der herkömmlichen Messmethode mittels Röntgenbeugung zu Interferenzen zwischen Rückstreuelektronen und der Eigenstrahlung der Elemente sowie zu Phasenüberlagerungen kommt. Deshalb ist keine verlässliche Interpretation der Daten möglich. Die indirekte Validierung anhand der Querschliffaufnahmen konnte aber aufzeigen, dass die Spannungssimulation der $Si_3N_4$-TiN und $ZrO_2$-WC Keramiken eine gewisse Abschätzung der Werkstoffschädigungen zulässt. Somit wurde sowohl eine Grundlage zur Abschätzung der Werkstoffschädigung durch die Thermik des Drahterosionsprozesses als auch ein erster Ansatz zur Bestimmung von mechanischen Spannungen in Keramiken während des Entladevorgangs entwickelt. Bei der Erweiterung des Simulationsmodells zur Berechnung der thermisch induzierten Spannungen infolge von konsekutiven Entladungen müssen der Abtragmechanismus Abplatzen angepasst und der eventuelle Spannungsabbau durch Rissentstehung berücksichtigt werden. Darüber hinaus muss eine genauere Beschreibung der Entladekratergeometrie erfolgen.

## 6.4 Zwischenfazit

*Intermediate conclusion*

In diesem Kapitel wurde für jede Keramik eine Nachschnitttechnologie erarbeitet, die eine Rauheits- und Rissreduktion bewirken sollte. Dabei konnte festgestellt werden, dass die Abtragmechanismen unterschiedliche Bearbeitungsstrategien erfordern. Beispielsweise kam es bei der $Si_3N_4$-TiN Keramik zu einem Rauheitsanstieg durch die herkömmliche Nachschnittbearbeitung. Der Einsatz der niederenergetischen dritten und vierten Nachschnitte direkt nach dem Hauptschnitt konnte die Rauheit und die Rissanzahl reduzieren. Die Ergebnisse der Nachschnittoptimierungen stellen neue Erkenntnisse für die Drahtfunkenerosion dar. In weiteren Versuchen muss überprüft werden, ob auch Formabweichungen aus dem Hauptschnitt kompensiert werden können. Die optimierten Nachschnittbearbeitungen wurden hinsichtlich der Auswirkung auf die Biegefestigkeit im Vergleich zu Hauptschnitten mit unterschiedlichen Entladeenergien bewertet. Dabei konnte festgestellt werden, dass die Nachschnitte nur bei den $Si_3N_4$-TiN und $ZrO_2$-WC Keramiken eine Festigkeitserhöhung bewirken. Bei der $TiB_2$ Keramik kam es durch zu viele Risse in der Randzone zu keinem Festigkeitsanstieg. Generell lässt sich für alle Keramiken festhalten, dass die Nachschnitte zwar die Oberflächengüte verbessern, aber die Biegefestigkeit nicht auf das Niveau der Schleifbearbeitung steigern können. Daraus wurde abgeleitet, dass wahrscheinlich Risse durch thermisch induzierte Spannungen in der Randzone die Bauteilfestigkeit reduzieren. Da die experimentelle Ermittlung von Spannungen in der Randzone sehr aufwändig und teilweise nicht möglich ist, wurde ein zweistufiges Simulationsmodell zur Bestimmung thermisch induzierter Spannungen aufgebaut. Die erste Stufe und damit auch die Grundlage stellt das Wärmesimulationsmodell von SCHNEIDER [SCHN21] dar, das eine Einzelentladung thermisch simuliert. Dieses Modell musste um die Abtragmechanismen der Keramiken erweitert werden. Die Kalibrierung bzw. Validierung erfolgte anhand der geometrischen Auswertung von Einzelentladekratern. Des Weiteren ermöglicht das Modell die Berechnung von Temperaturfeldern im Material unterhalb des Entladekraters. Die daraus ermittelten Isothermen dienen zur Abschätzung der Spannungszone und als Eingangsgrößen für die Simulation der mechanischen Spannungen im zweiten Modell. Um zu berechnen, ob die resultierenden Spannungen zu Rissen und somit auch zu frühzeitigen Materialversagen führen, wurde ein Versagensindex unter Verwendung der Normalspannungshypothese für spröde Materialien berechnet. Der Vergleich mit den Ergebnissen aus Kapitel 5 zeigt die generelle Machbarkeit der Simulation auf. Somit besteht ein erster Ansatz zur Berechnung von thermischen induzierten Spannungen. Aufgrund diverser Annahmen, die infolge der fehlenden Datenbasis getroffen werden mussten, muss das Simulationsmodell weiter optimiert werden. Außerdem erfolgte keine experimentelle Validierung der mechanischen Spannungen, weil mit herkömmlichen Methoden die Eigenspannungen in einer Keramik nicht bestimmt werden können.

# 7 Ansatz zur Prozessoptimierung für Keramiken

*Process optimization approach for ceramics*

Die Ergebnisse der Kapitel 5 und 6 bestätigten die anfangs aufgestellte Vermutung, dass die unterschiedlichen Abtragmechanismen eine keramikspezifische Bearbeitungstechnologie erfordern. Die Technologieanpassung ist zeitintensiv und erfordert bislang neben einem hohen Prozessverständnis auch den vollumfänglichen Einsatz des Maschinenbedieners. Darüber hinaus existiert kein einheitliches Vorgehen, das einen Maschinenbediener bei der Technologieanpassung unterstützt. Aus diesem Grund werden in der Praxis keine optimierten Technologien genutzt, was insbesondere die Prozessproduktivität erheblich eingrenzt.

Um diesem Defizit zu begegnen, wird im Rahmen dieser Arbeit eine Methodik zur Technologieoptimierung entwickelt. Dazu werden bestehende Ansätze zur Optimierung des Drahtfunkenerosionsprozesses vorgestellt. Darauffolgend werden die Optimierungsprobleme definiert, um dafür ein geeignetes Verfahren auszuwählen. Die entwickelte Methodik wird anschließend vorgestellt und in einem Softwaretool umgesetzt. Eine Validierung erfolgt mithilfe bisheriger Ergebnisse. Zunächst wird eine Klassifizierung der Bearbeitbarkeit elektrisch leitfähiger Keramiken vorgestellt, die eine Basis zur Festlegung von keramikspezifischen und anwendungsbezogenen Standarderosionstechnologien ermöglichen soll. Diese Standardtechnologien können wiederum als Starttechnologie für die Optimierung fungieren.

## 7.1 Klassifizierung der Keramikbearbeitung

*Classification of ceramic machining*

Bei metallischen Werkstoffen führt der Abtragmechanismus Schmelzen und Verdampfen dazu, dass zum Beispiel alle Stahlwerkstoffe unabhängig von den Legierungselementen mit der implementierten Standardtechnologie bearbeitet werden können. Um eine möglichst hohe Produktivität zu erzielen, müssen eine hohe Entladeenergie, eine hohe Entladefrequenz und eine geringe Zündverzögerungszeit gewählt werden. Durch die Verwendung von Nachschnitten, deren Entladeenergie sukzessive reduziert wird, können sowohl die Oberflächengüte als auch die Bauteilbelastbarkeit und die Formgenauigkeit verbessert werden. Dabei hat sich gezeigt, dass eine hohe Nachschnittanzahl zu sehr guten Ergebnissen führt. Bei keramischen Werkstoffen können keine allgemeingültigen Aussagen getroffen werden, was an den verschiedenen Abtragmechanismen und dem breiten Spektrum an Keramiken liegt. So führt beispielsweise nicht bei jeder Keramik die höchste Entladeenergie zur höchsten Schnittrate. Durch die erlangten Erkenntnisse kann eine Klassifizierung der drahtfunkenerosiven Bearbeitbarkeit elektrisch leitfähiger Keramiken im CH-basierten Dielektrikum auf Basis der dominierenden Abtragmechanismen erfolgen, die in Bild 7.1 dargestellt ist. Die Klassen bilden dabei die dominierenden Abtragmechanismen Zersetzung, Schmelzen und Verdampfen sowie Abplatzen. Darüber hinaus sind die sekundären Abtragmechanismen angegeben, weil diese ebenfalls das Bearbeitungsergebnis beeinflussen.

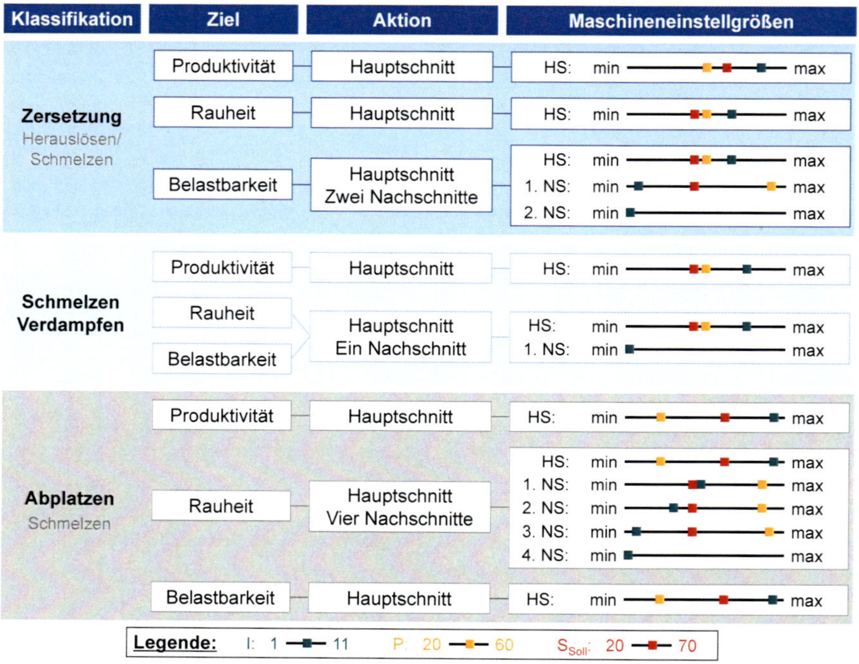


Bild 7.1: Klassifikation der drahtfunkenerosiven Bearbeitbarkeit elektrisch leitfähiger Keramiken auf Basis der dominierenden Abtragmechanismen
*Classification of wire electrical discharge machinability of electrically conductive ceramics based on dominant removal mechanisms*

Da keramische Bauteile in verschiedensten Anwendungsgebieten zum Einsatz kommen können, muss die Drahtfunkenerosion unterschiedliche Anforderungen bzw. Ziele erfüllen. Diese werden in Produktivität der Bearbeitung, Rauheit der drahtfunkenerosiv erzeugten Oberfläche und resultierende Belastbarkeit des keramischen Bauteils unterteilt. In Abhängigkeit von diesen Zielen kann die notwendige Aktion ausgeführt werden, die zur Erfüllung dieser Ziele führt. Zusätzlich sind zu den Aktionen die Maschineneinstellgrößen auf einer schematischen Skala dargestellt, um die Unterschiede zwischen den Abtragmechanismen aufzuzeigen. Entsprechend den Erklärungen aus Kapitel 6.1 zur Nachschnittbearbeitung können nicht alle Maschineneinstellgrößen in den Nachschnitten verändert werden. Da diese Werte nur für die verwendete Drahterosionsmaschine gelten, sind im Anhang die physikalischen Werte der MEG für eine Übertragbarkeit auf andere Drahterosionsmaschinen aufgelistet. Durch diese Klassifizierung ist es möglich, Keramiken anhand ihrer dominierenden Abtragmechanismen einzuteilen und eine anforderungsgerechte Bearbeitung durchzuführen. Somit ist eine Grundlage geschaffen, um Standardtechnologien für Keramiken in der Datenbank der Maschine zu implementieren.

Die aufgelisteten Maschineneinstellgrößen beziehen sich auf einen Messingblankdraht, weshalb für eine möglichst hohe Produktivität bei einer Keramik mit Zersetzung als dominierendem Abtragmechanismus ein zinkbeschichteter Draht verwendet werden sollte. Bei einer Keramik mit Abplatzen als dominierendem Abtragmechanismus wird ein dicker Draht empfohlen, um den hohen Entladestrom von $\mathrm{I} = 13$ zu nutzen zu können.

Da sich nicht nur der dominierende Abtragmechanismus, sondern auch die Zweitphase auf die Bearbeitbarkeit auswirkt, ist es für ein optimales Bearbeitungsergebnis notwendig, die Prozessparameter auf die jeweilige Keramik anzupassen. Dies ist ein zeitaufwändiger Prozess, weshalb eine Methodik entwickelt werden muss, die eine automatisierte Technologieanpassung ermöglicht. Nachfolgend wird ein Ansatz zur keramikspezifischen Prozessoptimierung verfolgt. Die vorgestellte Klassifikation kann dabei zur Auswahl einer geeigneten Basistechnologie beitragen, die als Eingangssituation für den Optimierungsvorgang dient.

## 7.2 Bisherige Optimierungsansätze in der Funkenerosion

*Previous optimization approaches in EDM*

Unter dem Begriff „Optimierung" ist eine Maßnahme zur Verbesserung eines aktuellen Zustands bzw. das Erreichen eines bestmöglichen Zustands zu verstehen. Das Teilgebiet der mathematischen Optimierung beschäftigt sich mit der Suche nach optimalen Parametern in meist komplexen Systemen. Dabei handelt es sich in der Regel um Optimierungsprobleme, bei denen eine Zielfunktion maximiert oder minimiert werden soll. Solche Optimierungsaufgaben stellen sich in allen wissenschaftlichen Bereichen, in denen die optimalen Werte der Parameter unbekannt sind. Eine analytische Lösung dieser Optimierungsprobleme ist nicht immer möglich, weshalb in diesen Fällen oft numerische Verfahren zum Einsatz kommen. [ZIMM08]

Zum besseren Verständnis hinsichtlich der Optimierungsverfahren werden zunächst die Begriffe Zielfunktion, Stellgrößen, Suchraum, Nebenbedingungen und zulässige Menge vorgestellt. Als Zielfunktion wird der Teil eines Problems bezeichnet, welchen es zu optimieren gilt. Das kann im Falle eines Minimierungsproblems beispielsweise der Abstand zwischen zwei Punkten oder die Kosten für einen Prozess sein. Die veränderbaren Variablen der Zielfunktion werden als Stellgrößen oder Parameter bezeichnet. Die Menge der Stellgrößen bildet den Suchraum. Häufig werden Einschränkungen bzw. Nebenbedingungen bezüglich des Suchraums getroffen, die in Form einer Gleichung bzw. Ungleichung oder auch einer expliziten Teilmenge vorliegen können. Typische Nebenbedingungen sind beispielsweise nur ganzzahlige Lösungen der Zielfunktion oder die Grenzen (Randbedingungen) eines Suchraums. Die Menge der Parameter, die alle Nebenbedingungen erfüllen, wird als zulässige Menge bezeichnet. Da ein breites Spektrum an Optimierungsverfahren vorliegt, ist in Bild 7.2 eine Einordnung bzw. Klassifikation dieser Verfahren in Anlehnung an JANGA REDDY UND NAGESH KUMAR dargestellt [JANG20]. Da in dieser Arbeit ein populationsbasierter Optimierungsalgorithmus genutzt wird, wird auf eine detaillierte Vorstellung der restlichen Optimierungsverfahren verzichtet, weshalb für weitere Informationen auf die Literatur verwiesen sei [BIAN09, JAKO04, JANG20, KENN95, KORT12, WEIS09, ZIMM08].

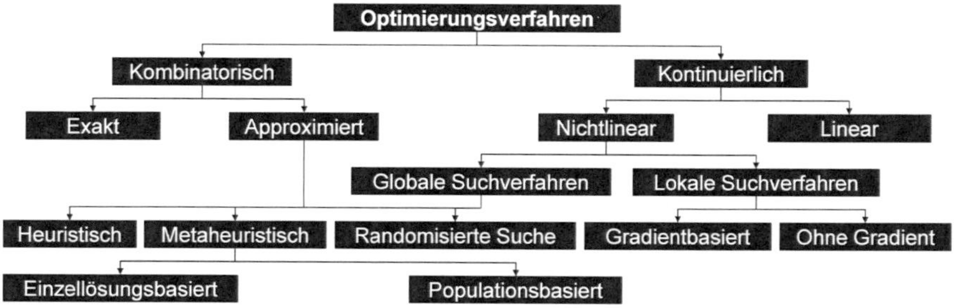


Bild 7.2: Klassifikation der Optimierungsverfahren in Anlehnung an [JANG20]
*Classification of the optimization methods according to [JANG20]*

In der Funkenerosion ist das Optimierungsziel einer Technologieentwicklung in der Regel die Reduktion der Bearbeitungsdauer und der Rauheit. Das breite Spektrum an Stell- und Einflussgrößen sowie deren Wechselwirkungen birgt eine große Herausforderung bei der Optimierung. Als Startpunkt einer Optimierung dient in der Regel die Standardtechnologie des Maschinenherstellers. In zahlreichen Arbeiten wurde die statistische Versuchsplanung (Design of Experiments, kurz: DoE) zur Technologieanpassung genutzt. Dabei handelt es sich um ein globales, kombinatorisches Verfahren, das eine Strategie bietet, um mit minimalem Aufwand ein Maximum an Erkenntnissen zu erlangen. Ein Vorteil der DoE ist die standardisierte Auswertung, die sowohl den Effekt als auch die Wechselwirkung der Faktoren bestimmt. Das Verfahren wurde in der Funkenerosion häufig zur Identifikation von Einflussgrößen auf den Materialabtrag eingesetzt, wobei der Fokus weniger auf der Entwicklung einer optimalen Bearbeitungstechnologie in Bezug auf die Produktivität und die Stabilität lag. [SIEB17, MANI21]

Neben der statistischen Versuchsplanung gibt es auch Ansätze zur direkten Optimierung einzelner Prozesskenngrößen. ANTONOGLOU nutzte das Downhill-Simplex Verfahren nach NELDER UND MEAD für die drahtfunkenerosive Bearbeitung von polykristallinem Diamant (PKD) und Graphit. Es ist ein ableitungsfreies, iteratives Verfahren zur Lösung nichtlinearer Optimierungsprobleme. Es ist ein robustes Verfahren, das ein lokales Optimum sucht. ANTONOGLOU wählte dieses Verfahren aufgrund der Flexibilität. Er programmierte eine computergestützte automatisierte Technologieoptimierung, um die Vorschubgeschwindigkeit in Abhängigkeit von der Leerlaufspannung $\hat{u}_i$, dem Entladestrom $\hat{i}_e$ sowie der Pausendauer $t_0$ zu steigern. [ANTO10, BLUM75, NELD65]

In Untersuchungen zur Optimierung der Abtragrate beim funkenerosiven Bohren verglichen STRECKENBACH ET AL. die Leistung zweier verschiedener evolutionärer Algorithmen [STRE19]. Die evolutionären Algorithmen (EA) sind eine Klasse von populationsbasierten, metaheuristischen Optimierungsverfahren, die sich an der natürlichen Evolution biologischer Systeme orientieren. Dabei nutzen sie Mechanismen wie Mutation, Crossover und natürliche Selektion, um iterativ eine Reihe von Lösungskandidaten zu verfeinern. EA liefern oft gute Näherungslösungen für alle Arten von Problemen, da sie im Idealfall keine Annahmen über die zugrundeliegende Fitnesslandschaft (Spektrum der Zielfunktionen) machen. Die von STRECKENBACH ET AL. ausgewählten Algorithmen unterscheiden sich in der Erzeugung neuer Parameterkombinationen. Der eine verwendete eine zufällige Mutation, wohingegen der andere eine evolutionäre Strategie nach HANSEN mit dem Namen CMA-ES nutzt, die zur Mutation eine Adaption der Kovarianzmatrix (covariance matrix adaption, kurz: CMA) einsetzt. Die Algorithmen sollten die Bearbeitungsdauer bei möglichst geringem Werkzeugverschleiß optimieren. Dafür wurde in Abhängigkeit von einigen Prozessparametern eine gewichtete Zielfunktion bestimmt. Basierend auf günstigen und ungünstigen Startpunkten der Algorithmen empfehlen STRECKENBACH ET AL. die Verwendung des CMA-ES aufgrund einer adaptiven Schrittweitenregelung. [HANS16, STRE19]

FAISAL UND KUMAR verglichen in ihrer Arbeit eine Partikelschwarmoptimierung (PSO) und eine „Biogeography-based optimization“ (BBO) bei der Bearbeitung des ölgehärteten Stahls EN 61. Diese Algorithmen basieren ebenfalls auf den populationsbasierten evolutionären Optimierungsverfahren. Sie programmierten die Algorithmen mit einer multikriteriellen Zielfunktion. Als Zielgrößen definierten sie dafür die volumetrische Schnittrate und die Oberflächenrauheit in Abhängigkeit von dem Entladestrom, der Entladedauer, der Pausendauer und der Entladespannung. Nach 40 Iterationen konnte für beide Algorithmen eine optimale Kombination der Eingangsparameter ermittelt werden, wobei der BBO geringfügig bessere Ergebnisse erzielte. [FAIS18]

GUPTA ET AL. und VELMURUGAN ET AL. nutzten neuronale Netze zur Untersuchung der funkenerosiven Bearbeitung und entwickelten Modelle, um Prozessparameter vorhersagen zu können [GUPT16, VELM18]. MEYER verknüpfte neuronale Netze mit einem genetischen Algorithmus zur Prozessoptimierung [MEYE04]. Im Gegensatz zu den bisher entwickelten multikriteriellen evolutionären Algorithmen ermöglichte die Verbindung des neuralen Netzes mit einem evolutionären Algorithmus, neben der multikriteriellen Optimierung der Zielgrößen, auch die Extraktion von Wissen über den Prozess selbst. Die zusätzliche Kombination mit einem gradientenbasierten Optimierungsalgorithmus macht diesen Ansatz zu einem Multi-Hybrid-System, das sich durch sehr gute Konvergenzeigenschaften auszeichnet. Für weitere Informationen zu neuronalen Netzen sei auf die Arbeit von GUPTA ET AL. verwiesen [GUPT21].

## 7.3 Identifikation eines geeigneten Optimierungsverfahrens

*Identification of a suitable optimization method*

Die Entwicklung einer Methodik zur Optimierung des Drahterosionsprozesses kann auf zwei Arten erfolgen. Bei der „Top-Down“ Variante werden durch allgemeingültige Erkenntnisse zur Funkenerosion Bestandteile der Methodik abgeleitet. Die „Bottom-Up“ Variante wertet Beobachtungen mit Bezug auf spezifische Anlagen aus und abstrahiert diese in eine Methodik. In dieser Arbeit werden Top-Down- und Bottom-Up-Elemente kombiniert. Die Vorgehensweise zur Ermittlung einer optimalen Kombination von Einstellgrößen kann dabei als Top-Down verstanden werden. Diese soll flexibel gestaltet werden, um für viele Versuchsaufbauten anwendbar zu sein. Dies ist bei der Wahl des Optimierungsverfahrens zu beachten. Ebenso soll sich die zu entwickelnde

Optimierungssoftware einfach an ein anderes Setup anpassen lassen. Zunächst muss die Zielfunktion des zu optimierenden Systems definiert werden, um im Anschluss die Stellgrößen und ihre Auswirkung auf die Zielfunktion zu beschreiben. Danach wird ein geeignetes Optimierungsverfahren ausgewählt.

### 7.3.1 Definition der Zielfunktion

Typische Optimierungsziele in der Drahtfunkenerosion sind die Schnittrate und die Oberflächengüte, die in der Regel nicht direkt miteinander zu vereinbaren sind. Bisherige Erkenntnisse zeigen, dass sich beispielsweise die Entladeenergie positiv auf die Schnittrate und negativ auf die Rauheit auswirkt. Darüber hinaus hat der Hauptschnitt den Fokus auf die Maximierung der Schnittrate und die Nachschnitte auf die Minimierung der Rauheit. Da die Rauheitminimierung ein Ziel ist, das von dem zu fertigenden Bauteil und dem Anwendungsgebiet abhängt, und die Maximierung der Schnittrate stets ein gefordertes Ziel ist, wird der Fokus in dieser Arbeit auf die Schnittrate $V_W$ gelegt. Als weiteres Ziel wird die Prozessstabilität in Form der Schwankung des Vorschubregelwertes $\Delta S_{Ist}$ herangezogen. Instabile Prozesszustände führen oftmals zu einer starken Regelung des Vorschubs, wodurch die Schnittrate reduziert wird. Für eine stabile Bearbeitung sollte dieser Wert möglichst gering sein, weshalb hier ein Minimierungsproblem vorliegt. Da die Prozessinstabilitäten auch die Oberflächengüte negativ beeinflussen können, muss die Schwankung der Vorschubregelung in der Zielfunktion berücksichtigt werden. Um für eine Hauptschnittoptimierung die Möglichkeit zu geben, den Fokus auf die Schnittrate zu legen, müssen die beiden Zielgrößen über einen Gewichtungsfaktor $a$ gewichtet werden, woraus sich die folgende Zielfunktion ergibt:

$$Zielfunktion = a \cdot V_W - (1-a) \cdot \Delta S_{Ist} \qquad mit\ a = [0-1] \tag{7.1}$$

### 7.3.2 Definition der Stellgrößen

Um eine Lösungsverbesserung der Zielfunktion zu erreichen, ist es wichtig, alle Einflussfaktoren zu betrachten. Die große Anzahl von Stellgrößen steigert jedoch den Aufwand der Untersuchung, was bei dem ohnehin zeitaufwändigen Prozess nicht praktikabel ist. Somit muss eine Vorauswahl getroffen werden, um den praktischen Aufwand der Untersuchungen zu begrenzen, zumal nicht jeder Faktor derselben Einflussordnung entspricht. Wie bereits bekannt, sind die Haupteinflussfaktoren auf die Produktivität die MEG Entladestrom $I$, Entladefrequenz $P$ und die Vorschubregelung $S_{Soll}$. Sie werden somit im Rahmen dieser Arbeit als Stellgrößen definiert.

### 7.3.3 Auswahl des Optimierungsverfahrens

Um das richtige Optimierungsverfahren auswählen zu können, wird zunächst eine Untersuchung der Zusammenhänge der Zielfunktion in Abhängigkeit von den Stellgrößen durchgeführt. Der einfachste mathematische Optimierungsansatz ist die lineare Optimierung. Oftmals können natürliche Prozesse hinreichend gut durch lineare Funktionen oder Näherungsverfahren dargestellt werden. Zur Untersuchung der Linearität wird eine multiple Regressionsanalyse der Versuchsergebnisse der $Si_3N_4$-TiN Keramik aus Kapitel 5.2 durchgeführt. Dabei zeigte sich für die Schnittrate ein linearer Zusammenhang zu allen Stellgrößen mit einem Korrelationskoeffizienten von $R = 0{,}79$. Für die Stabilität $\Delta S_{Ist}$ kann diese Annahme nicht getroffen werden, weil der Korrelationskoeffizient bei $R = 0{,}2$ liegt. Somit muss ein nichtlinearer Optimierungsansatz verfolgt werden. Darüber hinaus muss ein globales Suchverfahren gewählt werden, weil die beste Lösung keiner systematischen Kombination der Stellgrößen unterliegen kann. Lokale Suchverfahren könnten auch eingesetzt werden, allerdings ist eine wiederholte Durchführung der Entwicklung zur Vermeidung von lokalen Konvergenzen erforderlich, was die Effizienz reduziert. Des Weiteren haben globale Suchverfahren den Vorteil einer effizienten Entwicklung bei einer ungünstigen Lage des Startpunktes, was bei keramischen Werkstoffen durchaus der Fall sein kann.

Um die Methodik einfach an spätere Anforderungen anpassen zu können, sollte das Verfahren möglichst vielseitig einzusetzen sein. Zwar werden im Rahmen dieser Arbeit konkrete Ziel- und Stellgrößen für die Untersuchung formuliert, allerdings kann durch die Wahl des richtigen Algorithmus die Methodik einfach an beliebige Ziel- und Stellgrößen angepasst werden. Die Erosionsversuche und die Auswertung der Messdaten sind aufgrund des technischen Aufbaus voneinander getrennt und müssen aufeinanderfolgend durchgeführt werden. Daraus ergibt sich der Bedarf nach einem iterativen Verfahren. Da keine linearen Zusammenhänge angenommen und die Abtragmechanismen von Keramiken auch nicht prognostiziert werden können, wird ein nichtlineares Optimierungsproblem angenommen. AUERBACH ET AL. stellten fest, dass die Optimierung mit Hilfe von Prozessmodellen für komplexe Produktionsprozesse, die durch starke Nichtlinearitäten gekennzeichnet sind, zu denen auch die Drahtfunkenerosion zählt, nicht praktikabel ist [AUER11]. Sie schlagen eine Trennung von Modell und Optimierung vor. Diese Trennung ermöglicht den Einsatz kombinatorischer Optimierungsmethoden, bei denen die Zusammenhänge zwischen Parametern und Ergebnissen völlig unbekannt sein können. Daraus ergibt sich der Bedarf nach einem kombinatorischen Verfahren zur Lösung globaler nicht linearer Optimierungsprobleme. Die teilweise doch sehr unterschiedlichen Auswirkungen der Abtragmechanismen, insbesondere in Bezug auf die Partikelgrößenverteilung, erfordern ein metaheuristisches Optimierungsverfahren. Die evolutionären Algorithmen gehören zu dieser Klasse. Der Vorteil des Verfahrens ist, dass die Zielfunktion nicht explizit, also mathematisch lösbar, sein muss und der Prozess durch Messfehler während des Experiments verrauscht sein darf. Somit können ohne umfangreiches Prozesswissen Lösungen gefunden werden. In Bild 7.3 ist der Ablauf eines evolutionären Algorithmus dargestellt.

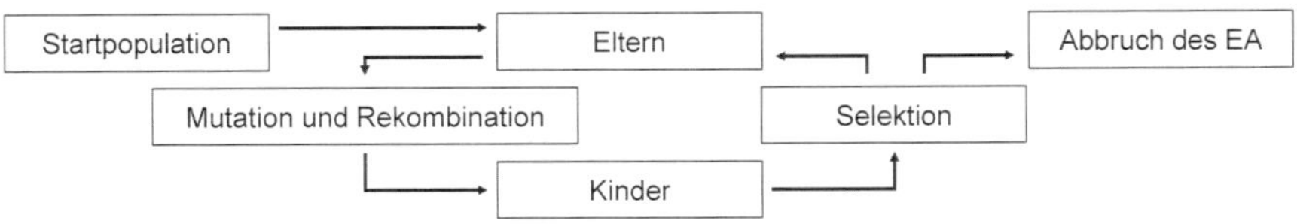


Bild 7.3: Schematischer Ablauf eines evolutionären Algorithmus nach [STRE19]
*Schematic procedure of an evolutionary algorithm according to [STRE19]*

Den Beginn des Algorithmus stellt eine Anfangspopulation (Eltern) von Suchpunkten dar. Um neue Suchpunkte (Kinder) zu erzeugen, werden Individuen der Elternpopulation zur Reproduktion ausgewählt. Ein Teil der Reproduktion ist die Mutation, d.h. die normalverteilte zufällige Veränderung der Elternvariablen. Der andere Teil ist die Rekombination, bei der zwei oder mehr Elternteile miteinander verbunden werden, um einen neuen Suchpunkt zu schaffen. Die neuen Suchkinder werden anhand der Fitnessfunktion bzw. Zielfunktion bewertet und geordnet. Die besten Individuen bilden die neue Elternpopulation. Der Algorithmus wird fortgesetzt, bis ein Abbruchkriterium erfüllt ist. Dies kann ein Zielwert in Bezug auf eine Zielfunktion, eine feste Iterationsanzahl oder eine bestimmte Anzahl von Versuchen ohne Verbesserung sein.

In dieser Arbeit wird der CMA-ES nach HANSEN verwendet, der ein wettbewerbsfähiger Optimierungsalgorithmus für Black-Box-Funktionen ist [FEUR19, HANS16]. Im Vergleich zu einfachen Evolutionsalgorithmen werden die Individuen der nächsten Generation von CMA-ES nicht einfach mit einem Mittelwert der besten Lösungen der letzten Generation und einer feststehenden Normalverteilung erzeugt, sondern durch eine kontinuierlich angepasste Kovarianzmatrix berechnet. Bei der Anwendung auf die Produktivitätsoptimierung stellt jedes Individuum der Population eine Kombination von Einstellgrößen dar. Die Bewertung der Fitness der einzelnen Kombinationen von Einstellgrößen erfolgt anhand der Zielfunktion. Bei der Verwendung von CMA-ES muss die Populationsgröße sorgfältig bedacht werden. Kleine Populationen konvergieren zwar schneller, laufen aber auch Gefahr, in lokalen Optima zu konvergieren [HANS16]. Ein Nachteil des ursprünglichen CMA-ES ist die Tatsache, dass er nur auf Parameter mit realen, kontinuierlichen Wertebereichen angewendet werden kann. Ein einfacher Ansatz zur Optimierung eines ganzzahligen Suchraums im kontinuierlichen Bereich besteht darin, die Optimierungsmethode einen kontinuierlichen Wert optimieren zu lassen und jeden Wert durch die naheliegende Ganzzahl zu ersetzen [GARR17]. Zum besseren Verständnis wird in Bild 7.4 der CMA-ES beschrieben.

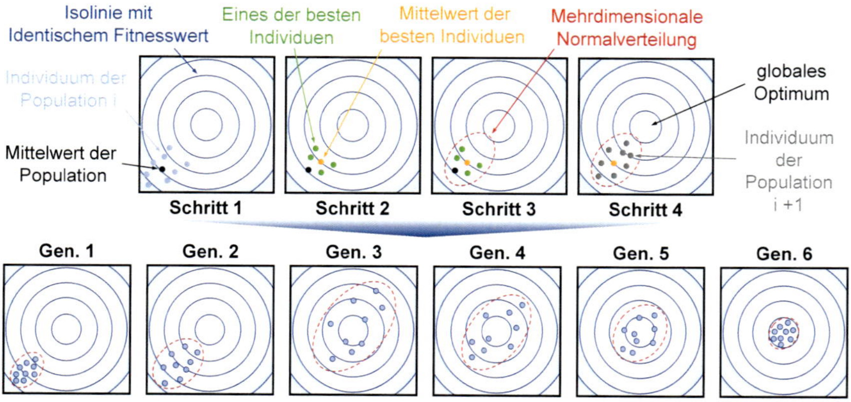


Bild 7.4: Schematischer Ablauf der Adaption der Kovarianzmatrix (oben) und der Entwicklung einer Generation durch den CMA-ES (unten) nach [KRAU21]
*Schematic procedure of the covariance matrix adaptation (top) and the evolution of a generation by the CMA-ES (bottom) according to [KRAU21]*

Zu Beginn der Optimierung erstellt der Algorithmus anhand der Adaption der Kovarianzmatrix eine mehrdimensionale Normalverteilung, die sich an den besten Lösungen orientiert. Die nächste Generation an Individuen wird anhand dieser Verteilung erzeugt, die für jede Generation neu bestimmt wird. Der Algorithmus vergrößert diese Verteilung in Richtung der besten Fitnesswerte. Der Mittelwert der besten Individuen verschiebt sich so immer weiter in Richtung des globalen Optimums. Werden keine Verbesserungen der Fitnesswerte gefunden, kontrahiert der Algorithmus diese Verteilung und schränkt so die Lage des optimalen Individuums weiter ein. Somit ergibt sich die in Bild 7.4 dargestellte Arbeitsweise des Algorithmus zur Entwicklung der Generationen, um ein globales Optimum zu finden.

## 7.4 Methodik zur Technologieanpassung und Softwareumsetzung

*Methodology for technology adaptation and software implementation*

Die Methodik zur Technologieanpassung beginnt mit der Bestimmung eines Startpunktes, der als Basislösung im CMA-ES fungiert, womit die erste Generation der Individuen erzeugt wird. Für diese Generation werden anschließend die Erosionsversuche durchgeführt und die Fitnesswerte der Individuen bewertet. Anhand eines Abbruchkriteriums wird die Fitness bewertet und entschieden, ob die Entwicklung zu beenden ist. Sollte dieses Abbruchkriterium noch nicht erfüllt sein, erzeugt der Algorithmus solange neue Generation an Individuen bis das Abbruchkriterium erreicht ist. Im Rahmen dieser Arbeit wurde diese Methodik in einer Optimierungssoftware implementiert, deren Struktur in Bild 7.5 zu sehen ist.

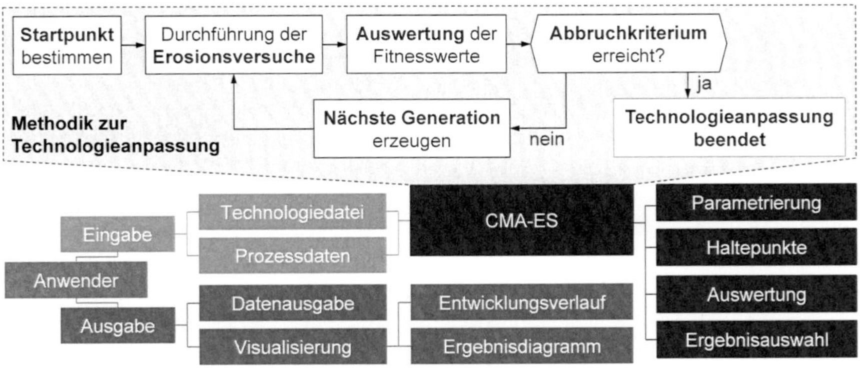


Bild 7.5: Struktur der Optimierungssoftware mit hinterlegter Methodik zur Technologieanpassung
*Structure of the optimization software with embedded methodology for technology adaptation*

Die Optimierungssoftware ist als ein Werkzeug zur Durchführung einer Technologieanpassung zu verstehen und soll somit dem Anwender wesentliche Aufgaben abnehmen. Der Anwender hat über die Bedienelemente Zugriff auf die Eingabe und die Ausgabe, die zusammen das Frontend darstellen. Die Funktionsweise der Bedienelemente wird anhand der dahinter geordneten Softwarebausteine (Backend) bestimmt, die sich in Schnittstelle zur Eingabe, Implementierung des CMA-ES Algorithmus und

Schnittstelle zur Ausgabe aufteilen. Bevor diese Softwarebausteine vorgestellt werden, werden die Anforderungen an die Optimierungssoftware beschrieben.

### 7.4.1 Anforderungen an die Optimierungssoftware

Eine wesentliche Anforderung an die Software ist die einfache und geführte Handhabung, damit kein hoher Schulungsaufwand erforderlich ist. Die aufgezeichneten Prozessdaten müssen hinsichtlich relevanter Prozesskenngrößen analysiert und zur späteren Überprüfung bzw. Protokollierung gespeichert werden. Darüber hinaus müssen diese Daten übersichtlich visualisiert werden, damit der Anwender auch während der Technologieanpassung alle Informationen hat, um in den Vorgang eingreifen zu können. Neben einem Drahtriss, der eine Stabilitätsgrenze darstellt und den es zu vermeiden gilt, kann es bei keramischen Werkstoffen aufgrund zu hoher Energien zu Abplatzungen von großen Materialstücken kommen. In der Optimierungssoftware wird somit eine Möglichkeit implementiert, die Drahtrisse und Abplatzungen für die Entwicklung kenntlich macht und als valide Kombination von Einstellgrößen ausschließt.

### 7.4.2 Schnittstelle zur Eingabe

Da aus technischen Gründen kein direkter Datentransfer zwischen der Drahterosionsmaschine und der Optimierungssoftware hergestellt werden konnte, müssen die Dateien, welche die Daten der Bearbeitungstechnologie und die Prozessdaten enthalten, durch den Anwender in die Optimierungssoftware geladen werden. Die beiden Dateitypen haben spezielle Dateiformate, die vom Maschinenhersteller vorgegeben sind. Aus der Technologiedatei werden alle Einstellgrößen und aus der Prozessdatendatei werden alle Bewertungsgrößen extrahiert. Zu Beginn der Technologieanpassung liegt eine Datei der Basistechnologie vor. Durch die Durchführung des ersten Erosionsversuches liegt eine Prozessdatendatei vor, die ausgewertet wird. Auf Basis dieser Auswertung und der ersten Technologiedatei werden durch den CMA-ES Algorithmus Vorschläge für neue Technologiedateien erstellt, woraus sich die erste Generation ergibt. Diese Generation muss ebenfalls durch den Anwender auf die Maschine übertragen werden, damit die Versuche weiter durchgeführt werden können. Die aufgenommenen Maschinendaten müssen in die Optimierungssoftware eingelesen werden, damit die nächste Generation entwickelt werden kann. Eine geeignete Schnittstellenkommunikation kann diese Problematik verhindern und den Prozess weiter automatisieren.

### 7.4.3 Implementierung des CMA-ES Algorithmus

Für die Programmierung der Optimierungssoftware wurde die Programmiersprache Python 3 mit der Entwicklungsumgebung PyCharm Community Edition 2020 gewählt. Diese zählt zu den verbreitetsten Programmiersprachen, die basierend auf dem „numpy-Paket“ eine umfangreiche Umgebung für wissenschaftliche Untersuchungen bietet [FROC19]. So besteht bereits ein von HANSEN selbst programmierter CMA-ES namens „pycma“, der kontinuierlich weiterentwickelt wird [HANS22]. Durch diese Bibliothek konnte die Implementierung des Optimierungsalgorithmus in die Software wesentlich erleichtert werden. Um den Algorithmus umzusetzen, müssen eine Parametrierung des Algorithmus durchgeführt, Haltepunkte definiert, Prozessdaten ausgewertet und zulässige Ergebnisse ausgewählt werden. Im Folgenden wird auf diese Punkte separat eingegangen.

*Parametrierung des Algorithmus*

Der CMA-ES Algorithmus benötigt zur Optimierung neben der zu untersuchenden Fitnessfunktion lediglich eine Basislösung $x_0$ und eine initiale Schrittweite $\sigma_0$. Um den Algorithmus an ein existierendes System anzupassen, müssen Eingangsoptionen festgelegt werden. Diese Eingangsoptionen ermöglichen es, den Suchraum einzuschränken, den Algorithmus an ganzzahlige Stellgrößen anzupassen und die Schrittweite für jede Variable individuell zu bestimmen. Zusätzlich kann hier Einfluss auf die Populationsgröße genommen werden, die Zahl der maximalen Iterationen festgelegt und ein sogenannter Seed, welcher die Randomisierung der Mutationen beeinflusst, gesetzt werden. In Abhängigkeit von der Zahl der Variablen der Basislösung schlägt der Algorithmus die für die Entwicklung benötigte Populationsgröße und die Anzahl der genutzten Elternpaare eigenständig vor. Dies ermöglicht eine dynamische Anpassung des Programms an zukünftige Entwicklungsanforderungen. Neben der Basislösung ist die Schrittweite entscheidend. Nach HANSEN soll das erwartete Optimum im Bereich von $G_0 = x_0 \pm 2 \cdot \sigma_0$ liegen. Um die Initialschrittweite an den gewählten Suchraum anzupassen, verfügt pycma über die „CMA_stds", mit der die Schrittweite an den spezifischen Suchraum der Stellgröße individuell angepasst wird. Die Schrittweite dient dem Algorithmus hierbei als Anfangsgröße und wird im Laufe der Entwicklung selbstständig durch den Algorithmus angepasst. [HANS22]

Der Suchraum ergibt sich aus den MEG $I$, $P$ und $S_{Soll}$, die entsprechend in Kapitel 4 festgelegt wurden. Da die Werte der Variablen für die Optimierung nur ganzzahlig einstellbar sind, der Algorithmus allerdings mit reellen Werten rechnet, wird das Programm dahingehend angepasst. Dazu werden die vorgeschlagenen Lösungskandidaten auf ganzzahlige Werte gerundet, bevor diese zusammen mit den Fitnesswerten an den Algorithmus übergeben werden. Hierbei besteht allerdings die Gefahr, dass der Algorithmus aufgrund zu geringer Veränderung der Fitnesswerte lokal konvergiert. Um dies zu verhindern, bietet pycma die Funktion „integer_variables" an, wodurch jede Stellgröße individuell als Integer (natürliche Zahl) gekennzeichnet wird. Diese Funktion verhindert, dass die Schrittweite zu klein wird und die Optimierung lokal konvergiert. Die Populationsgröße hat einen direkten Einfluss auf die Konvergenzgeschwindigkeit des Algorithmus. Eine kleine Populationsgröße lässt den Algorithmus schneller konvergieren, wohingegen eine große Population weniger anfällig für lokale Konvergenz ist. HANSEN gibt die Mindestgröße einer Population $N_{min}$ wie folgt an [HANS16]:

$$N_{min} = 4 + \ln(\text{Anzahl der Stellgrößen}) \tag{7.2}$$

Die Reproduzierbarkeit der Ergebnisse einer Technologieanpassung ist wichtig, um diese, falls notwendig, unter gleichen Bedingungen wiederholen zu können. Dies ermöglicht die Vergleichbarkeit und Bewertung der Leistungsfähigkeit des Algorithmus bei mehrfacher Anwendung. Zusätzlich kann es den Zeitaufwand erheblich verringern, sollten bei der Ausführung Fehler auftreten. Computergestützte Systeme sind nicht in der Lage, wirklich zufällige Werte zu erzeugen. Oftmals nutzen sie dafür einen so genannten „Seed", mit dem ein Zufallszahlengenerator initialisiert wird. Der Zufallszahlengenerator erzeugt mit dem Seed als Startwert eine Folge von Zufallszahlen bzw.

Pseudozufallszahlen. Ein Nachteil evolutionärer Algorithmen ist die sich verringernde Konvergenzgeschwindigkeit. Zu Beginn ist die Konvergenz zwar sehr schnell, wodurch sie für die Untersuchung des Erosionsprozesses gut geeignet sind, allerdings nimmt die Konvergenzgeschwindigkeit mit jeder Generation ab, was ein Problem darstellen kann. Um nach einer zufriedenstellenden Verbesserung der Zielgröße die Entwicklung zu stoppen, ermöglicht pycma die Festlegung maximaler Iterationen $t_{max}$. Falls nach Erreichen der maximalen Iterationen keine wesentliche oder zufriedenstellende Verbesserung der Zielgröße vorliegt, kann durch den festen Seed die Entwicklung durch Anpassen der Iterationsanzahl auch nach Beendigung des Programmablaufs weitergeführt werden.

*Definition der Haltepunkte*

Die Anwendung des Algorithmus bringt zusätzliche Anforderungen bei der Ausführung mit sich. So muss nach der Erzeugung der Generation an Individuen der Algorithmus pausierbar sein, bevor die Ergebnisse der Fitnessauswertung zur Adaption der Kovarianzmatrix weitergegeben werden. Diese Trennung ermöglicht, es den Algorithmus an die iterative Struktur des Entwicklungsprozesses anzupassen. Dafür sind zwei Haltepunkte im Programm implementiert. Nach der Visualisierung der Kombinationen von Einstellgrößen der Individuen der Generation auf der Bedienoberfläche pausiert der Algorithmus zur Durchführung der Erosionsversuche und wartet, bis die Datei der aktuellen Versuche eingelesen wird. Nach dem Einlesen der Datei pausiert das Programm erneut, damit die zulässigen Ergebnisse ausgewählt werden können.

*Auswertung der Prozessdaten*

Die Auswertung der Prozessdaten erfolgt für alle Dateien grundsätzlich gleich, lediglich die Anzahl der auszuwertenden Schnitte unterscheidet sich. Durch die Aufzeichnung aller Erosionsversuche einer Generation wird der Arbeitsaufwand des Anwenders erheblich reduziert. Eine Separation und Zuordnung der Prozessdaten zu den jeweiligen Erosionsversuchen gewährleistet die Auswertung jedes einzelnen Versuchs hinsichtlich der Prozessgrößen. Die Erosionsversuche werden gemäß der Schnittgeometrie aus Bild 4.3 durchgeführt. Somit können die Prozessdaten für die Messstrecke ausgewertet werden, um die resultierende Schnittrate $V_W$ und die Schwankung der Vorschubregelung $\Delta S_{Ist}$ zu erhalten.

*Auswahl der zulässigen Ergebnisse*

Um Kombinationen von Einstellgrößen, die zu Drahtrissen oder Abplatzungen führen, ausschließen zu können, erfolgt nach dem Einlesen der Prozessdaten eine grafische Abfrage nach diesen ungewünschten Ergebnissen. Wenn unzulässige Prozessdaten vorliegen, wird der jeweilige Fitnesswert auf Null gesetzt, um bei der Erzeugung einer neuen Generation eine Entwicklung in diese Richtung zu vermeiden.

### 7.4.4 Schnittstelle zur Ausgabe

Die Ausgabe der Prozessdaten erfolgt über eine Visualisierung (vgl. Bild 7.6). Des Weiteren werden die Daten im CSV-Format in einem Datenspeicher abgelegt.

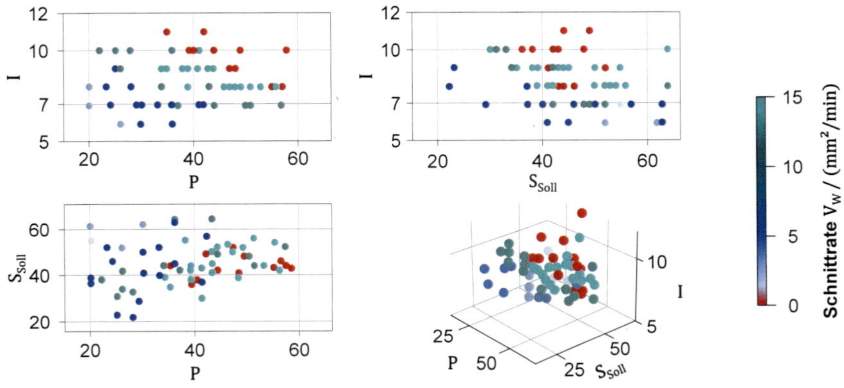


Bild 7.6: Visualisierte Datenausgabe der abgeschlossenen Entwicklung
*Visualized data output of the finished development*

Ein 3D-Plot mit farblicher Kodierung der Schnittrate, die sich entsprechend der Maximalwerte anpasst, ermöglicht die schnelle Bewertung der Ergebnisse in Abhängigkeit von den Einstellgrößen. Die roten Punkte zeigen die Ergebnisse der Einstellgrößen an, bei denen ein Drahtriss entstand oder Material abgeplatzt ist. Diese Darstellung ermöglicht bereits während des Optimierungsvorgangs die Interpretation der bisherigen Ergebnisse. Damit kann schon vor Beendigung des Optimierungsvorgangs eine produktivere Technologie als die Basistechnologie identifiziert werden.

## 7.5 Validierung der Methodik und der Optimierungssoftware

*Validation of the methodology and optimization software*

In diesem Kapitel werden die Methodik und die darauf basierende Optimierungssoftware getestet und validiert. Dazu werden die bekannten Keramiken $Si_3N_4$-TiN und $TiB_2$ sowie eine unbekannte Keramik SiC-$TiB_2$, die ein Versuchswerkstoff des Unternehmens Qsil Ingenieurkeramik GmbH ist, bearbeitet. Durch den Abgleich mit den bisherigen Ergebnissen werden die Effizienz und die Güte der Optimierungssoftware bewertet. Anhand der unbekannten Keramik wird ein realer Anwendungsfall abgebildet.

### 7.5.1 Validierungsversuche

Bevor Validierungsversuche vorgestellt werden, muss zunächst der Algorithmus anhand der Einstellgrößen parametriert werden. Dazu wird als erstes der Suchraum eingegrenzt. Anschließend werden die Populationsgröße, die maximale Zahl der Iterationen und der Seed festgelegt. Die Wahl der Basislösung $x_0$ (Basistechnologie) erfolgt zusammen mit der Wahl der Schrittweite $\sigma$ individuell für die Keramiken.

Mithilfe der Erkenntnisse aus Kapitel 5.2 lässt sich der Suchraum einschränken. Diese Eingrenzung ist nicht unbedingt notwendig, hilft allerdings dabei, die Entwicklung zu beschleunigen und zu erwartende schlechte Kombinationen von Einstellgrößen auszuschließen. Die Bearbeitung mit sehr niedrigen Stromwerten führt erfahrungsgemäß zu einer geringen Schnittrate. Bei sehr hohen Stromwerten ist eine Bearbeitung infolge von Drahtrissen ebenfalls nicht produktiv. Auf die gleiche Weise können auch Annahmen für $\mathrm{P}$ und $\mathrm{S_{Soll}}$ getroffen werden. Somit ist der Suchraum für alle Versuche auf $\mathrm{I} = 5 - 11$, $\mathrm{P} = 20 - 60$ und $\mathrm{S_{Soll}} = 20 - 65$ beschränkt. Zur Festlegung der Populationsgröße wird auf die Arbeit von STRECKENBACH ET AL. verwiesen, die für einen ungünstigen Startpunkt eine Populationsgröße der Kinder von $p_{CMA} = 8$ und der Eltern von $\mu = 4$ pro Generation vorschlagen [STRE19]. Darüber hinaus konnten sie nach etwa sechs Iterationen eine geringere Verbesserung der Zielgrößen feststellen, weshalb für die Versuche eine Iterationsanzahl von $t_{max} = 8$ festgelegt wird. Somit ergibt sich eine Anzahl von 64 Versuchen. Um zunächst nur die Machbarkeit des Vorgehens aufzuzeigen, wird die Prozessstabilität nicht optimiert. Es wird lediglich überprüft, dass der in Kapitel 5.2 definierte Grenzwert nicht unterschritten wird. Außerdem werden die Oberflächenrauheit und die Auswirkung auf die Biegefestigkeit ebenfalls nicht betrachtet. Eine Erweiterung der Optimierungssoftware um diese Betrachtungsgrößen kann aufgrund der Adaptierbarkeit der Software in zukünftigen Arbeiten umgesetzt werden.

Um eine stabile Basistechnologie zu haben, wird auf Basis der bisherigen Erkenntnisse die Basislösung $x_0 = [\mathrm{I}=7, \mathrm{P}=30, \mathrm{S_{Soll}}=50]$ verwendet. Entsprechend der Anforderungen aus Kapitel 7.4.3 wird die Schrittweite auf $\sigma_0 = 5$ festgelegt, deren Anpassung mit $\mathrm{CMA\_stds} = [\mathrm{I}=0{,}2, \mathrm{P}=2, \mathrm{S_{Soll}}=2]$ erfolgt. Die getroffenen Einstellungen sollen ein schnelles Konvergieren des Algorithmus unterstützen, da die Basislösung relativ zentral im Suchraum liegt und die Schrittweite den gesamten Suchraum abdeckt. In Bild 7.7 sind die drei besten Ergebnisse der jeweiligen Generationen und die Schnittrate der Basistechnologie für die Keramiken $Si_3N_4$-TiN und $TiB_2$ dargestellt.

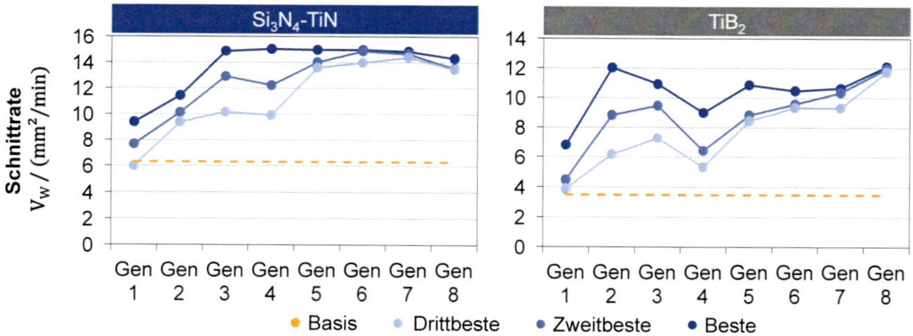


Bild 7.7: Optimierung der Schnittrate für die Keramiken $Si_3N_4$-TiN und $TiB_2$
*Optimization of the cutting rate for $Si_3N_4$-TiN and $TiB_2$ ceramics*

Für beide Keramiken kann eine signifikante Steigerung der Schnittrate im Vergleich zur Basistechnologie erzielt werden. Bei der $Si_3N_4$-TiN Keramik erzielen die besten Lösungen bereits nach der dritten Generation sehr ähnliche Schnittraten, die sich bis zur siebten Generation halten. Deshalb wird hier davon ausgegangen, dass der Algorithmus im Bereich eines Optimums konvergiert. Mit der Technologie I9-P43-$\mathrm{S_{Soll}}$45 konnte die höchste Schnittrate von $V_W = 15{,}04\ \mathrm{mm^2/min}$ erreicht werden, die sogar höher ist als der Höchstwert der Versuche in Kapitel 5.2. Bei der $TiB_2$ Keramik konnte bereits nach der zweiten Generation eine Lösung im Bereich des Optimums gefunden werden. Auffällig ist jedoch der starke Einbruch der Schnittraten zwischen der dritten und fünften Generation. Dies lässt sich auf ausgeschlossene Kombinationen von Einstellgrößen infolge von Drahtrissen in den frühen Generationen während der Technologieanpassung zurückführen. Nichtsdestotrotz konvergiert der Algorithmus in der achten Generation. Mit der Technologie $I9\text{-}P34\text{-}S_{Soll}37$ konnte die höchste Schnittrate von $V_W = 12{,}2\ \mathrm{mm^2/min}$ erreicht werden, die nahezu identisch zu der maximalen Schnittrate aus den Versuchen in Kapitel 5.2 ist. Die Ergebnisse zeigen, dass die Funktion des Algorithmus gegeben ist und eine verlässliche Steigerung der Schnittrate gegenüber der Basistechnologie ermöglicht wird.

### 7.5.2 Technologieanpassung für einen unbekannten Werkstoff

Bei der $SiC\text{-}TiB_2$ Keramik ist nicht bekannt, welcher dominierende Abtragmechanismus vorliegt und wie hoch die elektrische Leitfähigkeit ist. Es ist lediglich aus Untersuchungen von PANTEN bekannt, dass sich siliziuminfiltrierte Siliziumkarbid (SiSiC) Keramiken sehr gut drahtfunkenerosiv bearbeiten lassen [PANT90]. Außerdem ist die Dicke der $SiC\text{-}TiB_2$ Keramikplatte mit $d_P = 10\ \mathrm{mm}$ deutlich dicker als bei den bekannten Keramiken. Als Startpunkt wird die Standardtechnologie zur Bearbeitung von Hartmetall verwendet, woraus sich die Basislösung $x_0 = [I{=}7,\ P{=}33,\ S_{Soll}{=}28]$ ergibt. Da die Basislösung nah am Rand des Suchraums liegt und die Schrittweite mit $\sigma_0 = 5$ die gleiche ist, wird die Anpassung der Schrittweite mit $CMA\_stds = [I{=}0{,}2,\ P{=}1,\ S_{Soll}{=}1]$ etwas verkleinert. Diese Anpassungen entsprechen eher dem Vorgehen einer Entwicklung, bei der noch nicht bekannt ist, wo das globale Optimum zu erwarten ist. Im linken Teil von Bild 7.8 sind für die Keramik $SiC\text{-}TiB_2$ die drei besten Ergebnisse der jeweiligen Generationen und die Schnittrate der Basistechnologie dargestellt.

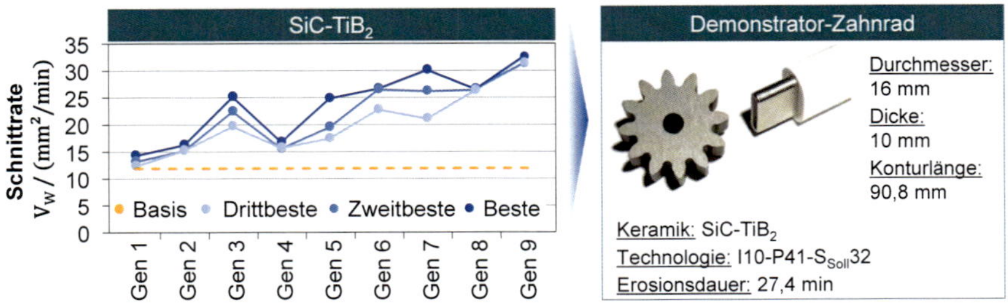


Bild 7.8: Optimierung der Schnittrate für die unbekannte Keramik $SiC\text{-}TiB_2$
*Optimization of the cutting rate for the unknown ceramic $SiC\text{-}TiB_2$*

Auch für diese Keramik kann eine signifikante Steigerung der Schnittrate erzielt werden. Da nach der achten Generation der Algorithmus zwar konvergiert, aber die Ergebnisse unterhalb der Werte von Generation sieben liegen, wurde eine neunte Generation durchgeführt. Diese erzielte die höchste Schnittrate von $V_W = 33{,}1\ \mathrm{mm^2/min}$ bei der Technologie $I10\text{-}P41\text{-}S_{Soll}32$. Somit konvergiert der Algorithmus auch für diese Keramik in einem Optimum. Bemessen auf die Schnittrate der Basistechnologie mit $V_{W\_base} = 11{,}93\ \mathrm{mm^2/min}$ ergibt sich eine Steigerung der Schnittrate von 177 %. Das frühzeitige Konvergieren hätte vermutlich durch Beibehalten der Schrittweitenanpassung aus den Versuchen bei den bekannten Werkstoffen vermieden werden können.

Dennoch zeigt dieses Vorgehen eine geeignete Methode, um die Bearbeitungstechnologie für einen unbekannten keramischen Werkstoff zu optimieren, ohne Kenntnisse über den Erosionsprozess zu haben. Die störungs- und fehlerfreie Fertigung eines Zahnrads als Demonstratorbauteil unter Verwendung der optimierten Technologie belegt die erfolgreiche Anwendung der Methode und der Optimierungssoftware.

## 7.6 Zwischenfazit

*Intermediate conclusion*

In diesem Kapitel wurde eine Klassifizierung der drahtfunkenerosiven Bearbeitbarkeit elektrisch leitfähiger Keramiken im CH-basierten Dielektrikum auf Basis der dominierenden Abtragmechanismen vorgestellt. Mit dieser Klassifizierung ist neben einer anwendungsgerechten Bearbeitung der Keramiken auch eine Implementierung von keramikspezifischen Standardtechnologien möglich. Zusätzlich wurde eine Methodik zur Technologieanpassung erarbeitet, die in einer Optimierungssoftware umgesetzt wurde. Diese Software soll als Grundlage für einen automatisierten Prozess zur Technologieanpassung dienen. Zur Entwicklung dieser Methodik wurde zunächst das Optimierungsproblem definiert, um dann verschiedene Optimierungsverfahren hinsichtlich dieser Anforderungen zu vergleichen. Darüber hinaus wurden bisherige Ansätze zur Prozessoptimierung in der Funkenerosion untersucht. Eine multiple Regressionsanalyse der Versuchsdaten aus Kapitel 5.2 hat gezeigt, dass für Keramiken ein nichtlinearer Zusammenhang zwischen den Maschineneinstellgrößen und der Prozessstabilität vorliegt. Basierend auf diesen Fakten wurde der evolutionäre Optimierungsalgorithmus CMA-ES nach HANSEN ausgewählt, der das Kernelement der Methodik darstellt. Mithilfe der Programmiersprache Python 3 wurde eine Optimierungssoftware programmiert, in der die entwickelte Methodik hinterlegt ist. Die Funktion der Optimierungssoftware wurde durch den Abgleich der Optimierungsergebnisse mit den Ergebnissen von zwei bekannten Keramiken aus Kapitel 5.2 validiert. Darüber hinaus konnte für eine unbekannte Keramik $SiC\text{-}TiB_2$ eine Schnittratensteigerung von 177 % durch die Technologieoptimierung erzielt werden. Bei dieser Keramik hat sich gezeigt, dass die gewählte Schrittweitenanpassung zu gering war, weshalb eine weitere Entwicklungsgeneration durchgeführt werden musste, damit der Algorithmus in einem Optimum konvergiert. Dennoch konnte gezeigt werden, dass die Software einen Anwender ohne Vorkenntnisse zu den Prozesseinflussgrößen zur Anpassung einer Bearbeitungstechnologie auf einen beliebigen Werkstoff befähigt. Die Fertigung eines Demonstrator-Zahnrads bestätigt die erfolgreiche Anwendung der Optimierungssoftware.

Der erforderliche Versuchsumfang von 64 Versuchen ist relativ hoch, was durch die Populationsgröße und die Generationsanzahl bedingt ist. Für unbekannte Werkstoffe sollte diese Anzahl beibehalten werden. Würden vollfaktorielle Versuche bei gleicher Schrittweite durchgeführt werden, ergeben sich mehr als 10.000 Versuche. Die beschriebene Klassifizierung aus Bild 7.1 kann unter Kenntnis des dominierenden Abtragmechanismus zur Auswahl einer geeigneten Basistechnologie beitragen. Somit kann der Optimierungsaufwand reduziert werden. Bei einer Erweiterung der Optimierungssoftware sollte die Klassifizierung der Keramikbearbeitung einbezogen werden.

# 8 Zusammenfassung und Ausblick

*Summary and Outlook*

Der Bedarf an keramischen Werkstoffen steigt kontinuierlich an, da die Eigenschaftskombination aus hoher Festigkeit, thermischer und chemischer Beständigkeit bei gleichzeitig geringer Dichte sehr vorteilhaft für den Einsatz in vielen hochspezialisierten Industriebereichen ist. Diese Eigenschaftskombination ist nur durch die ionischen und kovalenten Bindungstypen möglich, die sich signifikant von dem der metallischen Werkstoffe unterscheiden. Daraus resultiert auch das spröde Bruchverhalten, das die Bearbeitbarkeit mittels konventioneller Verfahren stark einschränkt, weshalb die Potenziale der Keramiken nicht in allen Anwendungsgebieten zum Tragen kommen. Die Drahtfunkenerosion hat sich aufgrund des kraftfreien Wirkprinzips als ein geeignetes Fertigungsverfahren herausgestellt, erfordert aber eine elektrische Mindestleitfähigkeit, die bei vielen Keramiken nur durch eine Dotierung mit einer Zweitphase erreicht werden kann. Im Stand der Erkenntnisse wurden neben den Grundlagen zu keramischen Werkstoffen und dem Verfahrensprinzip der Funkenerosion auch die bisherigen Arbeiten zur funkenerosiven Bearbeitung von elektrisch leitfähigen Keramiken vorgestellt. Dabei konnte festgestellt werden, dass bei Keramiken zusätzlich zum Abtragmechanismus Schmelzen und Verdampfen, der von metallischen Werkstoffen bekannt ist, noch weitere Abtragmechanismen vorliegen. Jedoch beschränken sich diese Erkenntnisse auf die Drahtfunkenerosion im wasserbasierten Dielektrikum und auf die Senkerosion im CH-basierten Dielektrikum. Insbesondere die Bearbeitung im wasserbasierten Dielektrikum führt bei einigen Keramiksorten zu einer negativen Veränderung der Oberflächenintegrität. Weiter konnte festgestellt werden, dass kein Wissen über den Einfluss der Abtragmechanismen auf den Drahterosionsprozess und die erzielbare Oberflächengüte durch Nachschnitte vorliegt, was zur Auslegung einer Bearbeitungstechnologie essentiell ist. Basierend auf den aufgezeigten Defiziten wurde die Hypothese aufgestellt, dass durch eine Klassifizierung elektrisch leitfähiger Keramiken auf Basis der dominierenden Abtragmechanismen eine wirtschaftliche Auslegung des Drahtfunkenerosionsprozesses im CH-basierten Dielektrikum möglich ist. Somit bestand das Ziel dieser Arbeit in der umfassenden Erforschung der drahtfunkenerosiven Bearbeitbarkeit elektrisch leitfähiger Keramiken im CH-basierten Dielektrikum.

Die Umsetzung des Forschungsziels erforderte den Einsatz der in Kapitel 4 beschrieben Analysemethoden. Mithilfe dieser Methoden wurden sowohl in Hauptschnittbearbeitungen als auch in Einzelentladungsversuchen die dominierenden Abtragmechanismen von drei Keramiken im CH-basierten Dielektrikum identifiziert. Für die $Si_3N_4$-TiN Keramik konnte Zersetzung als dominierender Abtragmechanismus festgestellt werden, was sich mit den Erkenntnissen aus dem wasserbasierten Dielektrikum deckt. Der Zersetzungsvorgang bezieht sich lediglich auf den Matrixwerkstoff $Si_3N_4$. Bisherige Arbeiten haben einen sekundären Abtragmechanismus für diese Keramik nicht thematisiert. Im Rahmen dieser Arbeit konnten zwei sekundäre Abtragmechanismen für den Zweitphasenwerkstoff TiN beobachtet werden, die in Abhängigkeit von der Entladeenergie wechseln. Während bei geringen Entladeenergien ($W_e < 4{,}5$ mJ) die TiN-

Körner herausgelöst werden, kommt es bei hohen Entladeenergien ($W_e > 4{,}5$ mJ) zu einem Aufschmelzen und Verdampfen der TiN-Phase. Die Schmelzschicht bewirkte eine glattere Oberfläche mit geringerer Rauheit. Somit zeigte sich ein gegensätzlicher Zusammenhang zwischen der Entladeenergie und der Rauheit im Vergleich zu metallischen Werkstoffen. Für die $ZrO_2$-WC Keramik konnte der dominierender Abtragmechanismus Schmelzen und Verdampfen bestätigt werden. Trotz des gleichen Abtragmechanismus zeigte sich ein wesentlicher Unterschied zu metallischen Werkstoffen. Die Rauheit steigt nicht mit der Entladeenergie kontinuierlich an, sondern es entstehen zwei Rauheitsniveaus, wobei $W_e = 4{,}5$ mJ den Grenzbereich darstellt. Bei der $TiB_2$ Keramik konnte der dominierende Abtragmechanismus Abplatzen bestätigt werden. Zusätzlich wurde für eine Entladeenergie von $W_e = 4{,}5$ mJ Schmelzen als sekundärer Abtragmechanismus identifiziert, was von anderen Forschern für die Bearbeitung im wasserbasierten Dielektrikum sogar ausgeschlossen wurde.

Nach der Identifikation der Abtragmechanismen wurde der Einfluss auf die Prozessproduktivität und -stabilität untersucht. Dazu wurden Abtragpartikel aus dem Prozess aufgenommen und sowohl mit den elektrischen Prozessparametern als auch mit den Maschinendaten korreliert. Eine EDX-Analyse ergab, dass die Abtragpartikel nicht nur aus dem jeweiligen keramischen Werkstoff bestehen, sondern ein Agglomerat aus vielen einzelnen Partikeln sind, wobei der Kohlenstoff aus dem Dielektrikum das Bindeglied zwischen den Partikeln darstellt. Bei den einzelnen Partikeln handelte es sich um die Bestandteile der Keramiken und dem Drahtwerkstoff. Mithilfe einer Partikelgrößenverteilung konnte festgestellt werden, dass es sowohl in Abhängigkeit von den dominierenden und sekundären Abtragmechanismen als auch von den Entladeenergien und -frequenzen zu unterschiedlichen Häufigkeitsverteilungen kam. Eine zuvor aufgestellte Theorie zum Einfluss der Partikelgröße auf die Entladebedingungen konnte bestätigt werden. Die Größe und die elektrische Leitfähigkeit der Partikel hat einen enormen Einfluss auf die Zündverzögerungszeit $t_d$. Da die Maschine die Zündverzögerungszeit zur Regelung der Vorschubgeschwindigkeit nutzt, konnten wesentliche Erkenntnisse zum Einfluss der Abtragpartikel auf die Prozessstabilität und -produktivität erlangt werden. Diese Erkenntnisse sind für eine Entwicklung von keramikspezifischen Bearbeitungstechnologien bedeutend. Um die vergleichsweise geringe Produktivität der Keramikbearbeitung zu steigern, wurden zusätzliche Versuche mit anderen Drahtwerkstoffen durchgeführt. Beispielsweise zeigte sich, dass zinkbeschichtete Drähte nicht bei allen Keramiken die Produktivität erhöhen, was bei metallischen Werkstoffen der Fall ist. Auch hier wurde neues Wissen zur Drahtfunkenerosion erlangt.

Da die Keramiken infolge der verschiedenen Abtragmechanismen sehr unterschiedliche Oberflächenstrukturen aufwiesen, wurden Versuche zur Verbesserung der Oberflächengüte mittels Nachschnitten durchgeführt. Es stellte sich heraus, dass die Abtragmechanismen unterschiedliche Nachschnittstrategien zur Rauheitsreduktion erfordern, wobei sowohl die Nachschnittanzahl als auch die Entladeenergien stark variieren. Der Einfluss der verbesserten Oberflächenintegrität auf die resultierende Biegefestigkeit wurde im Vergleich zu Hauptschnittbearbeitungen mit unterschiedlichen Entladeenergien in Biegebruchversuchen untersucht. Lediglich bei der $TiB_2$ Keramik konnte keine Erhöhung der Biegefestigkeit durch die Nachschnitte erzielt werden, obwohl die Rauheit und die Rissanzahl im Vergleich zum Hauptschnitt signifikant reduziert wurde. Trotz des Einsatzes von vier Nachschnitten kam es zu Rissen in der Randzone, die ursächlich für die geringe Festigkeit waren. Die Nachschnitte verbesserten zwar die Oberflächengüte, konnten aber nicht die Biegefestigkeit auf das Niveau der Schleifbearbeitung steigern, weshalb Risse aufgrund von thermisch induzierten Spannungen in der Randzone vermutet wurden. Da die experimentelle Messung von Eigenspannungen mittels Röntgenstrahlung bei Keramiken quasi nicht möglich ist, wurde ein simulativer Ansatz zur Abschätzung thermisch induzierter Spannungen durch Entladungen verfolgt. Dazu wurde ein bestehendes Wärmesimulationsmodell von SCHNEIDER genutzt, das für einen Stahlwerkstoff den Materialabtrag und das Temperaturfeld infolge einer Einzelentladung simuliert. Dieses Modell wurde um die Abtragmechanismen der Keramiken erweitert und mit einem Modell zur Simulation von mechanischen Spannungen gekoppelt. Somit war es möglich, die mechanischen Spannungen infolge einer Einzelentladung in Abhängigkeit vom Abtragmechanismus und der verwendeten Entladeenergie zu simulieren. Basierend auf der Normalspannungshypothese für spröde Materialien wurde eine Vergleichsspannung errechnet, die unter Einbezug der Materialkennwerte zur Bestimmung eines Versagensindex diente. Die Ergebnisse mussten indirekt über die Kratergeometrie und die Rissanzahl validiert werden, weil keine Eigenspannungsmessungen durchgeführt werden konnten. Für das gesamte Simulationsmodell besteht zwar ein Optimierungsbedarf, dennoch konnte die generelle Machbarkeit aufgezeigt werden.

Auf Basis der erlangten Erkenntnisse wurde eine Klassifizierung der drahtfunkenerosiven Bearbeitbarkeit elektrisch leitfähiger Keramiken im CH-basierten Dielektrikum vorgestellt. Mithilfe dieser Klassifizierung ist die Implementierung von Standarderosionstechnologien für Keramiken mit unterschiedlichen Abtragmechanismen möglich. Da die Bearbeitbarkeit der Keramiken aber auch wesentlich von der Zweitphase abhängt und das Spektrum an Kompositkeramiken sehr groß ist, wurde ein Ansatz zur Prozessoptimierung für Keramiken vorgestellt. Dafür wurden verschiedene Optimierungsverfahren miteinander verglichen. Aufgrund einiger Anforderungen bedurfte es nach einem kombinatorischen Verfahren zur Lösung globaler nicht linearer Optimierungsprobleme. Die evolutionäre Strategie stellt solch ein Verfahren dar, das bereits von anderen Forschern zur Optimierung eines Senkerosionsprozesses erfolgreich eingesetzt wurde. Diese evolutionäre Strategie wurde als Bestandteil einer Methodik in einer Optimierungssoftware umgesetzt, die zunächst die Produktivität des Hauptschnittes erhöhen sollte. An den zwei bekannten keramischen Werkstoffen $Si_3N_4$-TiN und $TiB_2$ wurden die Methodik und die Software validiert, um sie im Nachgang auf die unbekannte Keramik SiC-$TiB_2$ erfolgreich anzuwenden. In weiteren Untersuchungen muss die Optimierungssoftware um die Nachschnittbearbeitung mit dem Ziel der Rauheitsreduktion und der Erhöhung der Biegefestigkeit erweitert werden. Darüber hinaus ist eine umfangreichere Anpassung der Maschineneinstellgrößen in der Nachschnittbearbeitung erforderlich, was im Rahmen dieser Arbeit aufgrund eines eingeschränkten Zugriffs nicht möglich war.

# Summary and Outlook

The demand for ceramic materials is continuously increasing, as the combination of properties such as high strength, thermal and chemical resistance combined with low density is very advantageous for use in many highly specialized industrial sectors. This combination of properties is only possible due to the ionic and covalent bond types, which differ significantly from those of metallic materials. This also results in the brittle fracture behavior, severely limiting machinability by conventional machining processes, which is why the potential of ceramics is not exploited in all areas of application. Wire electrical discharge machining has proved to be a suitable manufacturing process due to the force-free working principle, but it requires a minimum electrical conductivity, which for many ceramics can only be achieved by doping with a second phase. In addition to the fundamentals of ceramic materials and the process principle of electrical discharge machining, the state of the art also presented previous work on the electrical discharge machining of electrically conductive ceramics. It was found that, in addition to the melting and vaporization removal mechanism known from metallic materials, other removal mechanisms are also present in ceramics. However, these findings are limited to wire EDM in the water-based dielectric and to sink EDM in CH-based dielectric. In particular, machining in the water-based dielectric leads to a negative change in surface integrity for some ceramic types. Furthermore, it was found that there is no knowledge about the influence of the removal mechanisms on the wire EDM process and the achievable surface quality by trim cutting, which is essential for the design of a machining technology. Based on the deficiencies identified, it was hypothesized that by classifying electrically conductive ceramics on the basis of the dominant removal mechanisms, an economical design of the wire EDM process in CH-based dielectrics is possible. Thus, the objective of this work was to comprehensively explore the wire electrical discharge machinability of electrically conductive ceramics in CH-based dielectric.

The realization of the research objective required the use of extensive analytical methods, which are described in detail in Chapter 4. Using these methods, the dominant removal mechanisms of three ceramics in the CH-based dielectric were identified in both main cut and single discharge experiments. For the $Si_3N_4$-TiN ceramic, decomposition was found to be the dominant removal mechanism, which is consistent with the findings from the water-based dielectric. The decomposition process relates only to the $Si_3N_4$ matrix material. Previous work has not addressed a secondary removal mechanism for this composite ceramic. In the context of this work, two secondary removal mechanisms could be observed for the second-phase material TiN, which change depending on the discharge energy. While at low discharge energies ($W_e < 4.5$ mJ) the TiN grains are dissolved out, at high discharge energies ($W_e > 4.5$ mJ) the TiN phase melts and evaporates. The resolidified melt layer caused a smoother surface with lower roughness. Thus, the effect of discharge energy on roughness showed an opposite relationship compared to metallic materials. For the $ZrO_2$-WC ceramic, the dominant removal mechanism of melting and evaporation was confirmed.

Despite the same removal mechanism, a significant difference to metallic materials was found. The roughness does not increase continuously with the discharge energy, but two roughness levels are formed, with $W_e = 4.5$ mJ representing the limit range. In the case of $TiB_2$ ceramics, the dominant removal mechanism of spalling could be confirmed. In addition, for a discharge energy of $W_e = 4.5$ mJ, melting could be identified as a secondary removal mechanism, which was even excluded by other researchers for machining in the water-based dielectric.

After identification of the removal mechanisms, the influence on process productivity and stability was investigated. For this purpose, the resulting removal particles were collected from the process and correlated with both the electrical process parameters and the machine data. EDX analysis revealed that the removal particles are not only composed of the respective ceramic material, but are an agglomerate of many individual particles, with the carbon from the dielectric being the binding element between the particles. The individual particles were the constituents of the ceramics and the wire material. With the aid of a particle size distribution, it was possible to determine that different frequency distributions occurred both as a function of the dominant and secondary removal mechanisms and of the discharge energies and frequencies. A previously established theory on the influence of particle size on the discharge conditions was confirmed. The size and the electrical conductivity of the particles have an enormous influence on the ignition delay time $t_d$. Since the machine uses the ignition delay time to control the feed rate, significant insights into the influence of the removal particles on process stability and productivity were obtained. These findings are important for a development of ceramic-specific machining technologies. In order to increase the comparatively very low productivity of ceramic machining, additional tests were carried out with other wire materials. For example, it was found that zinc-coated wires do not increase productivity with all ceramics, which is the case with metallic materials. This also provided new knowledge on wire electrical discharge machining.

Since the ceramics exhibited very different surface structures as a result of the various removal mechanisms, tests were carried out to improve the surface quality by means of trim cuts. It was found that the removal mechanisms require different trim cutting strategies for roughness reduction, with both the number of trim cuts and the discharge energies varying greatly. The influence of the improved surface integrity on the resulting bending strength was investigated in comparison to main cutting operations with different discharge energies in bending fracture tests. Only in the case of $TiB_2$ ceramics, no increase in bending strength was obtained by the trim cuts, although the roughness and the number of cracks were significantly reduced compared to the main cut. Despite the use of four trim cuts, cracks occurred in the rim zone, which were the cause of the low strength. The trim cuts improved the surface finish but could not increase the bending strength to the level of the grinding operation, therefore cracks caused by thermal induced stresses in the rim zone were suspected. Since the experimental measurement of residual stresses by means of X-rays is nearly impossible for ceramics, an existing thermal simulation model from SCHNEIDER was used, which simulates the material removal and the temperature field resulting from a single discharge for a steel material. This model was extended to include the removal mechanisms of the ceramics and coupled with a model for simulating mechanical stresses. Thus, it was possible to simulate the mechanical stresses resulting from a single discharge as a function of the removal mechanism and the discharge energy used. Based on the normal stress hypothesis for brittle materials, an equivalent stress was calculated, which was used to determine a failure index by including the material characteristics. The results had to be validated indirectly via the crater geometry and the number of cracks, because it was not technically possible to measure residual stresses with X-rays. Although there is a need for optimization of the entire simulation model, it was possible to demonstrate its general feasibility.

Based on the obtained knowledge, a classification of the electrical discharge machinability of electrically conductive ceramics in CH-based dielectrics was presented. With the aid of this classification, it is possible to implement standard erosion technologies for ceramics with different removal mechanisms. However, since the machinability of the ceramics also depends significantly on the second phase and the spectrum of composite ceramics is very large, an approach to process optimization for ceramics was presented. For this purpose, various optimization methods were compared with each other. Due to some requirements, a combinatorial method for the solution of global non-linear optimization problems was needed. The evolutionary strategy represents such a method, which has already been successfully used by other researchers for the optimization of a sink EDM process. This evolutionary strategy was implemented as part of a methodology in an optimization software, which was initially intended to increase the productivity of the main cut. The methodology and the software were validated on the two known ceramic materials $Si_3N_4$-TiN and $TiB_2$ in order to apply them successfully to the unknown ceramic SiC-$TiB_2$. In further investigations, the optimization software has to be extended by the trim cutting process with the aim of roughness reduction. In addition, a more extensive adjustment of the machine settings in the trim cutting process is required, which was not possible within the scope of this work due to limited access.

# 9 Literaturverzeichnis

*References*

[ALBI96] Albinski, K.; Musiol, K.; Miernikiewicz, A.; Labuz, S.; Malota, M.: The temperature of a plasma used in electrical discharge machining. In: Plasma Sources Science and Technology, 5. Jg., 1996, S. 736–742

[ALTP04] Altpeter, F.; Perez, R.: Relevant topics in wire electrical discharge machining control. In: Journal of Materials Processing Technology, 149. Jg., 2004, S. 147–151

[ANDO75] Andon, R.; Martin, J.; Mills, K.; Jenkins, T.: Heat capacity and entropy of tungsten carbide. In: The Journal of Chemical Thermodynamics, 7. Jg., 1975, S. 1079–1084

[ANTO10] Antonoglou, G.: Drahtfunkenerosives Schneiden von Graphit und polykristallinem Diamant zur Werkzeugherstellung. Dissertation RWTH Aachen, 2010

[ARRO02] Arroyave, R.; Kaufman, L.; Eagar, T.: Thermodynamic modeling of the Zr - O system. In: Calphad, 26. Jg., 2002, S. 95–118

[ASPI08] Aspinwall, D.; Soo, S.; Berrisford, A.; Walder, G.: Workpiece surface roughness and integrity after WEDM of Ti–6Al–4V and Inconel 718 using minimum damage generator technology. In: CIRP Annals - Manufacturing Technology, 57. Jg., 2008, S. 187–190

[ASSA17] Assarzadeh, S.; Ghoreishi, M.: Electro-thermal-based finite element simulation and experimental validation of material removal in static gap single-spark die-sinking electro-discharge machining process. In: Proceedings of the Institution of Mechanical Engineers, Part B: Journal of Engineering Manufacture, 231. Jg., 2017, S. 28–47

[AUER11] Auerbach, T.; Schmitt, R.; Brecher, C.: Selbstoptimierende Produktionssysteme, 2011

[BALL96] Balleys, F.; Piantchenko, C.: Surface Integrity of Materials Machined by Wire EDM Machines. In: EDM Technology Transfer. 1996, S. 3–6

[BANS05] Bansal, N.: Handbook of ceramic composites // Handbook of Ceramic Composites. Boston, MA, Boston: Springer US; Kluwer, 2005

[BANU14] Banu, A.; Ali, M.; Rahman, M.: Micro-electro discharge machining of non-conductive zirconia ceramic: investigation of MRR and recast layer hardness. In: International Journal of Advanced Manufacturing Technology, 75. Jg., 2014, S. 257–267

[BARG12] Bargel, H.-J.; Schulze, G.: Werkstoffkunde. Berlin, Heidelberg: Springer, 2012

[BASS13] Basshuysen, R.: Ottomotor mit Direkteinspritzung. Verfahren, Systeme, Entwicklung, Potenzial. 3. Aufl. Wiesbaden: Springer Fachmedien Wiesbaden GmbH, 2013

[BATH73] BATHA, H.; WHITNEY, E.: Kinetics and Mechanism of the Thermal Decomposition of Si3N4. In: Journal of the American Ceramic Society, 56. Jg., 1973, S. 365–369

[BELL92] Bellosi, A.; Guicciardi, S.; Tampieri, A.: Development and characterization of electroconductive $Si_3N_4$-TiN composites. In: Journal of the European Ceramic Society, 9. Jg., 1992, S. 83–93

[BERG08] Bergmann, W.: Werkstofftechnik. 6., aktualisierte Aufl. Aufl. München: Hanser, 2008

[BERG19] Bergs, T.; Schneider, S.; Harst, S.; Klink, A.: Numerical simulation and validation of material loadings during electrical discharge machining. In: Procedia CIRP, 82. Jg., 2019, S. 14–19

[BERG20] Bergs, T.; Olivier, M.; Herrig, T.; Klink, A.: Experimental Analysis on Wire Electrical Discharge Machinability of Electrically Conductive Silicon Carbide and Nitride as Function of Different Oil-Based Dielectrics. In: Procedia CIRP, 95. Jg., 2020, S. 290–295

[BIAN09] Bianchi, L.; Dorigo, M.; Gambardella, L.; Gutjahr, W.: A survey on metaheuristics for stochastic combinatorial optimization. In: Natural Computing, 8. Jg., 2009, S. 239–287

[BINN16] Binnewies, M.; Finze, M.; Jäckel, M.; Schmidt, P.; Willner, H.; Rayner-Canham, G.: Allgemeine und Anorganische Chemie. Berlin, Heidelberg: Springer Berlin Heidelberg, 2016

[BLEY03] Bleys, P.: Electrical Discharge Milling: Technology And Tool Wear Compensation. Dissertation Katholieke Universiteit, 2003

[BLUM75] Blum, E.; Oettli, W.: Mathematische Optimierung Grundlagen und Verfahren. 1. Aufl. Springer-Verlag Berlin Heidelberg, 1975

[BOHR13] Bohr, N.: I. On the constitution of atoms and molecules. In: The London, Edinburgh, and Dublin Philosophical Magazine and Journal of Science, 26. Jg., 1913, S. 1–25

[BOMM79] Bommeli, B.; Frei, C.; Ratajski, A.: On the influence of mechanical perturbation on the breakdown of a liquid dielectric. In: Journal of Electrostatics, 7. Jg., 1979, S. 123–144

[BONN08] Bonny, K.; Baets, P. de; Vleugels, J.; Salehi, A.; van der Biest, O.; Lauwers, B.; Liu, W.: Influence of secondary electro-conductive phases on the electrical discharge machinability and frictional behavior of ZrO2-based ceramic composites. In: Journal of Materials Processing Technology, 208. Jg., 2008, S. 423–430

[BOOS18] Boos, W.; Salmen, M.; Kelzenberg, C.; Johannsen, L.; Helbig, J.; Ebbecke, C.: Tooling in Germany 2018. 2. Auflage. Aufl. Aachen: RWTH Aachen Werkzeugmaschinenlabor, 2018

[BRAU96] DE 196 14 200 C 2 Braunschweiler, A.; Beltrami, I.: Verfahren zum Bewegen wenigstens eines Führungskopfes einer Drahterosionsmaschine, sowie Drahterosionsmaschine mit einer Stelleinrichtung zum Durchführen von Bewegungen wenigstens eines Führungskopfes.

[BREV03] Brevier: Technische Keramik. 4. Aufl. Lauf: Fahner, 2003

[BRIE21] Briehl, H.: Chemie der Werkstoffe. 4. Aufl. Berlin, Heidelberg: Springer Berlin Heidelberg, 2021

[BUDI86] Budiansky, B.; Hutchinson, J.; Evans, A.: Matrix fracture in fiber-reinforced ceramics. In: Journal of the Mechanics and Physics of Solids, 34. Jg., 1986, S. 167–189

[CALL20] Callister, W.; Rethwisch, D.; Scheffler, M.: Materialwissenschaften und Werkstofftechnik. Eine Einführung. 1. Auflage. Aufl. Weinheim: 2020

[CART13] Carter, C.; Norton, M.: Ceramic Materials. Science and Engineering. 2nd ed. 2013. Aufl. New York, NY: Springer, 2013

[CHAW98] Chawla, N.; Tur, Y.; Holmes, J.; Barber, J.; Szweda, A.: High-Frequency Fatigue Behavior of Woven-Fiber-Fabric-Reinforced Polymer-Derived Ceramic-Matrix Composites. In: Journal of the American Ceramic Society, 81. Jg., 1998, S. 1221–1230

[CUSA04] Cusanelli, G.; Hessler-Wyser, A.; Bobard, F.; Demellayer, R.; Perez, R.; Flükiger, R.: Microstructure at submicron scale of the white layer produced by EDM technique. In: Journal of Materials Processing Technology, 149. Jg., 2004, S. 289–295

[DANE21] Daneș, F.; Daneș, S.; Petrescu, V.; Ungureanu, E.-M.: Molecular Physical Chemistry for Engineering Applications. Cham: Springer International Publishing, 2021

[DAUW92] Dauw, D.; Albert, L.: About the Evolution of Wire Tool Performance in Wire EDM. In: CIRP Annals, 41. Jg., 1992, S. 221–225

[DENG05] Deng, J.; Can, T.; Sun, J.: Microstructure and mechanical properties of hot-pressed $Al_2O_3$/TiC ceramic composites with the additions of solid lubricants. In: Ceramics International, 31. Jg., 2005, S. 249–256

[DESC02] Deschaux-Beaume, F.; Cutard, T.; Fréty, N.; Levaillant, C.: Oxidation of a Silicon Nitride-Titanium Nitride Composite: Microstructural Investigations and Phenomenological Modeling. In: Journal of the American Ceramic Society, 85. Jg., 2002, S. 1860–1866

[DESC06] Descoeudres, A.: Characterization of Electrical Discharge Machining Plasmas, 2006

[DGUV22] DGUV - Deutsche Gesetzliche Unfallversicherung: GESTIS-Stoffdatenbank. URL: https://gestis.dguv.de/search [18.07.2022]

[DIBI89] DiBitonto, D.; Eubank, P.; Patel, M.; Barrufet, M.: Theoretical models of the electrical discharge machining process. I. A simple cathode erosion model. In: Journal of Applied Physics, 66. Jg., 1989, S. 4095

[DIN03] Norm DIN8950: Fertigungsverfahren Abtragen - Einordnung, Unterteilung Begriffe, 2003

[DIN08] Norm DIN EN 843-1:2008-08: Hochleistungskeramik – Mechanische Eigenschaften monolithischer Keramik bei Raumtemperatur, 2008

[DIN10] Norm DIN EN 14232:2009: Hochleistungskeramik - Begriffe, Definitionen und Abkürzungen, 2010

[DOMI16] Domingos, D.: Die-Sinking EDM of High Aspect Ratio Cavities in Nickel Base Alloy. Dissertation Technische Universität Berlin, 2016

[EKME07] Ekmekci, B.: Residual stresses and white layer in electric discharge machining (EDM). In: Applied Surface Science. 2007, S. 9234–9240

[ESCO13] Escobar, A.; Lange, D. de; Medellín Castillo, H.; Pérez Gutiérrez, F.: Influence of Modeling Assumptions on the Simulated EDM Performance. 2013

[EUBA93] Eubank, P.; Patel, M.; Barrufet, M.; Bozkurt, B.: Theoretical models of the electrical discharge machining process. III. The variable mass, cylindrical plasma model. In: Journal of Applied Physics, 73. Jg., 1993, S. 7900

[FAIS18] Faisal, N.; Kumar, K.: Optimization of Machine Process Parameters in EDM for EN 31 Using Evolutionary Optimization Techniques. In: Technologies, 6. Jg., 2018, S. 54

[FERR16] Ferraris, E.; Vleugels, J.; Guo, Y.; Bourell, D.; Kruth, J.; Lauwers, B.: Shaping of engineering ceramics by electro, chemical and physical processes. In: CIRP Annals, 65. Jg., 2016, S. 761–784

[FEUR19] Feurer, M.; Hutter, F.: Hyperparameter Optimization. Hutter, F. (Hrsg): Automated Machine Learning. Methods, Systems, Challenges. (Reihe: The Springer Series on Challenges in Machine Learning Ser). 1. Aufl. Cham: Springer International Publishing AG, 2019, S. 3–33

[FORD97] Fordham, J.; Pilkington, R.; Tang, C.: The effect of different profiling techniques on the fatigue performance of metallic membranes of AISI 301 and Inconel 718. In: International Journal of Fatigue, 19. Jg., 1997, S. 487–501

[FROC19] Frochte, J.: Maschinelles Lernen. Grundlagen und Algorithmen in Python. 2., aktualisierte Auflage. Aufl. München: Hanser, 2019

[FUKU09] Fukuzawa, Y.; Mohri, N.; Gotoh, H.; Tani, T.: Three-dimensional machining of insulating ceramics materials with electrical discharge machining. In: Transactions of Nonferrous Metals Society of China, 19. Jg., 2009, S. s150-s156

[FUKU95] Fukuzawa, Y.; Tani, T.; IWANE, E.; Mohri, N.: A New Machining Method for Insulating Ceramics with an Electrical Discharge Phenomenon. In: Journal of the Ceramic Society of Japan, 103. Jg., 1995, S. 1000–1005

[GADA91] Gadalla, A.; Bedi, H.: MACHINING OF TiB 2 AND ITS COMPOSITES. In: Materials and Manufacturing Processes, 6. Jg., 1991, S. 125–137

[GARC08] García Navas, V.; Ferreres, I.; Marañón, J.; Garcia-Rosales, C.; Gil Sevillano, J.: Electro-discharge machining (EDM) versus hard turning and grinding—Comparison of residual stresses and surface integrity generated in AISI O1 tool steel. In: Journal of Materials Processing Technology, 195. Jg., 2008, S. 186–194

[GARR17] Garrido-Merchán, E.; Hernández-Lobato, D.: Dealing with categorical and integer-valued variables in Bayesian Optimization with Gaussian processes, 2017

[GARZ13] Garzón Moreno, M.: Analysis of dischargue forces on sinking EDM with high aspect ratio electrodes. Dissertation RWTH Aachen, 2013

[GFMS16] GF Machining Solutions Managemet SA: Benutzerhandbuch C. CUT 2000 X Oil-Tech, 2016

[GINZ02] Ginzel, J.: Funkenerosives Senken mit Neuro-Fuzzy Prozeßführung und Fehlentladungsbehandlung unter Berücksichtigung der Bahn- und Planetärerosion. Zugl.: Hamburg, Univ. der Bundeswehr, Diss., 2002, München: Utz Wiss, 2002

[GOGO03] Gogotsi, G.: Fracture toughness of ceramics and ceramic composites. In: Ceramics International, 29. Jg., 2003, S. 777–784

[GÖKL00] Gökler, M.; Ozanözgü, A.: Experimental investigation of effects of cutting parameters on surface roughness in the WEDM process. In: International Journal of Machine Tools and Manufacture, 40. Jg., 2000, S. 1831–1848

[GOMM21] Gommeringer, A.: Erodierbare Hochleistungskeramiken mit Zirkoniumdioxidmatrix. Dissertation Universität Stuttgart, 2021

[GOTO16] Gotoh, H.; Tani, T.; Mohri, N.: EDM of Insulating Ceramics by Electrical Conductive Surface Layer Control. In: Procedia CIRP, 42. Jg., 2016, S. 201–205

[GOTT14] Gottstein, G.: Materialwissenschaft und Werkstofftechnik. Berlin, Heidelberg: Springer Berlin Heidelberg, 2014

[GREE10] Greenwood, N.: Chemistry of the elements. 2. ed., repr. Aufl. Amsterdam: Elsevier-Butterworth-Heinemann, 2010

[GREI02] Greil, P.: Advanced Engineering Ceramics. In: Advanced Materials, 14. Jg., 2002, S. 709

[GRIF01] Griffiths, B.: Manufacturing surface technology. Surface integrity & functional performance. London: Penton, 2001

[GUPT16] Gupta, K.; Jain, N.: Near-Net Shape Manufacturing of Miniature Spur Gears by Wire Spark Erosion Machining. 1. Aufl. Singapore: Springer Singapore, 2016

[GUPT21] Gupta, A., Kumar, H.: Gupta, A., Kumar, H. (2021). Optimization of EDM Process Parameters: A Review of Technique, Process, and Outcome. In: Singari, R.M., Mathiyazhagan, K., Kumar, H. (eds) Advances in Manufacturing and Industrial Engineering. Lecture Notes in Mechanical Engineering. Springer, Singapore. 1. Aufl. Singapore: Springer Singapore, 2021

[HAKE06] Haken, H.; Wolf, H.: Molekülphysik und Quantenchemie. Einführung in die experimentellen und theoretischen Grundlagen. 5. Aufl. Berlin, Heidelberg: Springer, 2006

[HANA11] HANAOKA, D.; ITO, R.; Fukuzawa, Y.: Electrical Discharge Machined Surface of the Insulating ZrO2 Ceramics. In: Journal of Advanced Mechanical Design, Systems, and Manufacturing, 5. Jg., 2011, S. 372–384

[HANA14] Hanaoka, D.; Fukuzawa, Y.; Yamashita, K.: Research of Large-Area Electrical Discharge Machining for Insulating $Si_3N_4$ Ceramics with the Assisting Electrode Method. In: Advanced Materials Research, 939. Jg., 2014, S. 76–83

[HANS16] Hansen, N.: The CMA Evolution Strategy: A Tutorial, 2016

[HANS22] Hansen, N.: CMA-ES / pycma. URL: https://github.com/CMA-ES/pycma [30.09.2022]

[HANS58] Hansen, M.: Constitution of binary alloys. 2. ed., 1. print. Aufl. New York, NY: McGraw-Hill, 1958

[HASÇ04] Hasçalýk, A.; Çaydaş, U.: Experimental study of wire electrical discharge machining of AISI D5 tool steel. In: Journal of Materials Processing Technology, 148. Jg., 2004, S. 362–367

[HASS63] Hasselmann, D.: Elastic Energy at Fracture and Surface Energy as Design Criteria for Thermal Shock. In: Journal of the American Ceramic Society, 46. Jg., 1963, S. 535–540

[HASS69] Hasselmann, D.: Unified Theory of Thermal Shock Fracture Initiation and Crack Propagation in Brittle Ceramics. In: Journal of the American Ceramic Society, 52. Jg., 1969, S. 600–604

[HAYA10] Hayakawa, S.; Doke, T.; Itoigawa, F.; Nakamura, T.: Observation of flying debris scattered from discharge point in EDM process. In: Proceedings of the 16th International Symposium on Electromachining (ISEM XVI). 2010, S. 121–125

[HAYN11] Haynes, W.: CRC handbook of chemistry and physics. A ready-reference book of chemical and physical data. 92nd ed., 2011 - 2012. Aufl. Boca Raton, Fla., London: 2011

[HENS17] Hensgen, L.: Auswirkung der Drahtfunkenerosion auf die mechanischen Eigenschaften von Festkörpergelenken. Dissertation RWTH Aachen, 2017

[HENS84] Hensgen, G.: Werkzeugspezifische Einflüsse beim funkenerosiven Schneiden mit ablaufender Drahtelektrode. Dissertation RWTH Aachen, 1984

[HEWI05] Hewidy, M.; El-Taweel, T.; El-Safty, M.: Modelling the machining parameters of wire electrical discharge machining of Inconel 601 using RSM. In: Journal of Materials Processing Technology, 169. Jg., 2005, S. 328–336

[HIND13] Hinduja, S.; Kunieda, M.: Modelling of ECM and EDM processes. In: CIRP Annals, 62. Jg., 2013, S. 775–797

[HIPP54] Hippel, A. von: Dielectric materials and applications. 2. Aufl. London: 1954

[HOAN15] Hoang, K.; Gopalan, S.; Yang, S.-H.: Study of energy distribution to electrodes in a micro-EDM process by utilizing the electro-thermal model of single discharges. In: Journal of Mechanical Science and Technology, 29. Jg., 2015, S. 349–356

[HOLS18] Holsten, M.: Polarity-Dependent Removal Interferences in Sink EDM of Titanium Alloys. Dissertation RWTH Aachen, 2018

[HORN19] Hornbogen, E.; Eggeler, G.; Werner, E.: Werkstoffe. Aufbau und Eigenschaften von Keramik-, Metall-, Polymer- und Verbundwerkstoffen. 12. Aufl. Berlin, Heidelberg: Springer, 2019

[HÖSE11] Hösel, T.; Cvancara, P.; Ganz, T.; Müller, C.; Reinecke, H.: Characterisation of high aspect ratio non-conductive ceramic microstructures made by spark erosion. In: Microsystem Technologies, 17. Jg., 2011, S. 313–318

[HOSS13] Hosseini Kalajahi, M.; Rash Ahmadi, S.; Nadimi Bavil Oliaei, S.: Experimental and finite element analysis of EDM process and investigation of material removal rate by response surface methodology. In: The International Journal of Advanced Manufacturing Technology, 69. Jg., 2013, S. 687–704

[HUAN96] Huang, J.-L.; Lee, M.-T.; Lu, H.-H.; Lii, D.-F.: Microstructure, fracture behavior and mechanical properties of TiN/Si3N4 composites. In: Materials Chemistry and Physics, 45. Jg., 1996, S. 203–209

[HÜLS12] Hülsenberg, D.: keramische Werkstoffe. Thieme Gruppe, 2012

[JAKO04] Jakob, W.: Eine neue Methodik zur Erhöhung der Leistungsfähigkeit Evolutionärer Algorithmen durch die Integration lokaler Suchverfahren. In: at - Automatisierungstechnik, 52. Jg., 2004, S. 198–199

[JANG20] Janga Reddy, M.; Nagesh Kumar, D.: Evolutionary algorithms, swarm intelligence methods, and their applications in water resources engineering: a state-of-the-art review. In: H2Open Journal, 3. Jg., 2020, S. 135–188

[JANS02] Jansen, M.: High performance non-oxide ceramics II. Berlin, Heidelberg, Germany: 2002

[JEEL88] JEELANI, S.; Collins, M.: Effect of electric discharge machining on the fatigue life of Inconel 718. In: International Journal of Fatigue, 10. Jg., 1988, S. 121–125

[JIKO94] Jikov, V.; Yosifian, G.; Kozlov, S.; Oleinik, O.: Homogenization of Differential Operators and Integral Functionals. 1st ed. Aufl. Berlin, Heidelberg: Springer Berlin / Heidelberg, 1994

[JITH18] Jithin, S.; Raut, A.; Bhandarkar, U.; Joshi, S.: FE Modeling for Single Spark in EDM Considering Plasma Flushing Efficiency. In: Procedia Manufacturing, 26. Jg., 2018, S. 617–628

[JOCH09] Jochen Schilm: Korrosion von gasdruckgesinterten Si3N4-Keramiken in Säuren, 2009

[KAME12] Kamenzky, S.: Einsatz von pulveradditiviertem Dielektrikum in der Drahterosion. Zugl.: Aachen, Techn. Hochsch., Diss., 2011, Aachen: Shaker, 2012

[KANL07] Kanlayasiri, K.; Boonmung, S.: Effects of wire-EDM machining variables on surface roughness of newly developed DC 53 die steel: Design of experiments and regression model. In: Journal of Materials Processing Technology, 192-193. Jg., 2007, S. 459–464

[KANS07] Kansal, H.; Singh, S.; Kumar, P.: Effect of Silicon Powder Mixed EDM on Machining Rate of AISI D2 Die Steel. In: Journal of Manufacturing Processes, 9. Jg., 2007, S. 13–22

[KAPO12] Kapoor, J.; Singh, S.; Khamba, J.: High-performance wire electrodes for wire electrical-discharge machining – a review. In: Proceedings of the Institution of Mechanical Engineers, Part B: Journal of Engineering Manufacture, 226. Jg., 2012, S. 1757–1773

[KARD01] Karden, A.: Funkenerosive Senkbearbeitung mit leistungssteigernden Elektrodenwerkstoffen und Arbeitsmedien. Shaker, 2001

[KENN95] Kennedy, J.; Eberhart, R.: Particle swarm optimization. In: Proceedings of ICNN'95 - International Conference on Neural Networks. 1995, S. 1942–1948

[KIM01] Kim, C.-H.; Kruth, J.: Influence of the electrical conductivity of dielectric on WEDM of sintered carbide. In: KSME Int. J., 15. Jg., 2001, S. 1676–1682

[KITA13] Kitamura, T.; Kunieda, M.; Abe, K.: High-Speed Imaging of EDM Gap Phenomena using Transparent Electrodes. In: Procedia CIRP, 6. Jg., 2013, S. 314–319

[KITA14] Kitamura, T.; Kunieda, M.; Abe, K.: Comparison of Gap Phenomina between EDM in Oil and Deiodezed Water Using Transparent Electrodes. In: The 15th International Conference on Precision Engineering. 2014, S. 9–12

[KITA15] Kitamura, T.; Kunieda, M.; Abe, K.: Observation of relationship between bubbles and discharge locations in EDM using transparent electrodes. In: Precision Engineering, 40. Jg., 2015, S. 26–32

[KLIN11] Klink, A.; Guo, Y.; Klocke, F.: Surface Integrity Evolution of Powder Metallurgical Tool Steel by Main Cut and Finishing Trim Cuts in Wire-EDM. In: Procedia Engineering, 19. Jg., 2011, S. 178–183

[KLIN17] Klink, A.; Holsten, M.; Hensgen, L.: Crater morphology evaluation of contemporary advanced EDM generator technology. In: CIRP Annals, 66. Jg., 2017, S. 197–200

[KLOC07] Klocke, F.: Fertigungsverfahren 3. Abtragen, Generieren Lasermaterialbearbeitung. 4. Aufl. Berlin: Springer, 2007

[KLOC10] Klocke, F.; Brockmann M.; Gierlings S.; Perrin G.; Sage C.; Veselovac D.: Adaptive Control of Manufacturing Processes for a New Generation of Jet Engine Components. In: Procedia CIRP ICME, 7. Jg., 2010

[KLOC11] Klocke, F.; Welling, D.; Dieckmann, J.: Comparison of Grinding and Wire EDM Concerning Fatigue Strength and Surface Integrity of Machined Ti6Al4V Components. In: Procedia Engineering, 19. Jg., 2011, S. 184–189

[KLOC14] Klocke, F.; Hensgen, L.; Klink, A.; Mayer, J.; Schwedt, A.: EBSD-Analysis of Flexure Hinges Surface Integrity Evolution via Wire-EDM Main and Trim Cut Technologies. In: Procedia CIRP, 13. Jg., 2014, S. 237–242

[KLOC16] Klocke, F.; Hensgen, L.; Klink, A.; Ehle, L.; Schwedt, A.: Structure and Composition of the White Layer in the Wire-EDM Process. In: Procedia CIRP, 42. Jg., 2016, S. 673–678

[KLOC18a] Klocke, F.; Welschof, L.; Herrig, T.; Klink, A.: Evaluation of Contemporary Wire EDM for the Manufacture of Highly Loaded Titanium Parts for Space Applications. In: Procedia Manufacturing, 18. Jg., 2018, S. 146–151

[KLOC18b] Klocke, F.: Fertigungsverfahren 2. Berlin, Heidelberg: Springer Berlin Heidelberg, 2018

[KOJI08] Kojima, A.; Natsu, W.; Kunieda, M.: Spectroscopic measurement of arc plasma diameter in EDM. In: CIRP Annals - Manufacturing Technology, 57. Jg., 2008, S. 203–207

[KOLL18] Kollenberg, W.: Technische Keramik. Grundlagen - Werkstoffe - Verfahrenstechnik. 3. Auflage. Aufl. Essen: 2018

[KOND19] Kondo, T.; Muta, H.; Kurosaki, K.; Kargl, F.; Yamaji, A.; Furuya, M.; Ohishi, Y.: Density and viscosity of liquid ZrO2 measured by aerodynamic levitation technique. In: Heliyon, 5. Jg., 2019, S. e02049

[KÖNI88] König, W.; Dauw, D.; Levy, G.; Panten, U.: EDM-Future Steps towards the Machining of Ceramics. In: CIRP Annals, 37. Jg., 1988, S. 623–631

[KORT12] Korte, B.; Vygen, J.: Kombinatorische Optimierung. 1. Aufl. Berlin, Heidelberg: Springer Berlin Heidelberg, 2012

[KOST70] Koster, W.; Fritz, L.: Surface Integrity in Conventional Machining. In: ASME International Gas Turbine Conference and Products Show. 1970

[KRAU21] Krauß, J.: Optimizing hyperparameters for Machine Learning Algorithms in production. Dissertaion, 2021

[KREN02] Krenkel, W.: Keramische Verbundwerkstoffe. DGM-Seminar "Keramische Verbundwerkstoffe", veranstaltet am 19. und 20.11.2002 in Stuttgart. [Elektronische Ressource]. Aufl. Weinheim, FRG: 2002

[KRUT00] Kruth, J.-P.; Bleys, P.: Measuring Residual Stress Caused by Wire EDM of Tool Steel. In: International Journal of Electrical Machining. 2000, S. 23–28

[KUCU10] Kucukturk, G.; Cogun, C.: A NEW METHOD FOR MACHINING OF ELECTRICALLY NONCONDUCTIVE WORKPIECES USING ELECTRIC DISCHARGE MACHINING TECHNIQUE. In: Machining Science and Technology, 14. Jg., 2010, S. 189–207

[KUNI05] Kunieda, M.; Lauwers, B.; Rajurkar, K.; Schumacher, B.: Advancing EDM through Fundamental Insight into the Process. In: CIRP Annals, 54. Jg., 2005, S. 599–622

[KUNI18] Kunieda, M.; Kitamura, T.: Observation of Difference of EDM Gap Phenomena in Water and Oil Using Transparent Electrode. In: Procedia CIRP, 68. Jg., 2018, S. 342–346

[KUNI97] Kunieda, M.; Yanatori, K.: Study on Debris Movement in EDM Gap. In: International Journal of Electrical Machining. 1997, S. 43–49

[KUNI98] Kunieda, M.; Nakashima, T.: Factors Determining Discharge Location in EDM. In: International Journal of Electrical Machining, 3. Jg., 1998, S. 53–58

[KÜPP21] Küpper, U.; Herrig, T.; Welling, D.; Bergs, T.: Process Performance of High Energy Wire EDM. In: Procedia CIRP, 101. Jg., 2021, S. 230–233

[KURL06] Kurlov, A.; Gusev, A.: Tungsten carbides and W-C phase diagram. In: Inorganic Materials, 42. Jg., 2006, S. 121–127

[KWON17] Kwon, O.; Jang, C.; Lee, J.; Jeong, H.; Kwon, Y.; Joo, J.; Kim, H.: Investigation of the electrical conductivity of sintered monoclinic zirconia (ZrO 2 ). In: Ceramics International, 43. Jg., 2017, S. 8236–8245

[LAND14] Landfried, R.: Funkenerosiv bearbeitbare Keramiken für den Werkzeug- und Formenbau. Dissertation Universität Stuttgart, 2014

[LAUW04] Lauwers, B.; Kruth, J.; Liu, W.; Eeraerts, W.; Schacht, B.; Bleys, P.: Investigation of material removal mechanisms in EDM of composite ceramic materials. In: Journal of Materials Processing Technology, 149. Jg., 2004, S. 347–352

[LAUW05a] Lauwers, B.; Liu, W.; Kruth, J.; Vleugels, J.; Jiang, D.; van der Biest, O.: Wire EDM Machining of Si3N4, ZrO2 and Al2O3-based Ceramics. In: International Journal of Electrical Machining, 10. Jg., 2005, S. 33–37

[LAUW05b] Lauwers, B.; Kruth, J.-P.; Eeraerts, W.: Wear Behaviour and Tool Life of Wire-EDM-ed and Ground Carbide Punches. In: CIRP Annals, 54. Jg., 2005, S. 163–166

[LAUW07] Lauwers, B.; Kruth, J.-P.; Brans, K.: Development of Technology and Strategies for the Machining of Ceramic Components by Sinking and Milling EDM. In: CIRP Annals, 56. Jg., 2007, S. 225–228

[LAUW08] Lauwers, B.; Brans, K.; Liu, W.; Vleugels, J.; Salehi, S.; Vanmeensel, K.: Influence of the type and grain size of the electro-conductive phase on the Wire-EDM performance of ZrO 2 ceramic composites. In: CIRP Annals, 57. Jg., 2008, S. 191–194

[LEÃO04] Leão, F.; Pashby, I.: A review on the use of environmentally-friendly dielectric fluids in electrical discharge machining. In: Journal of Materials Processing Technology, 149. Jg., 2004, S. 341–346

[LEE91] Lee, T.; Lau, W.: SOME CHARACTERISTICS OF ELECTRICAL DISCHARGE MACHINING OF CONDUCTIVE CERAMICS. In: Materials and Manufacturing Processes, 6. Jg., 1991, S. 635–648

[LENZ97] Lenzen, R.: Die funkenerosive Bearbeitung der Hochleistungskeramik SiSiC unter Berücksichtigung der Oberflächenausbildung und des Verhaltens unter tribologischer Beanspruchung. Dissertationsschrift Rheinisch-Westfälische Technische Hochschule Aachen, 1997

[LINS99] Lins, G.; Branston, D.: Evaporation of zirconia in an inductively coupled plasma. In: Surface and Coatings Technology, 116-119. Jg., 1999, S. 1249–1253

[LIU03b] Liu, C.-C.; Huang, J.-L.: Effect of the electrical discharge machining on strength and reliability of TiN/$Si_3N_4$ composites. In: Ceramics International, 29. Jg., 2003, S. 679–687

[LIU08a] Liu, Y.; Li, X.; Ji, R.; Yu, L.; Zhang, H.; Li, Q.: Effect of technological parameter on the process performance for electric discharge milling of insulating Al2O3 ceramic. In: Journal of Materials Processing Technology, 208. Jg., 2008, S. 245–250

[LIU08b] Liu, Y.; Ji, R.; Li, X.; Yu, L.; Zhang, H.: Electric discharge milling of insulating ceramics. In: Proceedings of the Institution of Mechanical Engineers, Part B: Journal of Engineering Manufacture, 222. Jg., 2008, S. 361–366

[LIU09] Liu, K.; Reynaerts, D.; Lauwers, B.: Influence of the pulse shape on the EDM performance of $Si_3N_4$–TiN ceramic composite. In: CIRP Annals, 58. Jg., 2009, S. 217–220

[LUO97] Luo, Y.: The dependence of interspace discharge transitivity upon the gap debris in precision electrodischarge machining. In: Journal of Materials Processing Technology, 68. Jg., 1997, S. 121–131

[MAHA08] Mahardika, M.; Tsujimoto, T.; Mitsui, K.: A new approach on the determination of ease of machining by EDM processes. In: International Journal of Machine Tools and Manufacture, 48. Jg., 2008, S. 746–760

[MAHE15a] Maher, I.; Sarhan, A.; Hamdi, M.: Review of improvements in wire electrode properties for longer working time and utilization in wire EDM machining. In: The International Journal of Advanced Manufacturing Technology, 76. Jg., 2015, S. 329–351

[MAHE15b] Maher, I.; Ling, L.; Sarhan, A.; Hamdi, M.: Improve wire EDM performance at different machining parameters - ANFIS modeling. In: IFAC-PapersOnLine, 48. Jg., 2015, S. 105–110

[MAIE15] Maier, H.; Niendorf, T.; Bürgel, R.: Handbuch Hochtemperatur-Werkstofftechnik. Wiesbaden: Springer Fachmedien Wiesbaden, 2015

[MALY13] Maly, R.: Spark Ignition: Its Physics and Effect on the Internal Combustion Engine. 2013, S. 91–148

[MANI21] Manikandan, N.; Binoj, J.; Thejasree, P.; Abhishek, H.; Goud, B.: Multi aspects optimization on spark erosion machining of Incoloy 800 by Taguchi Grey approach. In: Materials Today: Proceedings, 39. Jg., 2021, S. 148–154

[MARA20] Maradia, U.; Filisetti, E.; Wiessner, M.; Schneider, S.; Boccadoro, M.: The influence of energy input characteristics on surface integrity in wire EDM. In: Procedia CIRP, 95. Jg., 2020, S. 268–272

[MATS92] Matsuo, T.; Oshima, E.: Investigation on the Optimum Carbide Content and Machining Condition for Wire EDM of Zirconia Ceramics. In: CIRP Annals, 41. Jg., 1992, S. 231–234

[MEEU03] Meeusen, W.: Micro-Electro-Discharge Machining: Technology, Computer-aided Design & Manufacturing and Applications KU Leuven, 2003

[MEYE04] Meyer, D.: Modellbasierte Mehrzieloptimierung mit Neuronalen Netzen und Evolutionsstrategien. Dissertation, 2004

[MOHR02] Mohri, N.; Fukuzawa, Y.; Tani, T.; Sata, T.: Some Considerations to Machining Characteristics of Insulating Ceramics-Towards Practical Use in Industry. In: CIRP Annals, 51. Jg., 2002, S. 161–164

[MOHR03] Mohri, N.; Fukusima, Y.; Fukuzawa, Y.; Tani, T.; Saito, N.: Layer Generation Process on Work-piece in Electrical Discharge Machining. In: CIRP Annals, 52. Jg., 2003, S. 157–160

[MOHR95] Mohri, N.; Suzuki, M.; Furuya, M.; Saito, N.; Kobayashi, A.: Electrode Wear Process in Electrical Discharge Machinings. In: CIRP Annals, 44. Jg., 1995, S. 165–168

[MOHR96] Mohri, N.; Fukuzawa, Y.; Tani, T.; Saito, N.; Furutani, K.: Assisting Electrode Method for Machining Insulating Ceramics. In: CIRP Annals, 45. Jg., 1996, S. 201–204

[MORI09] Morimoto, K.; Kunieda, M.: Sinking EDM simulation by determining discharge locations based on discharge delay time. In: CIRP Annals - Manufacturing Technology, 58. Jg., 2009, S. 221–224

[MORI16] Mori, A.; Kunieda, M.; Abe, K.: Clarification of Gap Phenomena in Wire EDM Using Transparent Electrodes. In: Procedia CIRP, 42. Jg., 2016, S. 601–605

[MOST17] Mostafa, A.; Medraj, M.: Binary Phase Diagrams and Thermodynamic Properties of Silicon and Essential Doping Elements (Al, As, B, Bi, Ga, In, N, P, Sb and Tl). In: Materials (Basel, Switzerland), 10. Jg., 2017

[MUNZ89] Munz, D.: Mechanisches Verhalten keramischer Werkstoffe. Versagensablauf, Werkstoffauswahl, Dimensionierung. Berlin, Heidelberg: Springer, 1989

[MURR07] Murray, J.; Liao, P.; Spear, K.: The B-Ti (Boron-Titanium) System. Lewis, R. (Hrsg): Hawley's Condensed Chemical DictionaryHoboken, NJ, USA: John Wiley & Sons, Inc, 2007

[MUTT09] Muttamara, A.; Fukuzawa, Y.; Mohri, N.; Tani, T.: Effect of electrode material on electrical discharge machining of alumina. In: Journal of Materials Processing Technology, 209. Jg., 2009, S. 2545–2552

[NATS06] Natsu, W.; SHIMOYAMADA, M.; Kunieda, M.: Study on Expansion Process of EDM Arc Plasma. In: JSME International Journal Series C, 49. Jg., 2006, S. 600–605

[NAYA16] Nayak, B.; Mahapatra, S.: Optimization of WEDM process parameters using deep cryo-treated Inconel 718 as work material. In: Engineering Science and Technology, an International Journal, 19. Jg., 2016, S. 161–170

[NELD65] Nelder, J.; Mead, R.: A Simplex Method for Function Minimization. In: The Computer Journal, 7. Jg., 1965, S. 308–313

[NÖTH00] Nöthe, T.: Funkenerosive Mikrobearbeitung von Stahl und Hartmetall durch Schneiden mit dünnen Drähten. Dissertation RWTH Aachen, 2000

[OELH16] oelheld GmbH: Sicherheitsdatenblatt IonoFil 100 [13.08.2019]

[OJHA13] Ojha, N.; Hösel, T.; Müller, C.; Reinecke, H.: Characterization of the Conductive Layer Formed During µ-Electric Discharge Machining of Non-Conductive Ceramics. Bansal, N.; Singh, J.; Ko, S.; Castro, R.; Pickrell, G.; Manjooran, N.; Nair, K.; Singh, Gurpreet (Hrsg): Processing and properties of advanced ceramics and composites V. (Reihe: Ceramic Transactions Series, Bd. v. 240). Hoboken, New Jersey: Wiley, 2013, S. 105–110

[OJHA16] Ojha, N.: Electrical discharge machining of non-conductive advanced ceramics, 2016

[OKAD00] Okada, A.; Uno, Y.; Okajima, I.: Energy Distribution in Electrical Discharge Machining with Graphite Electrode. In: Memoirs of the Faculty of Engineering, 34. Jg., 2000, S. 19–26

[OLIV21] Olivier, M.; Heß, R.; Gommeringer, A.; Kern, F.; Herrig, T.; Bergs, T.: Wire electrical discharge machinability and load-bearing capacity of ATZ-WC composite ceramics. In: ESAFORM. 2021

[PANS74] Panschow, R.: Über die Kräfte und ihre Wirkungen beim elek- troerosiven Schneiden mit Drahtelektrode. Dissertation, 1974

[PANT90] Panten, U.: Funkenerosive Bearbeitung von elektrisch leitfähigen Keramiken. Dissertation RWTH Aachen, 1990

[PAPA19] Papazoglou, E.; Markopoulos, A.; Papaefthymiou, S.; Manolakos, D.: Electrical discharge machining modeling by coupling thermal analysis with deformed geometry feature. In: The International Journal of Advanced Manufacturing Technology, 103. Jg., 2019, S. 4481–4493

[PEÇA08] Peças, P.; Henriques, E.: Electrical discharge machining using simple and powder-mixed dielectric: The effect of the electrode area in the surface roughness and topography. In: Journal of Materials Processing Technology, 200. Jg., 2008, S. 250–258

[PETR88] Petrofes, N.; Gadalla, A.: PROCESSING ASPECTS OF SHAPING ADVANCED MATERIALS BY ELECTRICAL DISCHARGE MACHINING. In: Advanced Materials and Manufacturing Processes, 3. Jg., 1988, S. 127–153

[PIER96] Pierson, H.: Handbook of refractory carbides and nitrides. Properties, characteristics, processing, and applications. Westwood, NJ: 1996

[PITM00] Pitman, A.; Huddleston, J.: Electrical discharge machining of $ZrO_2$/TiN particulate composite. In: British Ceramics Transactions, 99. Jg., 2000, S. 77–84

[PRAM18] Pramanik, A.; Basak, A.: Sustainability in wire electrical discharge machining of titanium alloy: understanding wire rupture. In: Journal of Cleaner Production, 198. Jg., 2018, S. 472–479

[PRAM19] Pramanik, A.; Basak, A.: Effect of wire electric discharge machining (EDM) parameters on fatigue life of Ti-6Al-4V alloy. In: International Journal of Fatigue, 128. Jg., 2019, S. 105186

[PROH97] Prohaszka, J.; Mamalis, A.; Vaxevanidis, N.: The effect of electrode material on machinability in wire electro-discharge machining. In: Journal of Materials Processing Technology, 69. Jg., 1997, S. 233–237

[PURI03] Puri, A.; Bhattacharyya, B.: An analysis and optimisation of the geometrical inaccuracy due to wire lag phenomenon in WEDM. In: International Journal of Machine Tools and Manufacture, 43. Jg., 2003, S. 151–159

[QSIL22] Qsil Ingenieurkeramik GmbH: Werkstoffeigenschaften von $Si_3N_4$-TiN und $TiB_2$. URL: https://fcti.de/de/werkstoffe []

[RAO14] Rao, P.; Ramji, K.; Satyanarayana, B.: Experimental Investigation and Optimization of Wire EDM Parameters for Surface Roughness, MRR and White Layer in Machining of Aluminium Alloy. In: Procedia Materials Science, 5. Jg., 2014, S. 2197–2206

[REYN97] Reynaerts, D.; Heeren, P.-H.; van Brussel, H.: Microstructuring of silicon by electro-discharge machining (EDM) — part I. In: Sensors and Actuators A: Physical. 1997, S. 212–218

[ROOS05] Roos, E.; Maile, K.; Seidenfuß, M.: Werkstoffkunde für Ingenieure. Grundlagen, Anwendung, Prüfung. 6. Aufl. Berlin/Heidelberg: Springer-Verlag, 2005

[RÖSL19] Rösler, J.; Harders, H.; Bäker, M.: Mechanisches Verhalten der Werkstoffe. Wiesbaden: Springer Fachmedien Wiesbaden, 2019

[SABU13] Sabur, A.; Ali, M.; Maleque, M.; Khan, A.: Investigation of Material Removal Characteristics in EDM of Nonconductive ZrO2 Ceramic. In: Procedia Engineering, 56. Jg., 2013, S. 696–701

[SALE06] Salehi, S.; van der Biest, O.; Vleugels, J.: Electrically conductive ZrO2–TiN composites. In: Journal of the European Ceramic Society, 26. Jg., 2006, S. 3173–3179

[SALM07] Salmang, H.; Scholze, H.: Keramik. Mit ... 132 Tabellen. Hrsg. von Rainer Telle. 7., vollständig neubearb. und erw. Aufl. Berlin, Heidelberg: 2007

[SAMS73] Samsonov, G.: The Oxide Handbook. New York, NY: Springer, 1973

[SCHA04] Schacht, B.: Composite Wires and Alternative Dielectrics for Wire Electrical Discharge Machining. Dissertation Katholieke Universiteit, 2004

[SCHA94] Schaumburg, H.: Keramik. Wiesbaden: Vieweg+Teubner Verlag, 1994

[SCHI16] Schimmelpfennig, T.-M.; Uhlmann, E.: Trockenfunkenerosives Feinbohren von Hochleistungswerkstoffen. Dissertation Fraunhofer IPK, 2016

[SCHM07] Schmücker, M.: Faserverstärkte oxidkeramische Werkstoffe. In: Materialwissenschaft und Werkstofftechnik, 38. Jg., 2007, S. 698–704

[SCHM17] Schmitt-Radloff, U.; Kern, F.; Gadow, R.: Wire-electrical discharge machinable alumina zirconia niobium carbide composites – Influence of NbC content. In: Journal of the European Ceramic Society, 37. Jg., 2017, S. 4861–4867

[SCHM19] Schmitt-Radloff, U.: Werkstoff- und Prozessentwicklung für funkenerosiv bearbeitbare ZTA Keramiken mit NbC- und TiC Dispersion. Dissertation Universität Stuttgart, 2019

[SCHN21] Schneider, S.: Modellierung der Energiedissipation in der Funkenerosion. Dissertation Apprimus Verlag; Rheinisch-Westfälische Technische Hochschule Aachen, 2021

[SCHU03] Schulze, H.-P.; Wollenberg, G.; Lauter, M.; Storr, M.; Rehbein, W.: Measurement equipment for investigation of the influence of viscosity of dielectric working fluids on spark erosion. In: IEEE Transactions on Dielectrics and Electrical Insulation, 10. Jg., 2003, S. 985–993

[SCHU04] Schumacher, B.: After 60 years of EDM the discharge process remains still disputed. In: Journal of Materials Processing Technology, 149. Jg., 2004, S. 376–381

[SCHU13] Schubert, A.; Zeidler, H.; Hahn, M.; Hackert-Oschätzchen, M.; Schneider, J.: Micro-EDM Milling of Electrically Nonconducting Zirconia Ceramics. In: Procedia CIRP, 6. Jg., 2013, S. 297–302

[SCHU16] Schubert, A.; Zeidler, H.; Kühn, R.; Hackert-Oschätzchen, M.; Flemmig, S.; Treffkorn, N.: Investigation of Ablation Behaviour in Micro-EDM of Nonconductive Ceramic Composites ATZ and Si3N4-TiN. In: Procedia CIRP, 42. Jg., 2016, S. 727–732

[SCHU75] Schumacher, B.: Bahngesteuertes funkenerosives Schneiden mit Drahtelektroden - Technologie und Anwendung. In: Werkstatt und Betrieb. 1975, S. 499–505

[SCHU90] Schumacher, B.: About the Role of Debris in the Gap During Electrical Discharge Machining. In: CIRP Annals - Manufacturing Technology, 39. Jg., 1990, S. 197–199

[SCHW17] Schwade, M.: Automatisierte Analyse hochfrequenter Prozesssignale bei der funkenerosiven Bearbeitung von Magnesium für die Medizintechnik. Dissertation RWTH Aachen, 2017

[SCOT91] Scott, D.; BOYINA, S.; Rajurkar, K.: Analysis and optimization of parameter combinations in wire electrical discharge machining. In: International Journal of Production Research, 29. Jg., 1991, S. 2189–2207

[SIEB17] Siebertz, K.; van Bebber, D.; Hochkirchen, T.: Statistische Versuchsplanung. Berlin, Heidelberg: Springer Berlin Heidelberg, 2017

[SIEB94] Siebers, F.-J.: Funkenerosives Senken mit wässrigen Arbeitsmedien. Grundlagen, Technologie und Wirtschaftlichkeit. Als Ms. gedr. Aufl. Aachen: Shaker, 1994

[SIEG94] Siegel, R.: Funkenerosives Feinstschneiden. Dissertation RWTH Aachen, 1994

[SING12] Singh, H.: Experimental study of distribution of energy during EDM process for utilization in thermal models. In: International Journal of Heat and Mass Transfer, 55. Jg., 2012, S. 5053–5064

[SPUR19] Spura, C.: Technische Mechanik 2. Elastostatik. Wiesbaden: Springer Fachmedien Wiesbaden, 2019

[SRIN16] Srinivasa Rao, P.; Ramji, K.; Satyanarayana, B.: Effect of wire EDM conditions on generation of residual stresses in machining of aluminum 2014 T6 alloy. In: Alexandria Engineering Journal, 55. Jg., 2016, S. 1077–1084

[SRIV16] Srivastava, M.: Study of Machining Non-Conducting Materials using EDM. In: International Journal of Engineering Trends and Technology, 34. Jg., 2016, S. 88–92

[STAT22] Statistisches Bundesamt: Umsatz in der deutschen Keramikindustrie nach ausgewählten Segmenten in den Jahren 2019 bis 2021. URL: https://de.statista.com/statistik/daten/studie/199575/umfrage/anzahl-der-betriebe-in-der-deutschen-keramikindustrie/ [31.10.2022]

[STAU92] Stauffer, D.; Aharony, A.; Aharonî, A.: Introduction to percolation theory. Rev. 2. ed., transferred to digital print. Aufl. London: Taylor & Francis, 1992

[STOR10] Storr, M.; Speth, J.; Rehbein, W.; Schulze, H.-P.: A new additive and application system for wire-EDM. In: Proceedings of the 16th International Symposium for Electromachining (ISEM XVI). 2010, S. 237–242

[STRE19] Streckenbach, J.; Koref, I.; Rechenberg, I.; Uhlmann, E.: Optimization with the evolution strategy by example of electrical-discharge drilling. In: Neurocomputing, 391. Jg., 2019, S. 318–324

[TANI04] Tani, T.; Fukuzawa, Y.; Mohri, N.; Saito, N.; Okada, M.: Machining phenomena in WEDM of insulating ceramics. In: Journal of Materials Processing Technology, 149. Jg., 2004, S. 124–128

[THOM07] Thomaidis, D.: Pulveradditivierte Dielektrika in der Mikrosenkerosion. Dissertation RWTH Aachen, 2007

[TIET94] Tietz, H.-D.: Technische Keramik. Aufbau, Eigenschaften, Herstellung, Bearbeitung, Prüfung. Berlin, Heidelberg, s.l.: 1994

[TRUE00] Trueman, C.; Huddleston, J.: Material removal by spalling during EDM of ceramics. In: Journal of the European Ceramic Society, 20. Jg., 2000, S. 1629–1635

[UDAY18] Udaya Prakash, J.; Jebarose Juliyana, S.; Pallavi, P.; Moorthy, T.: Optimization of Wire EDM Process Parameters for Machining Hybrid Composites (356/B4C/Fly Ash) using Taguchi Technique. In: Materials Today: Proceedings, 5. Jg., 2018, S. 7275–7283

[VELM18] Velmurugan, C.; Thirugnanam, S.; Maithili, P.; Ranjithkumar, R.: Optimization of the process constraints in spark erosion machining of aluminium alloy AA 6061 hybrid composites using artificial neural network. In: PAK. J. BIOTECHNOLOGY. 2018

[WALT22] Walter, E.; Gommeringer, A.; Kern, F.: Influence of alumina content to mechanical properties and electric discharge machinability of zirconia (1.5Y-1.5Nd-TZP)-tungsten carbide-alumina composites. In: Journal of the European Ceramic Society. 2022

[WANG04] Wang, C.; Zinkevich, M.; Aldinger, F.: On the thermodynamic modeling of the Zr–O system. In: Calphad, 28. Jg., 2004, S. 281–292

[WATA90] Watanabe, H.; Sato, T.; Suzuki, I.; Kinoshita, N.: WEDM Monitoring with a Statistical Pulse-Classification Method. In: CIRP Annals, 39. Jg., 1990, S. 175–178

[WEIN12] Weingärtner, E.; Kuster, F.; Wegener, K.: Modeling and simulation of electrical discharge machining. In: Procedia CIRP, 2. Jg., 2012, S. 74–78

[WEIS09] Weise, T.: Global Optimization Algorithms - Theory and Application 2nd Edition. 2, 2009

[WEIß15] Weißbach, W.; Dahms, M.; Jaroschek, C.: Werkstoffkunde. Wiesbaden: Springer Fachmedien Wiesbaden, 2015

[WEIß77] Weiß, A.: Leistungsverhalten und Genauigkeit des funkenerosiven Schneidens. Dissertation RWTH Aachen, 1977

[WELL14] Welling, D.: Results of Surface Integrity and Fatigue Study of Wire-EDM Compared to Broaching and Grinding for Demanding Jet Engine Components Made of Inconel 718. In: Procedia CIRP, 13. Jg., 2014, S. 339–344

[WELL15] Welling, D.: Wire EDM for the Manufacture of Fir Tree Slots in Nickel-Based Alloys for Jet Engine Components. Dissertation RWTH Aachen, 2015

[WIBE19] Wiberg, E.: Lehrbuch der anorganischen Chemie. 71. - 80., völlig umgearb. und stark erw. Aufl. Berlin, Boston: De Gruyter, 2019

[WOLF22] Wolf, C.-S.: Prozesstechnologien für die funkenerosive Senkbearbeitung einer Siliziumnitrid-Titannitrid-Keramik mit reduzierter elektrischer Leitfähigkeit. Dissertation Fraunhofer IRB-Verlag; Fraunhofer IPK, Berlin; TU Berlin, Institut für Werkzeugmaschinen und Fabrikbetrieb -IWF-, 2022

[WRIE87] Wriedt, H.; Murray, J.: The N-Ti (Nitrogen-Titanium) system. In: Bulletin of Alloy Phase Diagrams, 8. Jg., 1987, S. 378–388

[XIA94] XIA, H.; Kunieda, M.; NISHIWAKP, N.; LIOR, N.: Measurement of Energy Distribution into Electrodes in EDM Processes. Chiba, Japan, 1994. International Conference on High Technology

[XIA96] XIA, H.; Kunieda, M.; NISHIWAKP, N.: Removal Amount Difference between Anode and Cathode in EDM Process. In: International Journal of Electrical Machining, 1. Jg., 1996, S. 45–52

[YAN07] Yan, M.-T.; Lai, Y.-P.: Surface quality improvement of wire-EDM using a fine-finish power supply. In: International Journal of Machine Tools and Manufacture, 47. Jg., 2007, S. 1686–1694

[YAN98] Yan, M.; Liao, Y.: Adaptive control of the WEDM process using the fuzzy control strategy. In: Journal of Manufacturing Systems, 17. Jg., 1998, S. 263–274

[YOSH97] Yoshida, M.; Kunieda, M.: Study on the distribution of scattered debris generated by a single pulse discharge in EDM process. In: International Journal of Electrical Machining, 3. Jg., 1997, S. 39–47

[ZEIS17] Zeis, M.: Verformung dünnwandiger Graphitelektroden mit hohen Aspektverhältnissen beim funkenerosiven Senken. Dissertation, 2017

[ZHAN14] Zhang, Y.; Liu, Y.; Shen, Y.; Ji, R.; Li, Z.; Zheng, C.: Investigation on the influence of the dielectrics on the material removal characteristics of EDM. In: J. of Mat. Processing Technology, 214. Jg., 2014, S. 1052–1061

[ZHAN97] Zhang, J.; Lee, T.; Lau, W.: Study on the electro-discharge machining of a hot pressed aluminum oxide based ceramic. In: Journal of Materials Processing Technology, 63. Jg., 1997, S. 908–912

[ZIMM08] Zimmermann, H.-J.: Operations Research. Methoden und Modelle. Für Wirtschaftsingenieure, Betriebswirte, Informatiker. 2., aktualisierte Auflage. Aufl. Wiesbaden: Vieweg+Teubner Verlag, 2008

[ZOLO59] Zolotykh, B.: The mechanism of electrical erosion of metals in liquid dielectric media. In: Soviet physics: Technical physics, 4. Jg., 1959, S. 1370–1373

# 10 Anhang

*Appendix*

| Klassifikation | Ziel | Aktion | Technologie |
|---|---|---|---|
| **Zersetzung** Herauslösen/ Schmelzen | Produktivität | Hauptschnitt | $W_e \approx 9{,}3$ mJ, $f_e \approx 9$ kHz, $t_d \approx 48$ µs |
| | Qualität | Hauptschnitt | Hauptschnitt: $W_e > 4{,}5$ mJ |
| | Belastbarkeit | Hauptschnitt<br>Zwei Nachschnitte | Hauptschnitt: $W_e > 4{,}5$ mJ<br>Nachschnitt 1: $W_e \approx 0{,}19$ mJ<br>Nachschnitt 2: $W_e < 0{,}05$ mJ |
| **Schmelzen Verdampfen** | Produktivität | Hauptschnitt | $W_e \approx 7{,}8$ mJ, $f_e \approx 10{,}7$ kHz, $t_d \approx 35$ µs |
| | Qualität<br>Belastbarkeit | Hauptschnitt<br>Ein Nachschnitt | Hauptschnitt: $W_e \approx 7{,}8$ mJ<br>Nachschnitt: $W_e < 0{,}05$ mJ |
| **Abplatzen** Schmelzen | Produktivität | Hauptschnitt | $W_e \approx 12{,}7$ mJ, $f_e \approx 4{,}8$ kHz, $t_d \approx 41$ µs |
| | Qualität | Hauptschnitt<br>Vier Nachschnitte | Hauptschnitt: $W_e \approx 12{,}7$ mJ<br>Nachschnitt 1: $W_e \approx 3{,}6$ mJ<br>Nachschnitt 2: $W_e \approx 1{,}45$ mJ<br>Nachschnitt 3: $W_e \approx 0{,}18$ mJ<br>Nachschnitt 4: $W_e < 0{,}05$ mJ |
| | Belastbarkeit | Hauptschnitt | Hauptschnitt: $W_e \approx 12{,}7$ mJ |

Bild A 1: Klassifikation der Keramikbearbeitung inklusive der physikalischen Kenngrößen zur Sicherstellung der Übertragbarkeit
*Classification of ceramic processing including physical parameters to ensure the transferability*

In der Reihe **Ergebnisse aus der Produktionstechnik** zuletzt erschienen:

Schulz, Malena:
**Digital Twin Methodology for the Automated Fiber Placement with In-situ Consolidation of Thermoplastic Tape**
ISBN: 978-3-98555-195-8
Erscheinungsdatum: 30.01.2024

Schweins, Julian:
**Datengestützte Gestaltung des nachhaltigen Werkzeuglebenszyklus**
ISBN: 978-3-98555-197-2
Erscheinungsdatum: 22.01.2024

Goergen, Fabian:
**Analogieversuch zur Erzeugung von Zahnflankenbrüchen an Stirnrädern**
ISBN: 978-3-98555-191-0
Erscheinungsdatum: 11.12.2023

Padberg, Melanie:
**Ansätze der inhärent sicheren Konstruktion modifizierbarer, cyberphysischer Produktionssysteme**
ISBN: 978-3-98555-184-2
Erscheinungsdatum: 07.12.2023

Wlecke, Shari:
**Industrialisierung hochiterativ entwickelter Produkte**
ISBN: 978-3-98555-171-2
Erscheinungsdatum: 13.11.2023

Müller, Clemens:
**Elektrische Widerstandserwärmung von Blechwerkstoffen zur Steigerung der Umformbarkeit**
ISBN: 978-3-98555-175-0
Erscheinungsdatum: 16.10.2023

Olivier, Marcel:
**Abtragmechanismen beim drahtfunkenerosiven Bearbeiten elektrisch leitfähiger Keramiken im kohlenwasserstoffbasierten Dielektrikum**
ISBN: 978-3-98555-200-9
Erscheinungsdatum: 30.01.2024

Landwehr, Markus:
**Modellierung und Vorhersage des eigenspannungsbedingten Bauteilverzugs bei der Fräsbearbeitung**
ISBN: 978-3-98555-194-1
Erscheinungsdatum: 09.01.2024

Ecker, Christian:
**Flexible Inbetriebnahme roboterbasierter Montagesysteme durch Prozessdemonstration**
ISBN: 978-3-98555-189-7
Erscheinungsdatum: 11.12.2023

Studerus, Bastian:
**Gestaltung von Kooperationen zwischen Technologiekonzernen und Start-ups**
ISBN: 978-3-98555-186-6
Erscheinungsdatum: 04.12.2023

Riedel, Jörn:
**Scannendes Verfahren zur flexiblen Messung asphärischer Optiken**
ISBN: 978-3-98555-177-4
Erscheinungsdatum: 31.10.2023

Buckhorst, Armin Friedrich:
**Planung und Steuerung von Abläufen in linienlosen mobilen Montagesystemen**
ISBN: 978-3-98555-174-3
Erscheinungsdatum: 26.09.2023

Edition Wissenschaft
Apprimus

Scheuer, Thomas:
**Fähigkeitsbündel zur Steigerung der Arbeitsproduktivität für intelligente produzierende Unternehmen**
ISBN: 978-3-98555-173-6
Erscheinungsdatum: 25.09.2023

Schwarberg, Annika:
**Identifizierung von Innovationspotenzialen durch die Analyse von Produktnutzungsinformationen**
ISBN: 978-3-98555-169-9
Erscheinungsdatum: 17.08.2023

Heutmann, Timo:
**Proactive Production Control for a Synchronized Tool Production**
ISBN: 978-3-98555-164-4
Erscheinungsdatum: 03.08.2023

Müller, Ulrich:
**Material Removal and Grinding Wheel Wear Mechanisms during Grinding of Polycrystalline Cubic Boron Nitride**
ISBN: 978-3-98555-163-7
Erscheinungsdatum: 01.08.2023

Schroers, Marius:
**Gehörbezogene Auslegung zweistufiger Getriebe unter Berücksichtigung dynamischer Anregungseffekte**
ISBN: 978-3-98555-165-1
Erscheinungsdatum: 01.08.2023

Vogel, Paul-Alexander:
**Entwicklung eines Prozessmodells für die nicht-isotherme vakuumunterstützte Dünnglasumformung**
ISBN: 978-3-98555-140-8
Erscheinungsdatum: 21.06.2023

Chavan, Prateek:
**Substructuring Methods for Efficient Prediction of Spindle-Holder-Tool Assembly Dynamics**
ISBN: 978-3-98555-160-6
Erscheinungsdatum: 05.06.2023

Ochel, Tim:
**Prognostik zur Resilienzsteigerung im Werkzeugbau**
ISBN: 978-3-98555-161-3
Erscheinungsdatum: 22.05.2023

Schneidermann, Dennis:
**Orchestration von Vertrauen in interorganisationalen Wissensnetzwerken der Fabrikplanung**
ISBN: 978-3-98555-153-8
Erscheinungsdatum: 15.05.2023

Greipel, Jonathan:
**Grouping of Inspection Characteristics to Reduce Costs of Adaptive Inspection Planning in Variant Production**
ISBN: 978-3-98555-157-6
Erscheinungsdatum: 03.05.2023

Welsing, Martin:
**Bewertung der ökologischen Nachhaltigkeit von Produktionsnetzwerkkonfigurationen**
ISBN: 978-3-98555-155-2
Erscheinungsdatum: 19.04.2023

Troß, Nico:
**Mehrskalenmodellierung der thermomechanischen Werkzeugbelastung beim Trockenwälzfräsen**
ISBN: 978-3-98555-158-3
Erscheinungsdatum: 19.04.2023

Edition Wissenschaft
Apprimus

MIX
Papier | Fördert
gute Waldnutzung
FSC® C083411

Zeitfracht Medien GmbH
Ferdinand-Jühlke-Straße 7
99095 Erfurt, Deutschland
produktsicherheit@kolibri360.de